口絵1　虫媒花と昆虫　(→本文p.1)
（左　キタテハ　撮影：山口芽衣氏，右　クマバチ　撮影：佐治量哉氏）

口絵2　鳥媒花に集まる鳥　(→本文p.2)
（左　メジロ，右　ヒヨドリ　撮影：内田博氏）

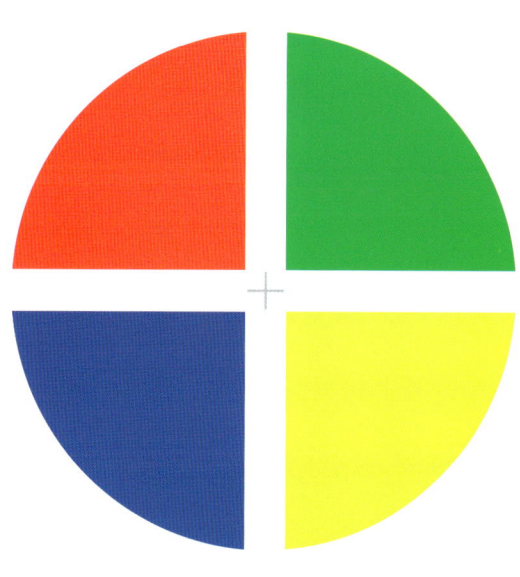

口絵3-1を30秒くらい見つめたあと，すばやくページをめくって口絵3-2を見てください．口絵3-2はどのような色に見えるでしょう？真ん中の＋印に視点を合わせて，ページをめくるときも絶対に目を動かさないようにするのがコツです．

口絵3-1　継時色対比の例（単純な図形の場合）
(→本文p.65)

口絵4　昆虫の警戒色　(→本文p.4)
（左　アカスジキンカメムシ，右　ナミテントウ　撮影：山口芽衣氏）

1－緑－○　　2－紺－△　　3－水色－◇　　4－橙－□

口絵5　数字と形と色を組み合わせた複合コード
　　　　（→本文p.8）

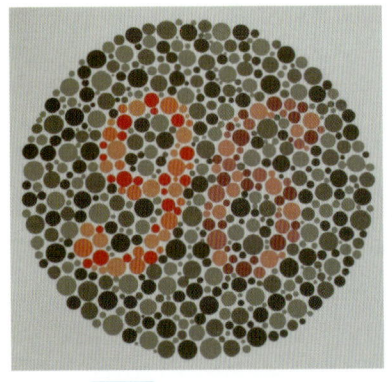

口絵6　シンガポールの青色の女性用トイレ表示
　　　　（→本文p.10）

口絵7　石原式検査表
　　　　（→本文p.58）

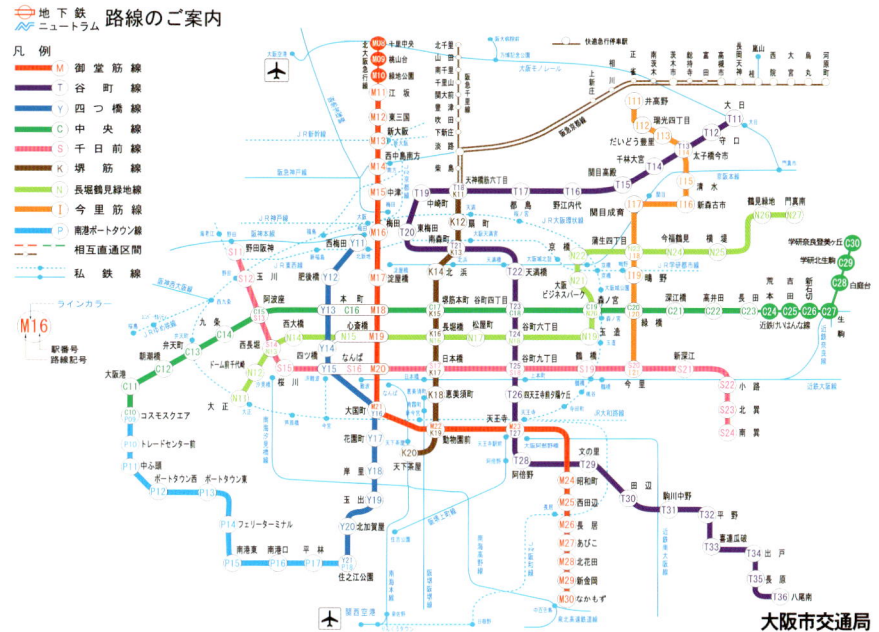

口絵8 地下鉄路線図における色コード（出典：大阪市交通局ホームページより）
（→本文 p.11）

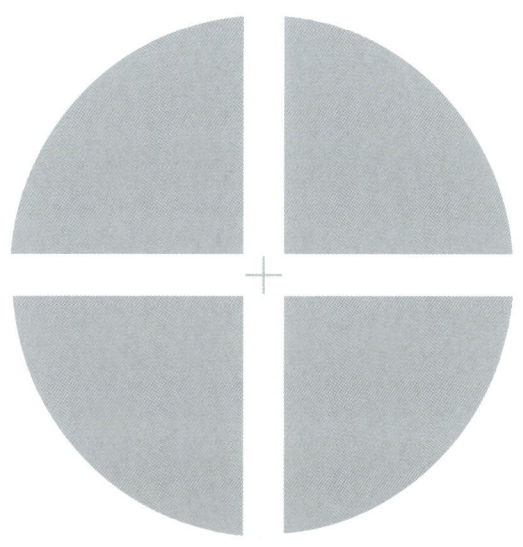

口絵3-2 継時色対比の例（単純な図形の場合）
（→本文 p.65）

口絵9 色同化の例 (→本文p.62)

(a) 原画像

(b) 輝度画像をぼかしたもの

(c) 色画像をぼかしたもの

口絵10 輝度チャネルと色チャネルの解像度 (→本文p.63)

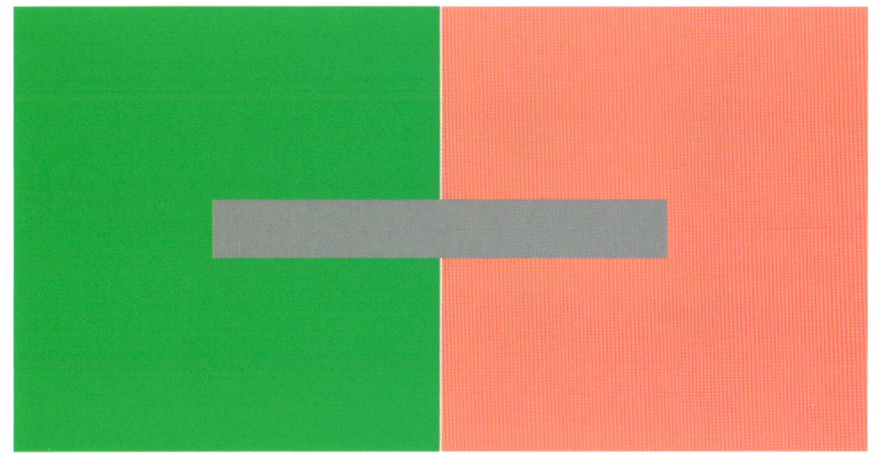

口絵11 同時色対比の例(左右の色の境界にペンまたは指を縦に置いて分断してみる)
（→本文p.64）

口絵3の場合と同じように口絵12-1と12-2を見てください．色の見え方にどのような変化が現れるでしょうか？
今回も，真ん中の☆印に視点を合わせて，ページをめくるときも絶対に目を動かさないようにするのがコツです．

口絵12-1 継時色対比の例（複雑な視野の場合） （→本文p.65）

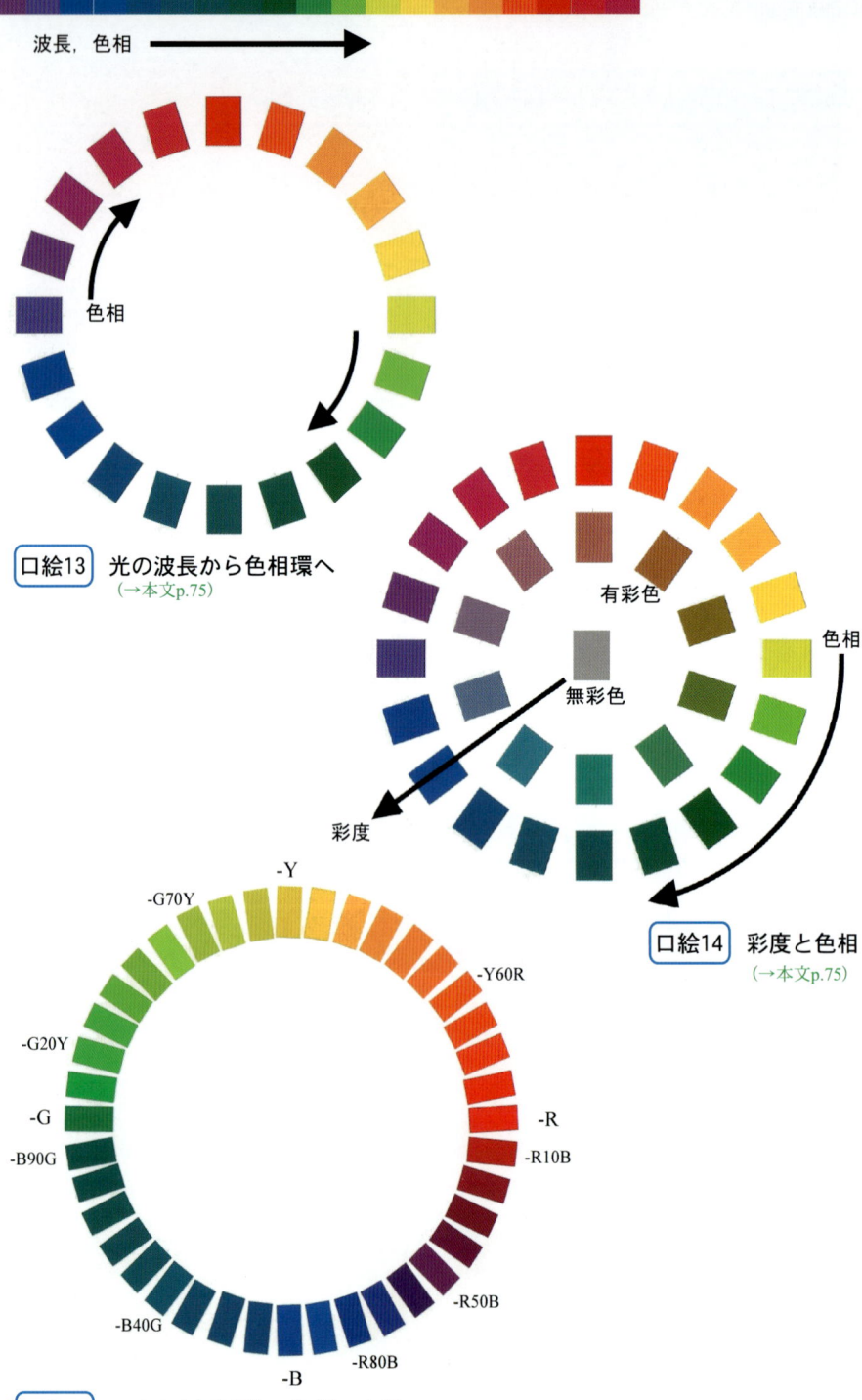

口絵13 光の波長から色相環へ （→本文p.75）

口絵14 彩度と色相 （→本文p.75）

口絵15 NCS（表色系）の色相φ表記 （→本文p.81）

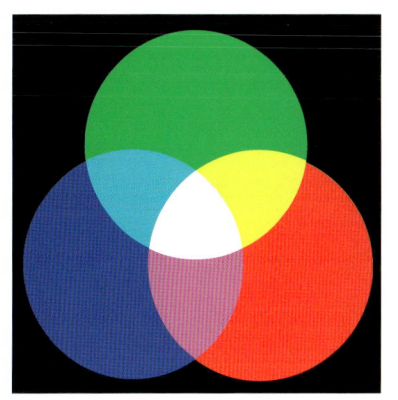 

口絵16　加法混色（左）と減法混色（右）　（→本文p.85）

口絵17　印刷における加法混色と減法混色　（→本文p.87）

口絵12-2　継時色対比の例（複雑な視野の場合）　（→本文p.65）

口絵18 LEDにより植物栽培（写真提供：株式会社ランドマーク）
（→本文p.160）

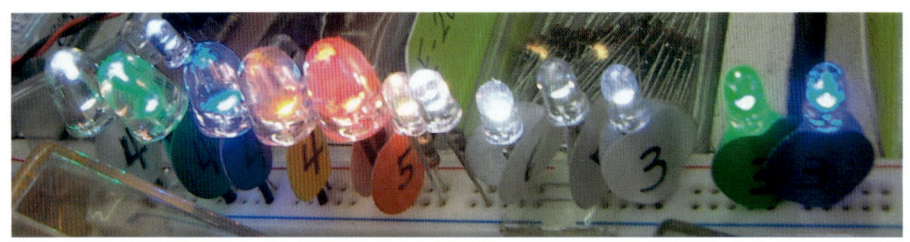

口絵19 色々な砲弾型LED
（→本文p.170）

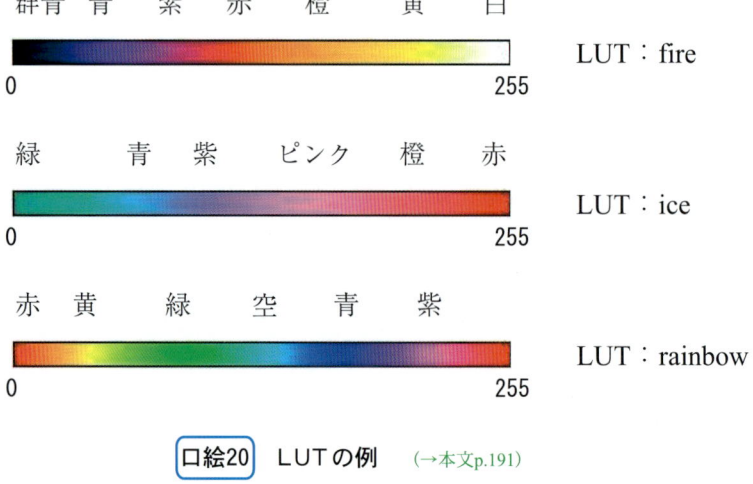

口絵20 LUTの例 （→本文p.191）

色彩工学入門
定量的な色の理解と活用

篠田博之　藤枝一郎 共著

森北出版株式会社

●本書のサポート情報を当社Webサイトに掲載する場合があります．下記のURLにアクセスし，サポートの案内をご覧ください．

https://www.morikita.co.jp/support/

●本書の内容に関するご質問は，森北出版 出版部「(書名を明記)」係宛に書面にて，もしくは下記のe-mailアドレスまでお願いします．なお，電話でのご質問には応じかねますので，あらかじめご了承ください．

editor@morikita.co.jp

●本書により得られた情報の使用から生じるいかなる損害についても，当社および本書の著者は責任を負わないものとします．

■本書に記載している製品名，商標および登録商標は，各権利者に帰属します．

■本書を無断で複写複製（電子化を含む）することは，著作権法上での例外を除き，禁じられています．複写される場合は，そのつど事前に(一社)出版者著作権管理機構（電話03-5244-5088，FAX03-5244-5089，e-mail：info@jcopy.or.jp）の許諾を得てください．また本書を代行業者等の第三者に依頼してスキャンやデジタル化することは，たとえ個人や家庭内での利用であっても一切認められておりません．

まえがき

　鮮やかな色彩をもった風景や美術品は，人に感動を与える．紅潮した顔は，その人が怒っている，とか，風邪で体調が悪い，などの情報を伝える．つまり，光によって運ばれた物理情報が，目というセンサにより信号に変換され，われわれの神経を伝搬して脳に至り，さまざまな感情が引き起こされるのである．

　色は，人が感じるものである．このため，心理学とのかかわりが深い．たとえば，ある製品を何色にするか決めるため，市場調査を行う場面を考えてみよう．調査員が，異なる色付けをした製品の絵をいくつか消費者に提示して，どれが好ましいかを尋ねる．消費者は，提示されたサンプルの中から好きなものを選ぶ．調査結果の解析では，どの色の好感度が高いかについて分析し，たとえば，消費者の年齢や職業などの属性との関係を見つけ出す．ところが，照明の環境が変化すると，製品の色も変化する．同じ食材でも，家庭の台所で見るよりは，高級レストランの照明の下のほうが美味しそうに見えたりする．好き嫌いという出力は消費者の主観的な判断だが，消費者へ提示する入力については，できるだけ客観的にしておく必要がある．したがって，正確な心理実験や市場調査を実施するためには，色を数値で表現すること，すなわち，色の定量化が不可欠である．

　理工系の技術者が「色」を取り扱う機会は多い．たとえば，よりよい工業製品を生産して顧客の満足を勝ち取るために，品質管理が重要になる．色の品質管理は，生産にかかわるすべての技術者にとって，重要な課題である．また，工業製品の研究・開発の場面でも，色にかかわる課題は多い．ディスプレイやプリンタなどの画像出力装置では，元の画像をできるだけ忠実に再現するための設計が重要な研究開発のテーマである．デジタルカメラやスキャナなどのカラー画像入力装置についても同様で，風景，人物，美術品などの入力対象のもつ色の情報をできるだけ正確に入力するための設計が重要である．さらに，動作原理や材料の特性の異なる多くの入出力機器が存在するにもかかわらず，色の再現性を保つという「色管理」の課題もある．

　情報系の技術者にとっても，光に関わる物理現象を理解し，色を定量的に取り扱うことは大切な知識の一つになる．たとえば，コンピュータ・グラフィックス（CG）の世界では，いかにして現実感をもった画像を作成するかが重要であり，光の反射や影

を考慮した色の表現が必要になる．本来は見えない情報を人に見やすくするために，特定の波長範囲の情報に擬似的な色をつけたり，別の色へ変換したりすることもあり，これらは擬似カラー，色強調などとよばれる．色覚にかかわる現象は興味深いものが多く，これらを考慮した機器やソフトウェアの設計も必要である．たとえば，色覚異常者が知覚する色をコンピュータ解析により再現することが可能になる．健常者が色覚異常を疑似体験できることは，誰もが見やすい標識やホームページの設計に生かされ，安全で快適なバリアフリーな社会の実現に貢献する．

以上のように，色はわれわれの生活の一部であり，色を定量的に取り扱うことの意義は大きい．そこで，本書では，心理と物理の両面から色の不思議を解明し，色を定量化する手法，それに関連したデバイスや機器の原理について解説する．第1章では，生物と色のかかわり，人が色を利用する実例などについて解説し，導入とする．第2章では，色の発現のメカニズムを明らかにし，光や物体の物理特性について理解を深める．さらに，物理特性だけでは説明できない色の諸問題についても取り上げる．第3章では，数値化された色を体系的に取り扱う方法（表色系）について解説する．代表的な表色系として，マンセル表色系，オストワルド表色系などを解説した後，測色の根幹をなす rgb 表色系や XYZ 表色系などの CIE 表色系について詳しく説明する．第4章では，フォトダイオード，カラーセンサ，分光器などの光を検出するための素子と，これらを用いた照度，輝度，色の測定について順に解説する．これは，実際に色を測定し，ディスプレイやスキャナなどの仕組みを理解するための基礎になる．第5章では，自然の光源，人工光源，標準の光，演色性について解説する．さらに，人工光源の中で特に重要性が高い発光ダイオードについて解説する．第6章では，ディスプレイやスキャナなどの機器を概説し，これらが入出力できる色の範囲を示す．さらに，さまざまな機器の間で色の情報を適切に取り扱うための色管理の手法に言及する．執筆は，第1章～第3章を篠田，第4章～第6章を藤枝が担当した．

想定する読者は，さまざまな情報技術に関連する産業で活躍する技術者，大学の理工系，情報系の学部生である．さらには，色に関わる心理実験や市場調査を企画，実施する人達にも，色を定量的に取り扱うための基礎と周辺知識を提供する．

最後に，執筆の機会を与えて下さった森北出版の関係者の皆様に感謝する．

2007 年 4 月

篠田博之，藤枝一郎

目　　　次

第1章　色の利用　　　　　　　　　　　　　　　　　　　　　　　　　　1

1.1　生物界の色彩　　1
1.2　色彩利用　　8
1.3　色コミュニケーション　　13
演習問題　　21

第2章　色発現　　　　　　　　　　　　　　　　　　　　　　　　　　22

2.1　色発現の三要素　　22
2.2　光と物体　　24
2.3　視覚系　　37
演習問題　　71

第3章　表色系　　　　　　　　　　　　　　　　　　　　　　　　　　73

3.1　表色系分類　　73
3.2　マンセル表色系 (色の三属性にもとづく表色系)　　74
3.3　NCS 表色系 (エレメンタリーカラーネーミングにもとづく表色系)　　79
3.4　オストワルト表色系 (混色円盤の加法混色にもとづく表色系)　　82
3.5　CIE 表色系 (等色実験にもとづく表色系)　　84
3.6　均等色空間 (色差を扱うための表色系)　　116
演習問題　　124

第4章　光と色の測定　　　　　　　　　　　　　　　　　　　　　　　127

4.1　光の検出　　127
4.2　照度，輝度の測定　　139
4.3　色の測定　　141
演習問題　　146

第5章　光　源　　147

5.1　自然の光源　147
5.2　人工光源　150
5.3　CIE 標準の光　154
5.4　演色性　155
5.5　発光ダイオード　159
演習問題　173

第6章　カラー画像入出力装置と色管理　　174

6.1　カラー画像入力装置　174
6.2　カラー画像出力装置　176
6.3　色　域　180
6.4　色管理　188
6.5　カラー画像処理　191
演習問題　192

付　表　193

演習問題解答　200

参 考 文 献　206

索　引　208

色の利用

私たちは色を利用する．誤った色の利用による弊害もある．本章では，はじめに生物界の色彩について紹介し，そして人間社会での色彩利用の例を取り上げることで，色の長所・短所について解説する．さらに色の測定・伝達・指定方法として，色見本を用いる方法と色名を用いる方法を解説し，第3章以降の定量的な色の取り扱いの準備とする．

1.1 生物界の色彩

私たち人間は花を生け，花を愛でる．この何気ない行為に，実は「色」に関する本質的な問題が隠れている．花が色づき，その色を人間が見ることができる．ではなぜ花は色づき，なぜ人間は色を感じることができるのだろうか．

■ 1.1.1 ■ 花の色（昆虫の色覚）

花は人の目を楽しませるために色づくわけではない．ハチや蝶などの昆虫を惹き付けるためである．虫媒花は，蜜を提供し昆虫に受粉の手助けをさせる．蜜を吸いに来た昆虫は，図らずも花粉を運ぶ役割を担わされる (図 1.1)．このときの植物と昆虫のコミュニケーションでは，匂いよりも色が重要な働きをする．その証拠に受粉に昆虫を必要としないイネやトウモロコシなどの風媒花は，一般に目立たない色をしている．

(a) キタテハ

(b) クマバチ

図 1.1 虫媒花と昆虫 (撮影 (a) 山口芽衣氏，(b) 佐治量哉氏) ➡ **口絵1**

「昆虫が色覚を発達させ，花が昆虫の色覚を当てにして色づいた」と共進化の考えでは主張する (仮説であり実証はされていない).

　鳥を媒介にして受粉を行う鳥媒花もある．この場合は，花と鳥との色によるコミュニケーションである．花に集まる鳥としてはメジロやハチドリがあげられる．鳥媒花の存在は，鳥類が色覚をもつことを示すよい例である．鳥類の多くは高性能な視覚をもち，色に関しても三色型あるいは四色型の色覚 (1.1.3 項) をもつ (図 1.2).

図 1.2　鳥媒花に集まる鳥 ((a) メジロ, (b) ヒヨドリ)(撮影：内田博氏)　➡ 口絵2

■ 1.1.2 ■ 葉の色 (波長の有効利用)

　緑色の花はない．背景となる葉が緑色であるため，目立つには，当然，緑色以外の色になる．ではなぜ葉は緑色なのか．多くの人はこう答える．「葉緑素が含まれているから」．葉緑素 (クロロフィル) は，光エネルギーを用いて，吸収した二酸化炭素と水から有機化合物を合成する．つまり光合成である．

　ではなぜ葉緑素は緑色なのか．光合成には緑色の光が必要なのだろうか．むしろ事実はその逆である．図 1.3 に示すように，葉緑素の吸光度と光合成の速さは短波長 (青) や長波長 (赤) で大きく，中波長 (緑) で小さい．青や赤の光は光合成に必要だが，緑は不必要なのだ．そのため葉は不必要な中波長の光を透過・反射させる．これが葉が緑色となる理由である．ちなみに秋から冬にかけて紅葉するのは，葉緑素が破壊され，もともと存在したカロチノイド (黄の色素) が葉に残り，さらに葉緑素が作った糖分からアントシアニン (赤い色素) が作られるからである．このように紅葉のメカニズムはわかっているが，紅葉の目的は解明されていない．

　花や果実に含まれる色素として，カロチノイドやフラボノイドがある．カロチノイドは赤，橙，黄などの色素である．フラボノイドには淡黄色と白色の色素であるフラボンと，赤，ピンク，紫，青の色素であるアントシアニンがある．後者はアジサイの色素として知られ，酸性では赤，中性で紫，アルカリ性で青に変化することはよく知

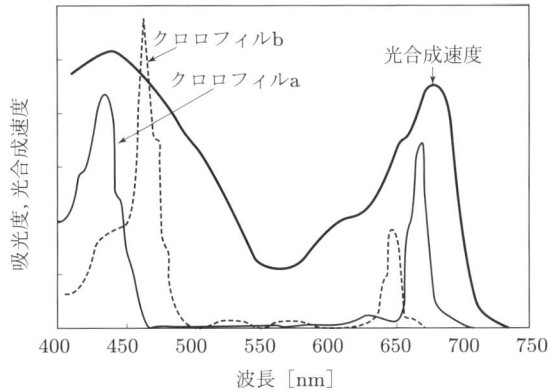

図 1.3 葉緑素の分光吸光度と光合成の速さ (出典：シーシーエス (株) ホームページ)

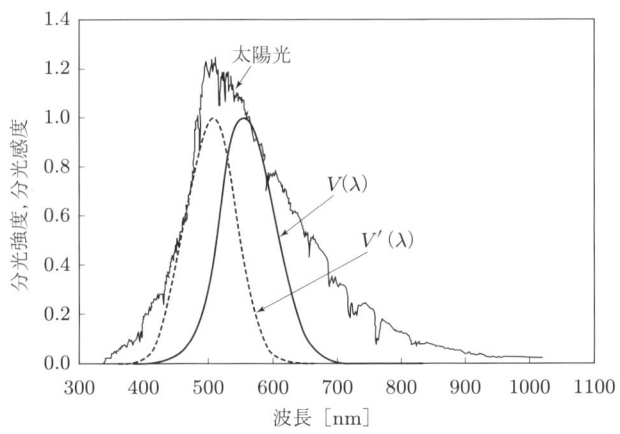

図 1.4 太陽光の分光強度分布と人間の標準分光視感効率 $V(\lambda)$ と $V'(\lambda)$

られている．

図 1.4 に太陽光の分光強度分布と人間の**標準分光視感効率** $V(\lambda)$ と $V'(\lambda)$ を示す (分光とは波長ごとの特性を指す)．2.3.4 項の (4) で解説するが，$V(\lambda)$ は明所での人の分光感度，$V'(\lambda)$ は暗所での分光感度である．見事に太陽光の分光強度分布のピークと人間の感度ピークが一致する．地球表面に降り注ぐ太陽光の，最も豊富に存在する光の波長領域に合わせて生物の光感度が設定されている．さらに興味深いことに，この可視光領域でも，植物中の葉緑素はその両端，つまり青と赤の光を用いて光合成を行い，葉緑素に必要とされない中波長領域の光 (緑) を透過・反射することで葉は緑色になる．したがって緑色の光は地球上にあふれ，人間を筆頭に多くの生物はこの中波長

領域の光(緑)に最も高い光感度をもつ．まさに，生物界の，光エネルギー利用における，光の波長(色)の棲み分けであり，無駄のない自然界の摂理といえる．

■ 1.1.3 ■ 昆虫・鳥類の色覚

　蝶やハチなど，花に集まる多くの昆虫は三色型あるいは四色型の色覚をもつ．これは生物学的には，分光感度の異なる三つあるいは四つのセンサを所有することに対応する．彼らは人間と異なり，短波長や紫外線領域に感度のあるセンサをもつ．花も，蜜のある花の中心部分では紫外線反射率が低い場合が多く，昆虫を誘引，誘導するために役立つ．また，蝶自身の体色も人の目には雌雄で違いはなく雌雄同形(同色)だが，紫外線領域では異なって見え，蝶自身にとっては性的二形である．

　このように，蝶どうしの間にも色によるコミュニケーションが存在する．それにしても蝶は派手な色を纏っているが，その理由は何だろうか．「異性の個体に発見されやすいように」が理由のひとつである．しかし同時に「捕食者である他の昆虫や鳥類にも発見されやすく，派手な色は不利なのではないか」との疑問も湧く．実は，この派手な色は擬態なのである．擬態にも2種類あり，背景に似た色と模様を纏って目立たなくする隠蔽的擬態と，逆に目立たせるための標識的擬態がある．蝶の場合は後者である．色でいうと，前者が**隠蔽色**や**保護色**，後者が**警告色**や**威嚇色**となる．どうやら鳥にとって蝶は美味しくないらしい．そのことを色彩でアピールするのである．図1.5のアカスジキンカメムシもナミテントウも特有の臭気を防御物質として用い，色彩は警告色である．また，スズメバチなどの派手な色彩も標識的擬態で，自分に毒があることをアピールする．昆虫に限らず，毒キノコも毒蛇も，毒のあるものに派手な色のものが多いが，これも警告色や威嚇色といえる．

　もうひとつ，色彩を用いた擬態の例を紹介しよう．図1.6はフィリピンのある場所で，同時期に採取されたテントウムシ，ハムシ，ゴキブリ[1]である．テントウムシも

(a) アカスジキンカメムシ

(b) ナミテントウ

図 1.5　昆虫の警戒色(撮影：山口芽衣氏) ➡ 口絵4

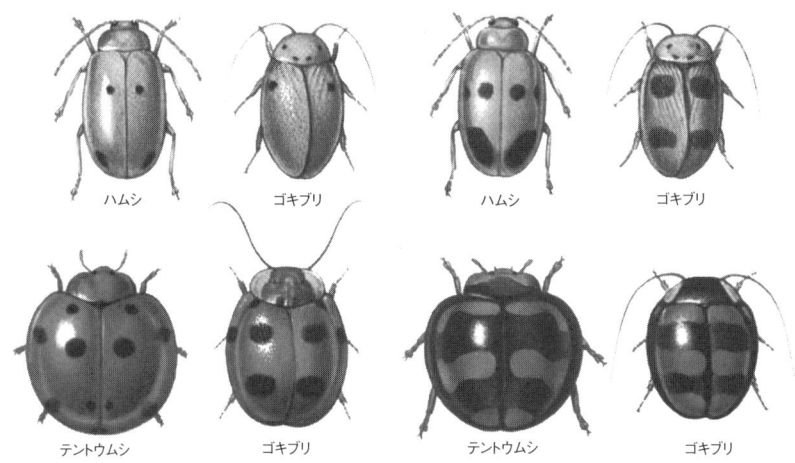

図 1.6 色彩を用いた擬態の例 (出典：文献 [1])

蝶と同様に，鳥にとっては美味しくない虫であり，赤と黒の派手な模様は標識的擬態である．一方のゴキブリは鳥にとって美味しい．そこでゴキブリは不味いテントウムシに似せるため，派手な色彩を纏う．ハムシとの関係も同様である．以上の擬態は，昆虫と鳥の間の色によるコミュニケーションというべきものであり，昆虫も鳥も色覚の優れた生物であることを示す．

■ 1.1.4 ■ 果実の色 (動物の色覚)

多くの果実が赤や橙や黄の色をもつ．なぜか．動物に果肉を提供し種子散布をしてもらうためである．花の場合と同様に，果実は，緑の背景に対して目立つ色にすることで，動物に検出されやすくなる．さらに，緑から黄緑，黄，橙，赤へと果実の熟成度に応じて色は変化し，動物はこの色変化で食べごろを判定する．逆に，果実食の動物には，緑–黄–橙–赤への色変化を見分ける色覚が必要となる．これが，果実食の動物や鳥類が三色型以上の色覚をもつ理由である．サルでも主に果実食をする種類は三色型色覚を有し，主に葉食をする種類には二色型色覚が多い．人間が三色型の色覚をもつ理由はこの辺りにある．章のはじめに「花を愛でる文化」に触れたが，花は花なりの理由から色づき，そしてその色も限定されている．人は人で果実を検出し熟成度を判定するために色覚をもつ．この両方があってはじめて私たち人間は花を見て美しいと思えるのである．

さまざまな動物の色覚について表 1.1[2]にまとめた．多くのほ乳類が二色型であるのに対し，サルの一部やヒトが三色型である．上述したように食性との関連が高い．

表 1.1 さまざまな動物の色覚 (出典: 文献 [2])

	4色型	3色型	2色型	1色型(全色盲)	研究の種類・視細胞の最大感度の波長[nm]
ヒト		○			Ⓐ 445,535,570
		○			Ⓐ 420,534,562
		○			Ⓐ 430,540,575
カニクイザル		○			Ⓐ 415,535,567
アカゲザル			○		Ⓐ 536,565
イヌ			○		Ⓐ 430,555
ネコ			○		Ⓑ 450,556
ウシ		○			Ⓒ
ブタ			○		Ⓐ 439,555
ラット				○	Ⓐ 510
リス(ジリス)			○		Ⓐ 437,517
ツパイ			○		Ⓑ Ⓒ 444,556
ハト		○			Ⓐ 461,514,567
フクロウ(モリフクロウ)		○			Ⓒ 色弱
ミズガメ		○			Ⓐ 450,518,620
ウミガメ		○			Ⓐ 450,502,562
カエル		○			Ⓐ 432,502,575
(オタマジャクシ)		○			Ⓐ 438,527,620
コイ		○			Ⓑ 462,529,611
キンギョ		○			Ⓒ 415,500,605
ミツバチ		○			Ⓑ 340,450,530
ハエ(クロバエ)(背側)				○	Ⓑ 490
(腹側)		○			Ⓑ 340,507,630
トンボ(アキアカネ)	○				Ⓑ 340,410,490〜540,620
トンボ(ヤンマ,幼虫)			○		Ⓐ 356,520
キアゲハ	○				Ⓑ 390,450,540,610
モンシロチョウ	○				Ⓒ 紫外,青,黄緑,橙〜赤
スズメガ		○			Ⓐ 345,440,520
ゴキブリ			○		Ⓑ 365,507
エビ			○		Ⓐ 496,555
ザリガニ			○		Ⓑ 青,黄
カニ(シオマネキ)				○	Ⓑ 510
タコ				○	Ⓒ
ホタテガイ				○	Ⓑ 500

※ Ⓐ化学的研究, Ⓑ神経生理学的,電気生理学的研究, Ⓒ行動学的研究

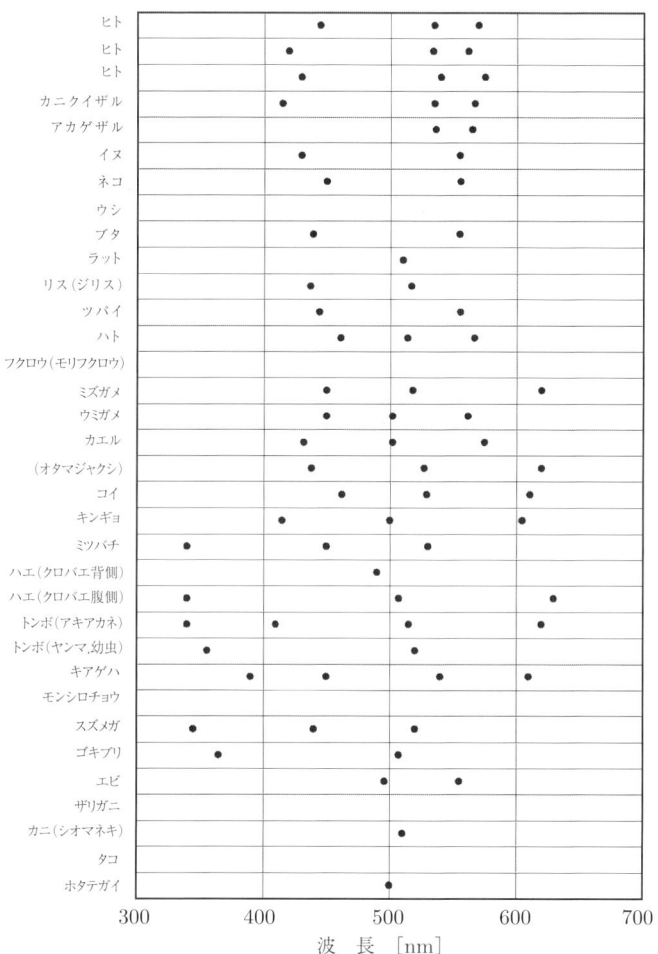

図 1.7 視細胞分光感度のピーク波長

果実食をするものは三色型，それ以外の草食も肉食も二色型である．昆虫のいくつかは四色型，魚類，昆虫類，カメやカエルなども三色型が多い．

表に記された**視細胞**の感度のピーク波長を図 1.7 にプロットした．ヒトに関しては多くの研究があり，データもさまざまであるため，表 1.1 と図 1.7 には代表的なものをのせた．

同じ三色型 (四色型) でも，昆虫や魚類とヒトのそれでは異なるようだ．ヒト，カニクイザル，ハトでは長波長に感度のある視細胞と中波長に感度のある視細胞の感度ピークが非常に近い．ミズガメ，オタマジャクシ，コイ，キンギョ，アキアカネ，クロバエ，キアゲハの場合はピークが離れている．

視細胞の内部には，光子を吸収して化学変化し，電気信号を引き起こす**視物質** (visual pigment または photo pigment) とよばれる物質が存在する．その視物質の構成要素であるオプシンのアミノ酸配列は，異なる動物の間でもたがいによく似ている．オプシン自体のアミノ酸配列の比較，あるいはそのもとになる遺伝子の塩基配列の比較から，脊椎動物のオプシン遺伝子の系統樹を推定したところ，同じ三色型でも異なるグループのオプシンをもつことがわかった．とくにヒトの場合，二つの視物質が同じひとつのグループにあることが特徴で，魚類，カエル，昆虫類などの三色型とは異なる．

1.2 色彩利用

ここまで生物界の色彩の例を見てきた．では，私たち人間の社会での色彩利用はどうだろうか．以下，いくつかの例をあげ，それに関わる問題点を考えてみる．

■ 1.2.1 ■ 色コード
(1) 色コードの例

色彩利用のひとつに，交通信号がある．世界的に，緑は「進め」，黄は「注意」，赤は「止まれ」というルールに従う．種々の標識の色も安全色彩として正式に定められている (3.5.15 項 XYZ 表色系の利用，図 3.35，図 3.36 参照)．このように色自体に意味をもたせたり，区別する目的で使用することを**色コード**とよぶ．電子部品のひとつである抵抗器では，抵抗値や精度を 4〜6 本の色帯で表示するが，これも色コードである．洗面台などの水まわりでは，お湯は赤，水は青，とノブに色づけされているが，これも色コードである．

大阪市内のある病院では複数の受診科や受付を統合し，これらを色と形と数字の複合コードのみで表記し，○○科という表示を一切排除した (図 1.8)．たとえば，来院者は総合受付で，「緑の○ (マル) の 1 へ行くように」といった指示を受け，館内の色コード表示に従って行けば簡単に目的の受付に辿り着くことができる．これはまたどの科を受診しているかが他人にはわかりにくく，来院者や通院者のプライバシー保護にも役立っている．

1—緑—○　2—紺—△　3—水色—◇　4—橙—□

図 1.8 数字と形と色を組み合わせた複合コード ➡ 口絵5

他には，大規模な駐車場で領域ごとに色分けして迷わないように配慮したり，建物によっては，エレベータホール前の壁が階ごとに異なる色で塗られており，どの階であるかが一目でわかるように工夫されている例もある．京都市の地下鉄東西線では，駅ごとに異なる色でホームがデザインされている．通常地下鉄には風景がなく駅の個性がないが，駅ごとに色を変えれば降車駅を間違えるようなことも減るであろう．

(2) 色コードの利点

色コードの例をあげればきりがない．ではなぜ色はコードとして有効に使用できるのか．その理由となる色の性質を以下にまとめる．

① 瞬時に識別可能．記号，文字，形などに比べても短時間で検出，理解できる．
② 対象の大きさによらず識別可能．一方，記号，文字，形は小さいと識別不可能．
③ 広い視野で同時に検出可能．一方，記号，文字，形は視点移動を必要とする．
④ 色は記号，文字，形の情報と独立に扱える．それらと色を複合させることで，より複雑な意味をもたせたり，より多くのコードを表現することができる．

とくに③と④の性質を利用して，地図上で国別，地形別に色分けする (たとえば山間部は茶色，平野部は緑) など，2次元上の分布を色で表現することがある．赤外線カメラで撮影した温度分布を色で表示するのもよい例である (6.5.1項の**擬似カラー**)．しかし，これらの利点を有効に機能させるためには，色を正しく用いなければならない．そのために必要な知識や技術を本書では扱う．

(3) 色コードの問題点

交通信号での「緑」と「赤」から発展して，「緑」は「可」，「はい」，「よい」などの肯定的な意味を，逆に「赤」は「不可」，「いいえ」，「悪い」など否定的な意味をもたせることがある．緑の○印と赤の×印を用いて自動改札の入口と出口を区別したり，電子機器のバッテリーの充電中を「赤」，充電完了を「緑」で示すことはよい例である．問題なのは，最近多い室内灯のスイッチについたLED色表示である．「赤」で通電中つまりONを，「緑」でOFFを表しているが，上記の意味づけとは逆であり，混乱することがある．

トイレの男女別の色表示も，国内では問題にならないが，海外では困ることがある．日本のトイレでは青 (黒) と赤で男性女性用の区別をする．しかし，海外では色コードをあまり用いない．日本では多くの場合，男性・女性のシルエットと青 (黒)・赤の色を複合して表示するが，海外では同一色で彩色した図形か文字表示を用いる場合が多い．たとえば図1.9(a)はシンガポール，チャンギ空港のトイレ入口の表示であるが，女性用でも青である．カナダの高速道路の休憩エリアのトイレでは男性用にピンク，女性用に青というものもあった．日本では男性色 (青, 緑, 黒)，女性色 (赤, 黄, 桃)

というような区別が存在し，幼児服やランドセルの色などでは男の子用と女の子用の色が決まっていることが多い．海外ではこのような色と性別の対応関係が日本ほど明確ではない．最近では日本でもジェンダーフリーのトイレ表示が現れ，男女両方とも緑色で表示されているものもある (図 1.9(b))．

図 1.9　シンガポールの青色の女性用トイレ表示 (a) (➡ 口絵 6) とジェンダーフリー表示 (b) ((b) は出典：http://www.senichi-club.com/)

このように色コードも，必ずしもルールが統一されておらず，世界共通ではない．その理由のひとつは色の文化的，歴史的背景の違いにある．お湯-赤，水-青が暖色／寒色に対応するなど，ある程度普遍的な色彩の心理効果にもとづいて色が使われているケースもある．少ない色数であっても，色コードの色は，ある程度普遍的な色感覚にもとづいて決定するか，そうでなければ厳密に規格を制定する必要がある．

(4) 色コードの制限

色数の多い色コードの場合はどうか．色コードが有効に機能するためには，同時に用いる色コードの数にも制限があり，その色の種類まで限定される．図 1.10 は大阪の地下鉄路線図である．最近は色覚異常者への配慮 (カラーバリアフリー対応) から，路線は色だけでなく，路線を示すアルファベットと駅を示す番号が併記されている．図は大阪市交通局のホームページにある路線図であるが，他の印刷物などでも，御堂筋線は赤，四つ橋線は青，中央線は緑など，同じ色使いがなされている．大阪の地下鉄は 8 路線しかなく，色コードとして有効に機能しているように思える．しかし，四つ橋線の青と南港ポートタウン線の青を混同しやすい．色再現技術に限界があり，この図の色自体が正確でないかもしれない．しかし，問題の本質は，同じ色カテゴリー

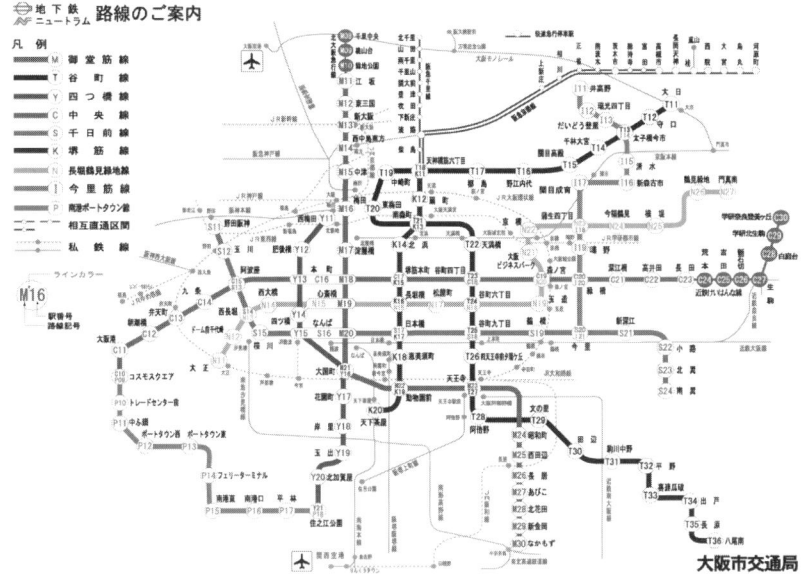

図 1.10 地下鉄路線図における色コード (出典：大阪市交通局ホームページより) ➡ 口絵 8

「青」から色コードを選択していることにある．両者の青は見比べれば違いはわかる (色弁別可能である) が，カテゴリーとしては同じ青である．人によっては南港ポートタウン線のほうを水色やシアンとよぶかもしれない．これも問題である．

つまり，人によってカテゴリーが安定しない色を選択するべきではない．色コードとして色彩を利用する場合は，カテゴリカル色知覚機構 (1.3.2 項) を十分理解し，色名についての知識をもつことが重要である．次章で扱うが，安定して用いられる色名と色カテゴリーの数は 11 色 (白，灰，黒，赤，緑，黄，青，橙，茶，紫，桃) であり，ここから色コードを選択するのがよいとされる．

（5） 色コードにおけるカラーバリアフリー

カラーバリアフリーの観点から色コードに関する注意点を述べる．色覚異常者については第 2 章で取り上げるが，簡単にいうと，正常者が容易に見分けられる色でも，色覚異常者は混同してしまう色の組み合わせ (混同色) が存在する．色コードの色を選択する場合は，混同色の組み合わせを避けることが肝要である．しかし，色の数が多くなると，混同色を避けて色を選択することはほぼ不可能になる．

「色覚異常者を配慮するならいっさい色コードを使うな」

という主張があるが，これは極論である．上述した「対象が小さくても広い視野から瞬時に検出され識別される」といった色コードの恩恵を奪ってしまう必要はない．要

は，色コードを単独で使用しなければよいのである．できるだけ他の情報，つまり，記号・文字・形などの視覚情報と一緒にコード化すればよい．先ほどの大阪市内の病院での受診科案内表示の例や，現在の地下鉄路線図がそれである．たしかに表示方法としては冗長になるが，今のところ，最も安全な方法である．

■ 1.2.2 ■ 意匠・デザイン要素

（1） 絵画の色彩

　色彩が絵画を構成する重要な要素であることは，誰も否定しない．人間に色覚がなかったら，絵画という芸術は成立しなかったかもしれない．フィンセント・ファン・ゴッホの黄，アンリ・マティスの赤，パブロ・ピカソの青など，それぞれの画家の特徴的な色．また，ジョルジュ・スーラ，ポール・シニャックらによる小さな色点を用いた点描画，浮世絵に代表される日本の木版画における色使いなど，彩色にもいくつかの特徴的な手法が存在し，絵画にバラエティーを与えている．

（2） 製品の色

　人間には色覚がある．いい方を変えれば，目に見える物すべてに色がついているということである．絵画に限らず，人間が作るモノすべてそうである．大量に作られ流通する製品の色をどうするか，これは商品の売れ行きを左右する大きな要素となる．色がよければ商品の付加価値となり，悪ければ価値を下げる．自動車，家電，衣料品，家具など，同じ型でも複数の色のバリエーションを用意し，消費者に選択させる．流行色や売れ筋の色をあらかじめ想定し，あるいは意図的に操作してデザインする．それだけでなく，明らかに売れそうもないが，売れ筋の色を引き立てるための捨て色をそろえておく場合もある．

（3） 色彩の効果

　色の選択にはさまざまな要素が関与する．画家などのアーティストが自己表現として色を選択する場合を除き，多くの場合は色のもつ性質や効果を考える．消費者の選択行動も色の性質や効果に影響される．好きか嫌いか，美しいか，流行っているか，状況に適合しているか，常識的かどうか，目立つか目立たないか，他の色と釣り合うかなど，色を選択する視点はさまざまである．色自身がもたらす心理効果や生理効果，たとえば興奮・鎮静，眠気・覚醒，サーカディアンリズム(体内時計)への影響，癒し効果，寒暖や温冷の感覚，時間経過の遅速の感覚，空間的な広さの感覚なども積極的に利用される．また，文化的，歴史的，民族的さらに宗教的な背景にもとづいて，色に一定の意味を付帯させたり，ある物事を象徴させたりすることもある．これも色のもつ重要な性質のひとつである．

色による心理・生理効果は「色彩心理学」で扱う対象であり，本書では扱わない．また，文化，民族，宗教，歴史における色彩についても本書では触れない．しかし，色をデザイン要素として用いる場合でも，心理的・生理的効果を狙った色彩利用でも，文化，民族，宗教，歴史に登場する色彩でも，色をどのように定義し，測り，表現し，伝達し，再現するかについての知識は必須である．本書ではその知識を提供する．

1.3 色コミュニケーション

色彩の本格的な計測については第4章で，色の単位については第3章で詳しく扱う．ここではそのような知識を必要としなくともできる，日常私たちが行っている色の計測，指定，伝達の方法を取り上げる．さらに，それぞれの利点や欠点を考察することで，次章以降の準備としたい．

■ 1.3.1 ■ 色見本

図 1.11 は筆者の名刺である．左肩の大学ロゴの色は，注文するたびに少しずつ異なる色ででき上がる．このロゴがデザインされたときは「DIC–2488」と厳密に色指定されていたが，どうやらその色指定が名刺作成には使われていないようだ．

図 1.11　ロゴの色指定の例

この DIC–2488 とはどのような色を指すのか．DIC とは印刷用インキや有機顔料を扱う企業，大日本インキ化学工業のことで，DIC–2488 は DIC が提供する印刷色見本の通し番号である．色見本 (色サンプル) はカラーガイドやカラーチャートとして提供され，印刷色の色指定時に用いる．色見本の番号とインキの配合は対応しており，注文した色と実際に印刷される色は高精度に一致する．この他には塗料，インテリア，建材などで実際の色見本を用いた色指定が行われる．

図 1.12 には色票を用いて肌の色を計測する様子を示した．図 1.13 は果物の熟成度

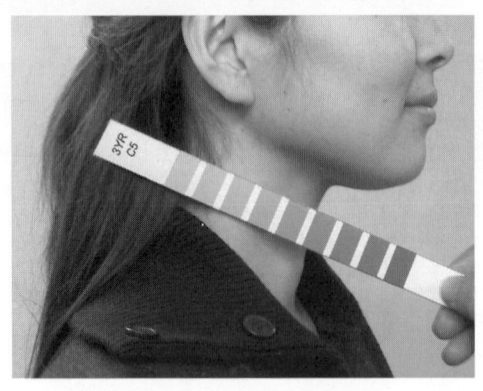

図 1.12 スキントーンカラーによる肌色の測定 (出典：財団法人日本色彩研究所ホームページ)

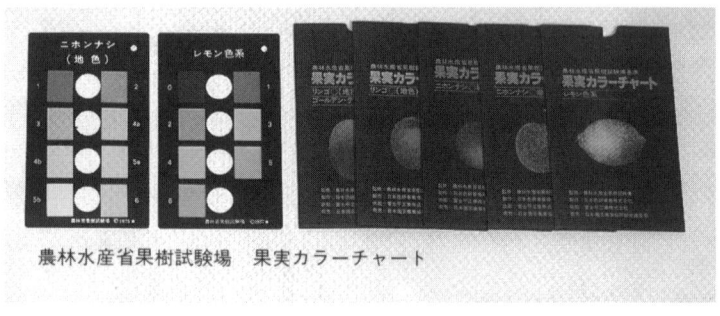

図 1.13 農林水産省試験場基準果実カラーチャート (富士平工業 (株))

を判定し適切な収穫時期を判断するための果実用カラーチャートである．このように目的や用途に特化した色票集があり，それを用いて色彩測定を行う．景観の色彩調査など，色のバリエーションが大きい場合や，より一般的な色表示が必要な場合は，マンセル表色系 (3.2 節) や NCS(表色系) (3.3 節) の色票集を用いる．より細かく色を評価することができ，異なる対象との間で色の比較や分析が可能になる．

　実際の色見本やサンプル，色票集を用いた色測定や色指定の利点は，作業が簡単なことである．測定は，対象物のできるだけ近くに色票を置き，同じ色に見える色票を自らの目で選ぶだけである．特別な色の知識やテクニックを必要としない．ちょうど同じに見える色票がないときに，見本の色を感覚的に内挿あるいは外挿して同じ色を推定するが，この作業に多少の経験を要する程度である．

　この方法には欠点がある．実物，つまり色見本，色サンプルがないと測定できないということである．さらに色指定や色情報の伝達では，双方に同じ色見本やサンプルが必要である．また，色見本やサンプル，色票集に経年色変化があってはならない．つ

まり，退色や変色による色変化がないように，きっちりと色彩管理をする必要がある．

もうひとつの欠点は細かな測定や指定が難しいということである．見本やサンプルの数には限界があり，あまり細かいステップで用意することは現実的でない．上述のようにまったく同じ色がサンプル内に存在しないことも多く，サンプルの色を内挿，外挿することになる．そもそも，高精度の測定は期待できない．

1.3.2 色名

言語を用いて色を記述する．誰もが日常的に行うことである．

　「オレンジ色のＴシャツを買って来て」

　「同じ型でもう少し濃い青色はありませんか」

　「本棚から赤い表紙に黄色の文字が書いてある本を取って」

など，色名と形容詞を組み合わせれば，ある程度の色情報は伝わる．これだと，サンプルや見本をもつ必要はない．なぜ，このような色名による色コミュニケーションが可能なのか．あたり前で疑問すら感じたことがないかもしれないが，以下，色覚メカニズムのひとつの特徴を紹介しながら考えてみたい．

(1) **色弁別・波長弁別**

人間は色覚にすぐれ，非常に細かな色の違いを見分けることができる．それを示すデータを紹介する．

二つの色を見比べてその色の違いがわかることを**色弁別** (color discrimination, 3.5.16項) という．ここで紹介する**波長弁別閾値** (wavelength discrimination threshold) は**色弁別閾値** (color discrimination threshold) のひとつで，二つの**単色光** (スペクトル光, monochromatic light)[*1] を色弁別するために必要な最小の波長差のことである．この波長弁別閾値を，さまざまな波長の単色光に対して求めたものが図 1.14 である．可

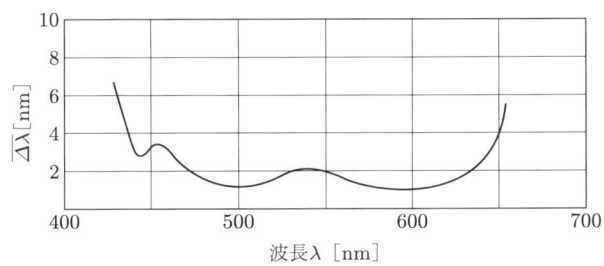

図 1.14 波長弁別閾値 (出典：文献 [3])

[*1] それ以上分光できない光．厳密には一つの波長のみで構成される光．

視光領域の両端の波長では大きな値を示すが，弁別閾値は可視光領域のほぼ全般にわたって数 nm であり，最も弁別閾値が小さいところで 1 nm である．驚くべきことに人間の視覚系は 1 nm の波長の違いを見分けるのである．

（2） カテゴリカル色知覚

単色光の波長を変化させると，色は連続的に変化する．なおかつ人間は 1 nm の波長の違いすら見分けるほど，微細な色変化を感じることができる．その一方で，ある範囲内の色をひとまとめにして，同一カテゴリーとみなして取り扱うような能力ももつ．虹をよく見ると連続的に色が変化するのがわかるが，紫，藍，青，緑，橙，黄，赤の 7 色で表現することもできる．これをカテゴリカル色知覚とよび，色名を使用した色表現の基盤となる．同じ色名でよばれる色の範囲が，同一カテゴリーを形成するのである．

カテゴリーの中で最も代表的な色を**中心色** (focul color) とよぶ．この中心色は，個人，民族，言語によらずきわめて安定している．たとえば日本人の A さんと B さんが思う最も「赤」らしい色はほぼ一致し，また日本語の「赤」の中心色と英語の「red」の中心色も一致する．であるからこそ，異なる言語の間で色名の一対一の翻訳が可能となり，色名を用いて色を伝達することが可能なのである．

（3） 基本色彩語

Berlin と Kay (1969)[4]の色名に関する研究を紹介する．彼らは次の条件を満足する basic color terms (**基本色彩語**または**基本色名**) を定義した．

- 単一語彙 (monolexemic) である (たとえば青緑やうす紫などは除外される)
- 他の色名に含まれない (たとえばクリムゾンもスカーレットも赤に含まれるので除外される)
- 使用する対象が限定されない (たとえばブロンドは人に対してのみ使用されるので除外される)
- 人と場所によらず頻繁に用いられる

次いで英語，日本語などの 98 の言語に対して，その基本色彩語 (基本色名) の領域と中心色を調査した．基本色彩語 (基本色名) は言語によって 2 語から 11 語であり，以下に示す色名の進化ともいえる法則性があることがわかった．

① Stage Ⅰ (2色)　[白 (暖色), 黒 (寒色)]　ニューギニアの Jalé 語など
② Stage Ⅱ (3色)　[白, 黒, 赤]　ナイジェリアの Tiv 語など
③ Stage Ⅲ (4色)　[白, 黒, 赤, 緑] または [白, 黒, 赤, 黄]　ナイジェリアの Ibo 語など
④ Stage Ⅳ (5色)　[白, 黒, 赤, 緑, 黄]　スマトラの Batak 語など
⑤ Stage Ⅴ (6色)　[白, 黒, 赤, 緑, 黄, 青]　エチオピアの Bedauye 語など
⑥ Stage Ⅵ (7色)　[白, 黒, 赤, 緑, 黄, 青, 茶]　リビアの Siwi 語など
⑦ Stage Ⅶ (11色)　[白, 黒, 赤, 緑, 黄, 青, 茶, 紫, 桃, 橙, 灰]　英語, 日本語など

さらに基本色彩語(基本色名)の中心色はそれぞれ狭い範囲に分布し,言語によらず安定していることがわかった.色コードの箇所で,数を11以下にし,その色も白,黒,赤,緑,黄,青,茶,紫,桃,橙,灰にすることが推奨されるとした理由がここにある.

(4) カテゴリカルカラーネーミング法

色名を用いて色を計測することができる.細かな色の見え方を調べるのではなく,見ている色がどの色カテゴリーに分類されるのかを調べる手法,それが**カテゴリカルカラーネーミング法**である.観察者は見ている色に最も適した色名を答えるだけである.その際,制限なしで自由に色名を使用させる方法と,あらかじめ決められた色名の中から選択させる方法の2種類がある.後者の場合は上述の11基本色彩語を用いることが多いが,用途や目的に合わせて色名を増減してもよい.たとえば,アパレル関係ではベージュなど,目的や対象に応じて適切な色名を加えて行うこともある.

例題 1.1 身近にある物の色を観察し,カテゴリカルカラーネーミングせよ.使用する色名を11基本色彩語に限定した場合と自由に色名を用いた場合の両方を試み比較せよ.さらに他人とのネーミング結果と比較せよ.

解 11基本色彩語の中心色に近い色は,個人差なく色名が割り当てられると予想される.たとえばポストの赤など.一方,カテゴリーとカテゴリーの境界近くの色は個人差が現れると予想される.そのような色に対しては,自由に色名を用いた場合に多様な色名が使われる可能性がある.

図1.15にカテゴリカルカラーネーミング法の適用例を示す.光源色モード[*2] (a)と物体色モード[*3] (b)のカテゴリーをCIE1931xy色度図[*4]上に求め比較したものである.CRT(ブラウン管,cathode ray tube,6.2.1項)ディスプレイ上に正方形の色を呈示し周辺を黒にすることで光源色モードを実現し,また,周辺に高輝度の無彩色を呈示することで物体色モードを実現した.図中の三角形はCRTディスプレイの色域(gamut,6.3節)である.結果の色カテゴリーは,それぞれ異なるシンボルで区別される.シンボルがない箇所があるが,それは色域内でも輝度によりディスプレイで呈示できない色に対応する.また,「・」で示される色はカテゴリーの境界付近のため,応答が安定しなかった色である.

図(a)の$30\,\text{cd/m}^2$と$5\,\text{cd/m}^2$のグラフに違いはなく,光源色の場合は輝度レベルによらずカテゴリー領域に変化がないことを示す.それに対して,図(b)は,左右で異なる分布となり,同じ色度でも輝度によって異なるカテゴリーになることを示す.

[*2] 光源色モード:光の色として知覚される場合のこと(2.3.8項の(1)で解説).
[*3] 物体色モード:反射物体の色として知覚される場合のこと(2.3.8項の(1)で解説).
[*4] xy色度図は3.5節で説明する.簡単にいうと,明るさ情報を除く色情報を示す色の地図.

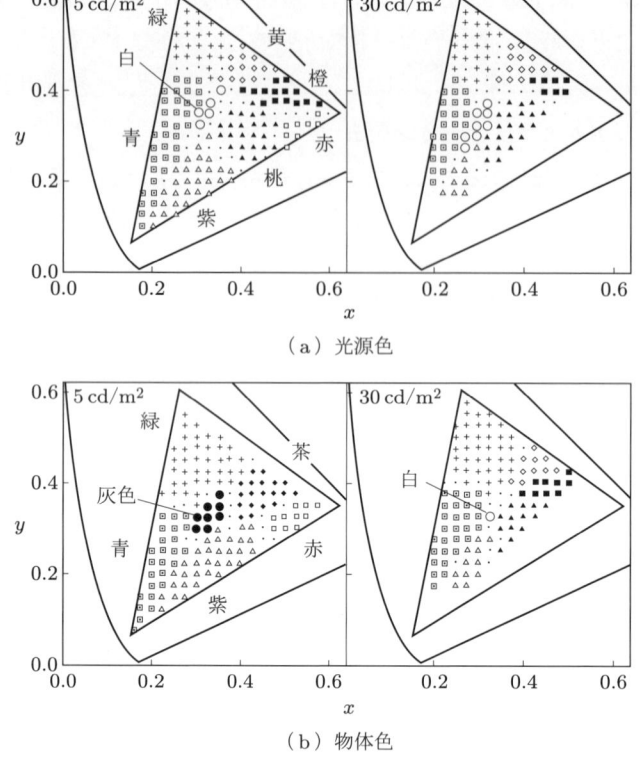

図 1.15　光源色 (a) と物体色 (b) の色カテゴリーの比較 (出典：文献 [5])

とくに高輝度になると，「茶色」は「黄」や「橙」に，「紫」の一部は「桃」になる．また，上下の比較から，同一輝度，色度でもモードによって，よばれる色名が異なることがあることがわかる．物体色の「茶色」が光源色では「黄」と「橙」にわかれる．色コードの色彩を考える際に考慮すべき問題点を示唆している．次に紹介する JIS の色名でも，第 3 章で紹介する交通標識や信号の安全色彩でも，光源色と物体色では別々に色が規定される理由である．

(5) **JIS 色名**

日本工業規格 (Japanese Industrial Standards，JIS) でも色名を用いた色の記述方法があるので，目的に応じて使用するとよい．「物体色の色名 (JIS Z 8102)」と「色の表示方法-光源色の色名 (JIS Z 8110)」があり，物体色と光源色のどちらを扱うかによって使い分ける必要がある．両者とも基本的な考え方は同じで，**慣用色名**と**系統色名**という 2 種類の色名法が定義されている．慣用色名とは慣用的に用いられてきた色名で，具体的な物の名前を示すことが多い．系統色名は，くすんだ黄，赤みの黄など，

修飾語＋基本色名で表現する色名法である．

■■■ 物体色の色名 (JIS Z 8102)

[慣用色名]

小豆色，鴇色，山吹色などの和色名147色，バーミリオン，オリーブなどの外来色名122色の合計269色が定義され，色名を代表する色のマンセル表色系の三属性値も付く．

[系統色名]

- 基本色名(無彩色)：白，灰色，黒
- 基本色名(有彩色)：赤，黄赤，黄，黄緑，緑，青緑，青，青紫，紫，赤紫
- 色相に関する修飾語：図 1.16 に示す通り
- 彩度と明度に関する修飾語：表 1.2 に示す通り

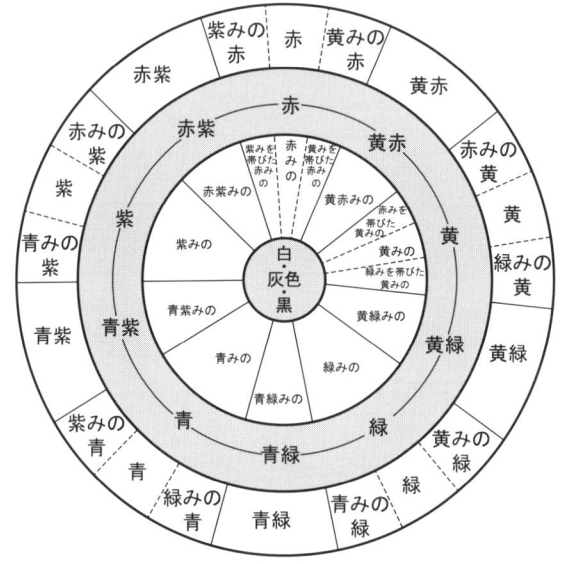

図 1.16 色相に関する修飾語 (JIS Z8102 物体色の色名，系統色名)

■■■ 光源色の色名 (JIS Z 8110)

[慣用色名]

表 1.3 に示す 29 色名が定義されている．とくに白色付近の慣用色名が多い．

[系統色名]

- 基本色名：白，赤，黄赤(だいだい)，黄，黄緑，緑，青緑，青，青紫，紫，赤紫，ピンクの 12 色名．

表 1.2 明度と彩度に関する修飾語 (JIS Z 8102 物体色の色名, 系統色名)

無彩色	色みを帯びた無彩色	有彩色				
白	△みの白					
		ごくうすい				
うすい灰色	△みのうすい灰色		うすい			
		明るい灰みの		明るい		
明るい灰色	△みの明るい灰色		やわらかい			
		灰みの			つよい	あざやかな
中位の灰色	△みの中位の灰色		くすんだ			
		暗い灰みの			濃い	
暗い灰色	△みの暗い灰色		暗い			
		ごく暗い				
黒	△みの黒					

← 明度 ／ 彩度 →

※ △には基本色名 (有彩色) が入る

表 1.3 光源色の慣用色名 (JIS Z 8110 光源色の色名, 慣用色名)

種類	慣用色名	種類	慣用色名
無彩色の色名	白色	とくに鮮やかなことを示す色名	純赤色
有彩色の色名	赤色		純黄色
	黄色		純緑色
	緑色		純青色
	青色		深赤色
	紫色	白色を細分して示す色名	電球色
	オレンジ色		温白色
	だいだい色		白色 (狭義の)
	黄緑色		昼白色
	青緑色		昼光色
とくにうすいことを示す色名	桃色		月光色
	黄白色		昼光白色
	緑白色	その他の色名	紅赤色
	青白色		シアン
			マゼンタ

- 修飾語：表 1.4 に示す.

系統色名の一般的な色度区分を，3.5.15 項の (4) に示す.

例題 1.2 身近にある色を観察し，JIS の系統色名にならって色を記述せよ．物体色と光源色のそれぞれに対して試みよ．さらに他人との結果と比較せよ．

解 (例) サーモンピンクだと「やわらかい黄みの赤」，ベージュは「明るい灰みの赤みを帯びた黄」など，系統色名ではいい表しにくい色は結構多い．慣用色名だと簡単に表現できる．

表 1.4　光源色の修飾語 (JIS Z 8110 光源色の色名 系統色名)

種類	修飾語	適用する基本色名
色相に関する修飾語	赤みの	黄赤，だいだい，紫
	黄みの	白，黄赤，だいだい，紫
	緑みの	白，黄，青
	青みの	白，緑，紫
	紫みの	白，ピンク，青
	オレンジ	ピンク
鮮やかさに関する修飾語	うすい	黄赤，だいだい，黄，黄緑，緑，青緑，青，青紫，紫，ピンク
	鮮やかな	赤，黄赤，だいだい，黄，黄緑，緑，青緑，青，青紫，紫，赤紫

1.3.3　色の定量化 (表色系)

　色見本やサンプル，色名でもある程度の精度で色を記述できる．しかし，これ以上に細かく色を記述するためには，連続的な数値で定量的に色を表現する必要がある．そのための色の単位系を**表色系** (color systems) とよぶ．表色系は複数存在し，統一されていない．万能の単位系が存在しないからである．したがって，目的や用途に応じて適切な表色系を選択して使うことが肝要である．そのためには，それぞれの表色系の特徴を正しく理解しなければならない．表色系については，第3章で詳しく紹介する．

演習問題

1-1　次のうち内容の正しい文章はどれか．正しくない場合は訂正せよ．
　　a. 色覚の最も優れた生物は人間である．
　　b. 植物の葉が緑色なのは，光合成のために中波長の光を必要としているからである．
　　c. すべてのほ乳類は人間と同じ三色型色覚を有する．
　　d. すべての花は昆虫を惹き付けるために綺麗に色づいている．

1-2　色がコードとして用いられる理由を述べよ．

1-3　色見本を用いたコミュニケーションの長所と短所を述べよ．

1-4　カテゴリカルカラーネーミング法はどのような用途で用いると有効か考えよ．

1-5　JIS の定める色名法には「慣用色名」と「系統色名」がある．両者を説明せよ．

1-6　JIS の色名法は「物体色」と「光源色」で別々の体系を定めている．その理由は何か．

2 色発現

　色とは何か．色はどのように発生(発現)するのか．「光の波長＝色」ではなく，光学や物理学だけでは色は扱えない．色は目に入る光によって引き起こされ，最終的には観察者の脳で完了する知覚である．色の発現には，光，物体，観察者の三要素が必要である．したがって色を扱う技術者は，光の性質，光と物体の相互作用，視覚系の構造と機能，色覚のメカニズムについての知識を持つ必要がある．本章では，それらについて詳しく解説する．とくに色に密接に関係する光や物体の物理特性について理解を深めることと，物理特性だけでは説明できない色の諸問題についても取り上げ，視覚系の色覚メカニズムについての理解を深める．

2.1 色発現の三要素

　リンゴは赤く，バナナは黄色い．では，この黄色はバナナの上にあるのだろうか．バナナを手にとれば一緒に黄色もついて来る．黄色とバナナは決して離れることはない．色も，大きさや重さや形などと同様に，物体の特性や属性のひとつとして扱われる．しかし，実際にバナナの表面にあるのは色ではなく**分光反射率** (spectral reflectance) という光学的特性である．この情報は光によって運ばれる．したがって，照明光がなければ表面で光が反射することもなく，物体の色を感じることもない．

　では，光で色のすべてを説明できるだろうか．大多数の理工系の技術者は「色は光の波長である」という．確かに，ニュートン (Isaac Newton) が無色の光をプリズムで波長ごとに分離し，それぞれの波長に対応する色を生じさせる実験を行ったように，光は短波長から長波長になるにしたがって，紫，青，青緑，緑，黄緑，黄，橙，赤，赤紫とその色を変える．波長と色が対応しているようである．しかし，ニュートンは著書 "Optics" の中で色について次のように述べている．

> "For the rays to speak properly are not coloured. In them there is nothing else than a certain power and distribution to stir up a sensation of this or that colour."

> 「正確にいうと，光線には色がついていない．光線の中にあるのは，この色あの色などという感覚を引き起こす，ある種の力や性質に他ならない．」

くり返すが，「光の波長＝色」ではない．色は光が引き起こす感覚であり，波長によってその内容が変わる．厳密には，色は**分光エネルギー分布** (spectral energy distribution) または**分光強度分布** (spectral power distribution) という光の物理的特性によって決まる感覚である．感覚であるがゆえに，その内容は観察者によって異なる．同じ光でも，人間と他の動物では異なる色を感じ，同じ人間でも個人によって感じる色は異なる．また，同じ観察者でも周囲の状況により色は変化する．

色が発現するためには，三つの要素が必要である．光源，照明光などの光，光を反射する物体，光を検出し処理する観察者あるいは測定器の三つである．光自体の色を見るときには光と観察者が必要になる．したがって，色を正しく扱うためには，光，光と物体との相互作用，色覚メカニズムについて理解しなければならない．

「購入した服を家に持ち帰ったら，店頭で見た色と印象が異なって困った」という話を聞く．これは照明光が店頭と自宅では異なるために，服で反射して観察者に届く光自体が異なるからである．しかし，事態はそれほど単純ではない．視覚系にも，そのずれを補正する機能 (色恒常性，色順応，2.3.9 項) があり，物理的に予測されるほど色の違いは生じない．この例が示すように，つねに光，物体，観察者の視点で色を考える必要がある．工学技術者であっても，ファッションコーディネータであっても，色を扱う者は，この三要素についての知識が必須となる．以下，それらについて説明する．

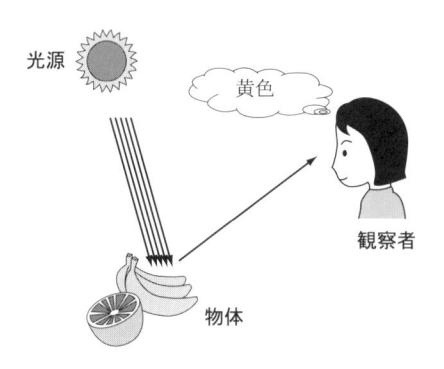

図 2.1 色発現の三要素 (光，物体，観察者)

2.2 光と物体

色発現の三要素のうち，光と物体について説明する．まず，光の性質である直進性，可逆性，屈折，散乱，干渉，回折を紹介し，自然界で見られる色彩現象を説明する．最後に，光が物体に照射されたときの振る舞いについて述べる．いわゆる，反射，透過，吸収であるが，これらの分光特性は物体の色を決定する重要な物体側の物理的特性となる．

■ 2.2.1 ■ 可視光

図 2.2 にあるように**可視光**とは電磁波のうち人間に見える波長のものを指す．その短波長側の限界は 360 から 400 nm (ナノメートル 1 nm = 10^{-9} m)，長波長側の限界は 760 から 830 nm である．本来，可視光と光は同義であるが，現在は可視光に紫外線と赤外線を含めて光とよぶこともある．昆虫などは紫外線にも感度をもつ．また測定器では，受光素子の材料やデバイス構成にもよるが，一般に Si (シリコン) 系材料を用いた受光素子では可視光領域から近赤外領域まで感度をもつ．

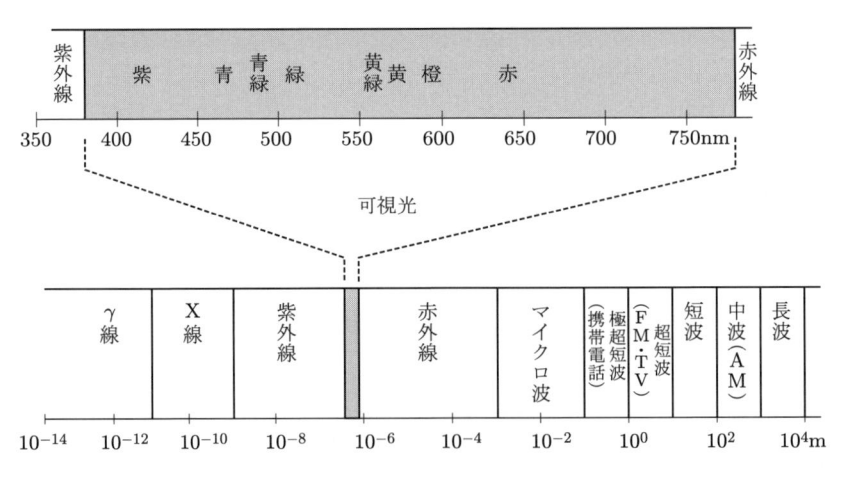

図 2.2 電磁波の波長と可視光

■ 2.2.2 ■ 直進性・可逆性

光は波動性と粒子性の両方の性質をもつ．屈折，回折，干渉など，光自体のふるまいでは，主に光の波としての性質が重要になる．また，視覚系の視細胞や測定器の受光素子においては粒子として振る舞う．あたり前のようだが，光は直進する．屈折，反射，散乱，回折で光の進行方向は変わるため，厳密には「何もない真空中では直進

する」．直進性のために，手前の物が奥の物を遮蔽し，影もできる．また立体的な物体に光があたると陰影ができる．そして光の進路は可逆的であり，逆から辿っても同じ進路になる．A から B が見えれば，B から A も見える．以上の性質から，幾何光学では光を単純化し光線として取り扱う．

■ 2.2.3 ■ 屈　折
(1) スネルの法則

光は，異なる媒質の境界を通過すると曲がる．これを**屈折** (refraction) とよぶ．図 2.3 のように，**屈折率** (refraction index) が n_i の媒質から n_r の媒質に入射したときの入射角 i（入射光線と境界面の法線 N のなす角）と屈折角 r（屈折光線と N のなす角）の関係は，**スネルの法則** (Snell's law)

$$\frac{\sin i}{\sin r} = \frac{n_r}{n_i} = \frac{v_i}{v_r} \tag{2.1}$$

にしたがう．さらに屈折率は媒質中の光の速度に反比例するため，媒質中の光速度で入射角屈折角の関係を表すこともできる．

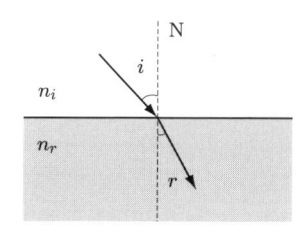

図 2.3　屈折におけるスネルの法則

表 2.1　さまざまな物質の屈折率

物質	絶対屈折率
空気 (0°, 1atm)	1.000293
水 (20°)	1.333
石英	1.458
ダイヤモンド	2.419
塩化ナトリウム	1.53
角膜 (人間)	1.376
前眼房水 (人間)	1.336
水晶体 (人間)	1.386
硝子体 (人間)	1.336

(2) 屈折率

表 2.1 に，いくつかの物質の**絶対屈折率**（真空中の屈折率 1.0 を基準とした屈折率）をあげる．いずれも，波長 589.3 nm の Na の d 線に対する屈折率である．空気から水など，屈折率の低い媒質から高い媒質に進む場合は，図 2.3 のように法線側に曲がる．

例題 2.1　空気中から水中に入射角 45°で光が入射するときの屈折角を求めよ．計算には表 2.1 の屈折率を用いよ．

解
$$r = \frac{180°}{\pi} \sin^{-1}\left(\frac{n_i}{n_r} \sin 45°\right) = \frac{180°}{\pi} \sin^{-1}\left(\frac{1.000293}{1.3330} \cdot \frac{1}{\sqrt{2}}\right) = 32.05°$$

> **コラム** 人間の目，魚の目
>
> 　人間の目の場合，光は角膜，前眼房水，水晶体 (レンズ)，硝子体を通り網膜に辿り着く．面白いことに，表 2.1 を見ると，角膜以降の組織で屈折率はほぼ一定となっている．空気と角膜との境界での屈折率差が最も大きく，屈折の大部分は角膜で起こる．水晶体 (レンズ) が光を曲げて網膜像を結像するように思われるが，事実はそうではない．水晶体での屈折は少なく，微調節にすぎない．
>
> 　しかし，水中では話は異なる．角膜と水の屈折率はほぼ等しく，角膜では屈折しない．したがって，水晶体で光を屈折させなければならず，水晶体は球形となる．水中生物のなかでも，人間と同じカメラ型の目を持つ代表的な生物である金魚とタコの眼球断面[6]を下図に示す．
>
> （a）人間　　　（b）金魚　　　（c）タコ

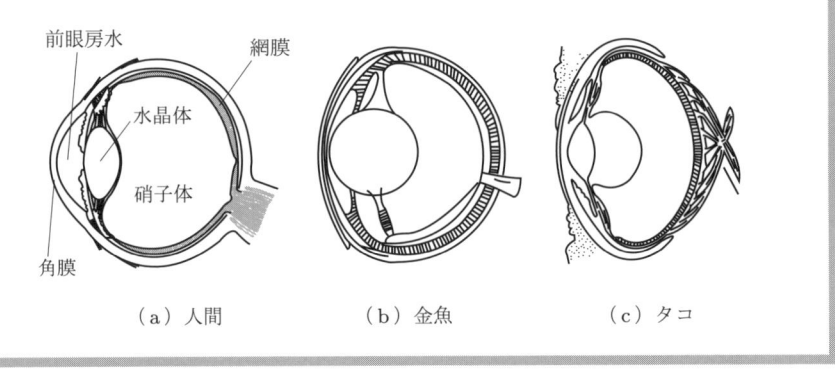

（3） 波長分散

　表 2.1 は，波長 589.3 nm の光に対する屈折率と限定した．波長によって屈折率が異なるからである．たとえば水 (20°) の場合，546.1 nm (水銀 Hg の e 線) では 1.3345，656.3 nm (水素の Hα 線) では 1.3311 となり，短波長になるほど屈折率が高くなる．これを屈折率の**波長分散** (dispersion) とよぶ．一般に，短波長光ほどよく屈折し，長

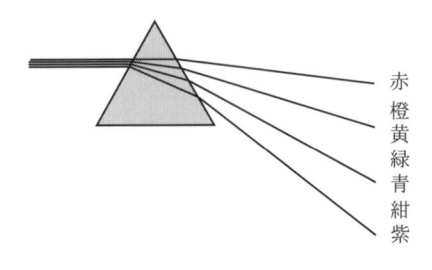

図 2.4　波長分散を利用したプリズムによる光の分光

波長光はあまり屈折しない．これにより白色光(無色の光)をプリズムに通せば，分光することができる(図 2.4)．

表 2.1 からわかるように，ダイヤモンドの屈折率が飛び抜けて高い．それだけ波長分散も大きく，色が強調される．宝石として珍重されるゆえんである．

（4） 色収差

屈折率の波長分散は，波長によって焦点がずれる**色収差** (chromatic aberration) の要因となる (図 2.5)．カメラなどの人工的な光学系では，分散の非常に小さな蛍石 (fluorite) や色消しレンズ (achromat lens) を用いて色収差を軽減する．

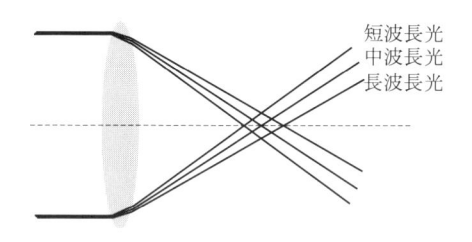

図 2.5 色収差

人間の目では，厳密にいうと，短波長と長波長の光に対して同時に焦点を合わすことはできない．色収差に対して人間の視覚系が採った対応は面白い．3 種の錐体 (2.3 節) のうち，短波長光に感度をもつ S 錐体のみが数も少なく，網膜上での分布密度も低い．そのため青色に関する空間解像力が低く，青色の像が多少ぼけていても視覚系は困らない．

ところが，最近では視覚系にとって想定外の事態が生じている．青色 LED (発光ダイオード) の出現である．青色 LED は実用化され，屋外の看板や表示などいたる所で使われる．遠方から青色 LED の表示を見ると焦点が合わなくてぼける．屈折が強すぎ

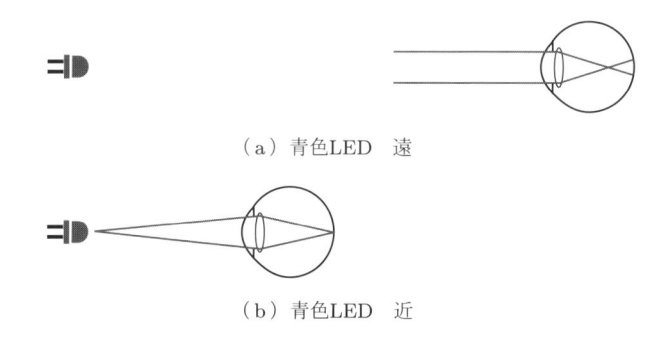

(a) 青色LED　遠

(b) 青色LED　近

図 2.6 青色 LED 表示の遠距離からの観察 (a) と近距離からの観察 (b)

> **コラム　虹の色**
>
> 屈折によって生じる自然界の色は，何といっても虹である．
> 　空気中の水滴に光が入射するときに屈折し，内部で反射して外に出る．その際にも屈折する．この 2 回の屈折の際，波長分散により分光される (下図中央)．
> 　水滴内部で一度反射して出てくる場合は，内側 (下側) に紫や青，外側 (上側) に赤が見える (下図左)．これは主虹とよばれ，通常よく観察される．主虹の外側に逆の順序で見える虹は副虹とよばれ，水滴内部で 2 回反射することにより生じる (下図右)．

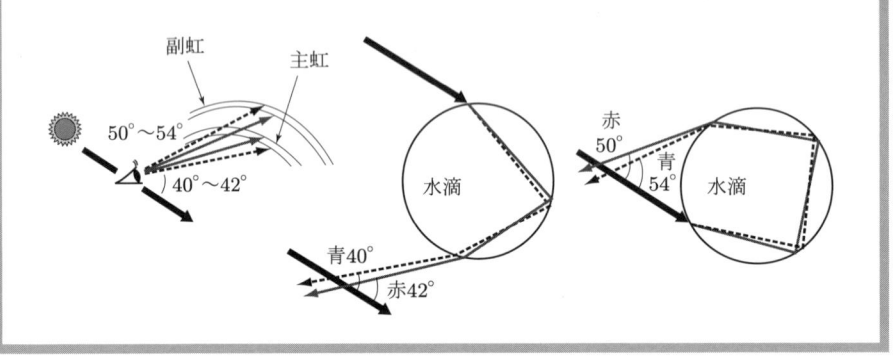

て，水晶体の屈折力を下げても網膜の手前で焦点を結んでしまう (図 2.6(a))．近くから観察すれば焦点が合うため，事前のチェックではこの問題に気づかない (図 2.6(b))．

■ 2.2.4 ■　散　乱

光 (電磁波) が粒子と衝突あるいは相互作用して方向を変えることを**散乱** (scattering) とよぶ．たとえば，実験室で可視光のレーザー光線を横から観察すると，色のついた光線が見える．空気分子や空気中に浮遊している塵などに光線の一部が散乱され，その散乱光により色を見るからである．しかし，真空中では見えない．真空中には散乱を起こす物体は存在せず，光線の色も見えない．月面あるいは宇宙船から撮影された写真を見るとよくわかる．太陽光が差し込んでいるにもかかわらず，宇宙空間は暗黒で，その中に地球や星が浮かんでいる．

（1）　弾性散乱と非弾性散乱

散乱のうち，粒子側へのエネルギー移動がなく光 (電磁波) の波長も変化しない散乱を**弾性散乱** (elastic scattering)，エネルギー移動があり波長が変化する場合を**非弾性散乱** (inelastic scattering) とよぶ．後者は**ラマン散乱** (Raman scattering) ともよば

れ，とくに入射したX線が散乱されて波長が長波長側にずれることを**コンプトン散乱**(Compton scattering) という．しかし，これらの非弾性散乱は弾性散乱に比べると効率は低く，私たちが体験する色彩への影響は小さい．

（２）ミー散乱とレーリー散乱

一方，弾性散乱は散乱体 (粒子) の大きさによって分類される．

光の波長に比べて散乱体 (粒子) が十分大きい場合 (mm～数 μm)，光はほぼ幾何光学的に反射・散乱され (**幾何光学的散乱**)，前方への散乱が強い．波長依存性もなく特定の色がつくことはない．

散乱体 (粒子) が光の波長と同程度の大きさになる (数 μm～数百 nm) と回折効果が大きくなり，いろいろな方向に散乱される．ただし，波長依存性はほとんどない．これは**ミー散乱** (Mie scattering) とよばれる (図 2.7)．

さらに散乱体 (粒子) が小さくなる (波長の 1/10 以下，100 nm 以下) と**レーリー散乱** (Rayleigh scattering) とよばれる等方的な散乱になる (図 2.7)．レーリー散乱は，次式

$$I_S = \frac{kN(n-1)^2}{\lambda^4} \tag{2.2}$$

で与えられる強い波長依存性をもつ．ここで，I_S は単位体積あたりの散乱強度，N は単位体積あたりの粒子数，n は粒子の屈折率，λ は波長，k は比例定数である．長波長光に比べて短波長光の散乱が強いことがわかる．

（a）ミー散乱(大きな粒子)　　（b）ミー散乱　　（c）レーリー散乱

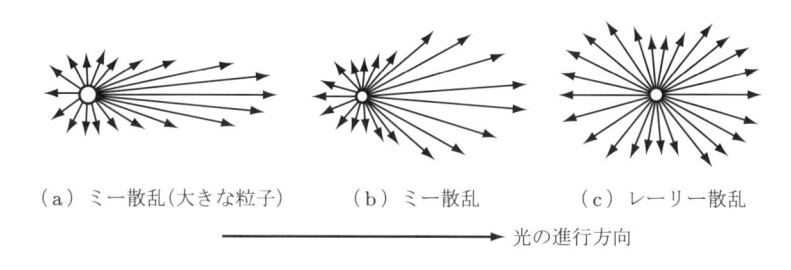

$\longrightarrow$ 光の進行方向

図 2.7　大きな粒子のミー散乱 (a)．ミー散乱 (b)．レーリー散乱 (c)

2.2.5　干　渉

光は波としての性質をもつため，**干渉** (interference) が起こる．干渉は，複数の電磁波 (光) が重なって，強め合ったり弱め合ったりする現象である．しかし通常の場合，たとえば二つのランプをもって来て並べても干渉は起こらない．**可干渉性** (コヒーレンス，coherence) が低いためである．レーザー光など，単色性が高く，時間的揺らぎもなく，空間的に小さな光源から出た光のコヒーレンスは高く，干渉しやすい．単色

> **コラム** 空の青，夕焼けの赤，雲の白
>
> 幾何光学的散乱を除く弾性散乱 (ミー散乱とレーリー散乱) による散乱現象はチンダル現象 (Tyndall effect) とよばれ，自然界で見られるさまざまな色の原因となる．
>
> 大気 (空気) 中の分子は十分小さく，レーリー散乱が起こる．レーリー散乱では短波長光が強く散乱されるため，日中の空は青く見える．また，遠方の景色が青白くなるのもレーリー散乱による青が重なるからである．絵画では「大気遠近法」という奥行きを表現する手法として利用される．
>
> しかし，夕方や朝方では太陽が傾き，光の空気中を進む距離が長くなる．その間に散乱により短波長光が失われ，直進して目に届くのは長波長光が優位になる．そのため朝夕の空は赤や橙色に見える．
>
> 海の青色も説明できる．水中では可視光領域の両端での吸収のため紫と赤が失われ，さらに水分子によるレーリー散乱が加わりより強い青となる．
>
> 雪，雲，湯気，煙が白いのは，散乱体が多少大きく，波長依存性の少ないミー散乱が起こるためである．

でもなく位相も揃わない自然光でも，波長選択性のあるフィルタを通して単色性を高め，スリットを通して空間的に限定してから分けた光どうしは干渉する．二つのスリットからの光による干渉縞を観察するヤングの干渉実験がそれである (図 2.8)．

光源 L を出た光はフィルタ F を透過後，スリット S_0 を通過し，さらに二つのスリット S_1，S_2 で分離され，D 離れた壁面上で干渉する．壁面上，中心から y の位置での

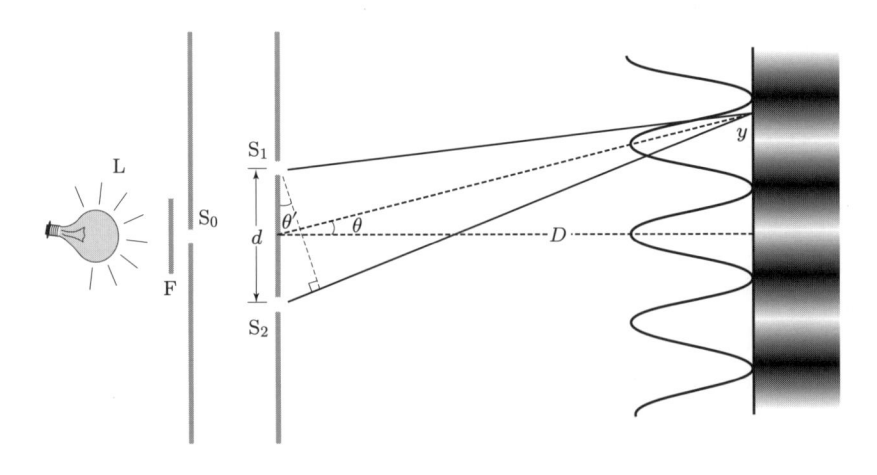

図 2.8 ヤングの干渉実験

干渉条件を考える．D が d や y に比べて十分大きいとき，

$$\theta' \cong \theta, \quad \tan\theta \cong \theta \cong \frac{y}{D} \tag{2.3}$$

が成立し，干渉縞が生じる位置 (強め合う位置) y は m を整数として

$$y \cong \frac{m\lambda D}{d} \tag{2.4}$$

で与えられる．

（1） 薄膜干渉

シャボン玉や水面の油膜上にさまざまな色が見えるのは，薄膜での干渉が原因である．図 2.9 に示すように，表面で反射される光と，一度膜に入射し裏面の境界で反射して戻る光の干渉が起こる．光路差 Γ は

$$\begin{aligned}\Gamma &= n_2(\text{AB} + \text{BC}) - n_1 \text{AD} \\ &= n_2 \frac{2d}{\cos\beta} - n_1(2d)\tan\beta\sin\alpha\end{aligned} \tag{2.5}$$

で与えられる．さらに n_1 から n_2 への屈折により $\sin\alpha = \dfrac{n_2}{n_1}\sin\beta$ の関係を用いて書き直すと

$$\begin{aligned}\Gamma &= 2dn_2\left(\frac{1}{\cos\beta} - \tan\beta\sin\beta\right) \\ &= 2dn_2\cos\beta\end{aligned} \tag{2.6}$$

となる．

自由端 (屈折率が低い端面) での反射においては位相のずれは生じないが，固定端 (屈折率が高い端面) での反射では位相 π のずれが生じることを考慮して，次の干渉条件を得る．

---

① 位相のずれがない場合

光路差が波長の整数倍で光は強め合い (式 (2.7))，半整数倍で弱め合う (式 (2.8))．

② π の位相ずれがある場合

光路差が波長の半整数倍で強め合い (式 (2.8))，整数倍で弱め合う (式 (2.7))．

$$2dn_2\cos\beta = m\lambda \tag{2.7}$$

$$2dn_2\cos\beta = \left(m - \frac{1}{2}\right)\lambda \tag{2.8}$$

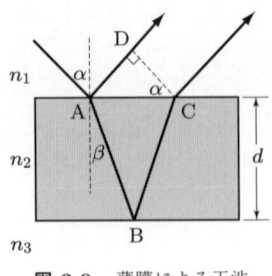

図 2.9　薄膜による干渉

例題 2.2　波長 560 nm の単色光が，表面に薄膜 (屈折率 1.4) を貼ったガラス板 (屈折率 1.5) に垂直に入射する．反射光が弱めあうための薄膜の最小の厚さはいくらか．

解　図 2.9 において $\alpha = \beta = 0$, $n_1 = 1.0$, $n_2 = 1.4$, $n_3 = 1.5$ である．$n_1 < n_2 < n_3$ のため薄膜上面と下面のどちらの反射でも位相 π ずれる．よって二つの反射光の間に位相のずれはなく，弱め合う条件は式 (2.8) となる．最小の膜厚は $m = 1$ のとき

$$d = \frac{\lambda}{4n_2} = \frac{560 \times 10^{-9} \text{ m}}{4 \times 1.4} = 1.0 \times 10^{-7} \text{ m}$$

コラム　シャボン玉の色，油膜の色

シャボン玉の場合は $n_1 = n_3 = 1.0 < n_2$，水面上の油膜の場合は $n_1 = 1.0 < n_2$, $n_3 = 1.333 < n_2$ である．どちらの場合も，上の境界面の反射では屈折率の低い媒質から高い媒質への入射となり π の位相ずれ (半波長分のずれ) が生じるが，下の境界面の反射では位相ずれは生じない．したがって，式 (2.8) を満たす波長の光が強められ，色が出現する．膜厚や観察する角度によって条件を満たす波長が変わるため，さまざまな色になる．

(2) 干渉フィルタ，ダイクロイックミラー，反射防止膜

図 2.9 には薄膜の下面で一度だけ反射して戻る光のみが描かれているが，実際には膜の中を何回か往復して帰ってくる光もある．このとき膜の厚さ d を光の波長 λ の 1/4 倍にすると，反射光どうしがたがいに弱め合い波長 λ の反射光をなくすことができる．これを**反射防止膜** (anti-reflection coatings) という．そのためには屈折率を $n_1 < n_2 < n_3$ とし，下面における反射でも位相が π ずれる (半波長分ずれる) ようにしておく必要がある．同様の原理から，逆に屈折率を $n_1 < n_2$, $n_3 < n_2$ とすれば，反射光どうしが強め合うことになる．この原理は，特定の波長の光 (特定の色) のみを反

射させる**ダイクロイックミラー** (dichroic mirror) として用いられる．

また，図 2.10 のように薄膜を半反射性の膜で挟み，透過フィルタとして適用すれば，特定の波長の光 (特定の色) のみを透過する**干渉フィルタ** (interference filter) となる．ただし，図と異なり実際はフィルタに垂直に入射させて使用する．

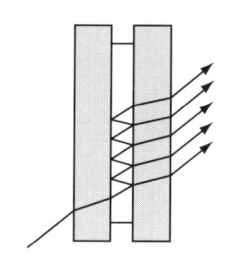

図 2.10 干渉フィルタ

■ 2.2.6 ■ 回　折

光が直進性をもつ一方で，障害物の影に回り込んだり，狭いスリットを通り抜けた後にさまざまな方向に光が伝搬するなど，幾何学的に説明のつかない振る舞いをする．この現象は**回折** (diffraction) とよばれ，スリットや物体の大きさが光の波長に対して十分大きいときは起こらず，波長と同程度のときに起こる (図 2.11)．

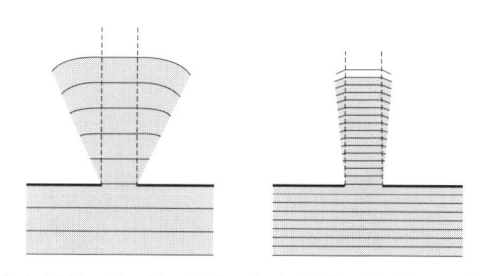

（a）波長の長い波の回折　　（b）波長の短い波の回折

図 2.11 平行光のスリット通過時の回折

回折格子 (diffraction grating) は等間隔で並んだ多数のスリットに光を通して回折させ，さらに干渉させることで波長ごとに異なる位置に干渉縞を作り出すもので，**分光器** (モノクロメータ，monochromater) において，単色光を取り出す素子として用いられる．図 2.12 を見るとわかるが，スリットの数が多いほど鮮明な回折縞 (干渉縞) が得られる．光が強め合う位置は式 (2.4) によって決定され，波長によって異なる位置に色が出現する．

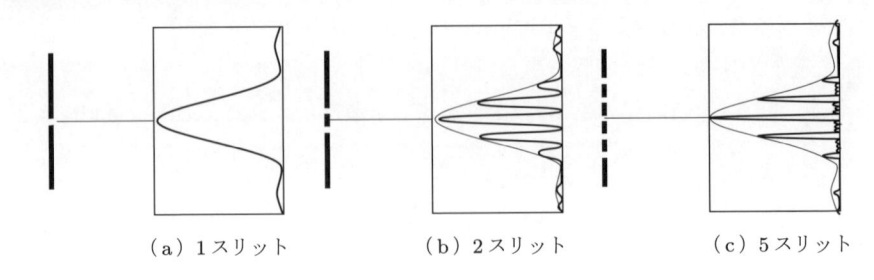

(a) 1スリット　　　　(b) 2スリット　　　　(c) 5スリット

図 2.12　複数のスリットによる回折縞

■ 2.2.7 ■　反射・透過・吸収

物体に照射された光は，一部は表面で**反射**され (reflection)，残りは物体内部に進入する．さらに内部に入った光の一部は**吸収**され (absorption)，一部は**透過**され (transmission)，残りは内部の構造で反射され表面に戻りふたたび外部に反射する．物体の色はこれらの分光的な光学特性，つまり**分光反射率** (spectral reflectance) や**分光透過率** (spectral transmittance) によって決まる．通常の反射物体の色では分光反射率が，フィルタなどの透過物体の色では分光透過率が重要となる．

(1)　正透過・拡散透過，正反射・拡散反射

透過は二つに分けられる．さまざまな方向に拡散される透過光を**拡散透過** (diffuse transmission)，入射光と同一方向に直進する透過光を**正透過** (direct transmission または specular transmission) とよぶ．反射も二つに分類される．物体内部に入らず，いわゆる**反射の法則** (入射角＝反射角) を満たし，表面で反射することを**正反射** (specular reflection) あるいは**鏡面反射** (mirror reflection) とよぶ．いったん，物質内に入った光が内部で多重に吸収，透過，反射され，一部がふたたび表面に戻り，ほぼ等方的に反射することを**拡散反射** (diffuse reflection) とよぶ (図 2.13)．

金属などなめらかな表面では図 2.13 に示す鏡面反射が強い．しかし凹凸の多く粗い表面では，微視的には反射の法則を満たしつつ，さまざまな方向に反射するため拡散反射となる (図 2.14)．つまり，拡散反射には，いったん物体内部に入射した戻り光と表面で反射する光の 2 種類が含まれ，その構成は表面の粗さ・なめらかさによって変わる．

この 2 種類の拡散反射には決定的な違いがある．分光反射率である．表面での反射光の分光反射率は多くの場合波長によらず一定であり，照明光の色をそのまま反射する．一方，物体内部に進入した光による拡散反射は物体特有の分光反射率をもつ．すなわち，赤く見える表面は長波長で高い反射率，短波長で低い反射率をもつなど，その物体表面の色を決定する．

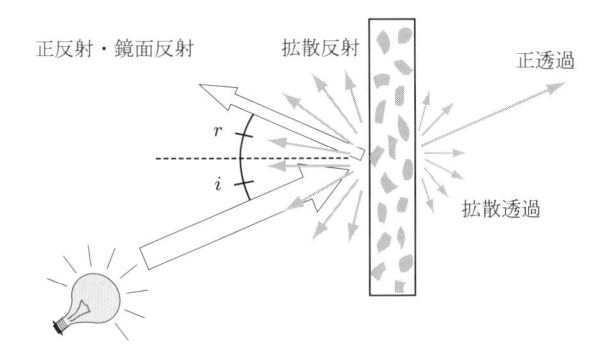

図 2.13 鏡面反射, 拡散反射, 正透過, 拡散透過

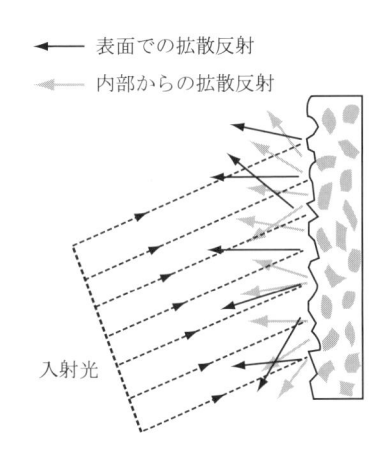

図 2.14 粗い表面での拡散反射

（2） **配光特性**

　表面の構造や物体の材質によって，鏡面反射と拡散反射の割合が決まるため，材質によって見え方が異なる．光沢の強い表面と弱い表面の，拡散反射光と鏡面反射光の様子を図 2.15 に示す．この図は反射角ごとの反射光強度を示しており，**配光特性** (**変角光度分布**) とよばれる．入射光と対称の角度方向への強い反射が鏡面反射である．図 (b) のように，光沢の強い表面をつやあり表面 (グロス，gloss) とよぶ．図 (a) は光沢の弱い表面である．

　光沢がなく，どの角度から見ても同じ明るさと色になる表面をつやなし (マット，matt) 表面と表現する．とくに，すべての方向に等しい強度で反射する表面は**均等拡散反射面** (uniform reflecting surface または Lambart's surface) とよばれ，図 2.16(a)

(a) 光沢の弱い表面　　(b) 光沢の強い表面

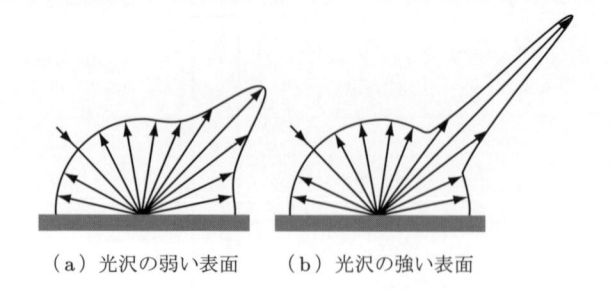

図 2.15　光沢の弱い表面 (a) と強い表面 (b) の配光特性

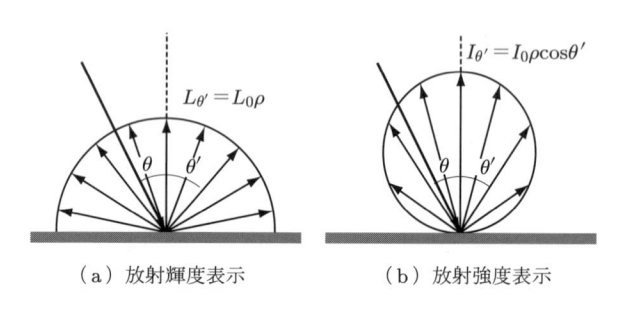

(a) 放射輝度表示　　(b) 放射強度表示

図 2.16　均等拡散反射面の配光特性

に示す配光特性をもつ．すなわち反射率を ρ，表面法線方向の反射光の放射輝度[*1] を $L_0\rho$ とするとき，反射角 θ' の方向への反射光の放射輝度 L'_θ は一定となる．これは次式で表される．

$$L_{\theta'} = L_0\rho \tag{2.9}$$

同じ配光特性を放射強度で表現すると図 2.16(b) となり，反射角 θ' 方向への反射強度 $I_{\theta'}$ はランバート則

$$I_{\theta'} = I_0\rho\cos\theta' \tag{2.10}$$

を満たす．ちなみに，図 2.15 は放射強度でなく放射輝度による表示である．均等拡散反射面の中でも，反射率が 1.0 であるものを**完全拡散反射面** (perfect reflecting diffuser) とよび，標準白色面として使用する．

[*1] 放射強度を光源や反射面の見かけの面積で除したものを，放射輝度と定義する．同じ放射強度の光でも見かけの面積が小さくなるほど明るく感じるということを反映するため，放射輝度のほうが，人間の感じる明るさに近い．2.3.5 項を参照．

（3） 分光反射率と物体の色

物体の反射特性と色の関係を整理する．一般に，入射角 θ で入射した光の反射角 θ' 方向への分光反射率 $\rho_{\text{total}}(\theta, \theta', \lambda)$ は，表面での鏡面反射 $\rho_{\text{mirr}}^{\text{surf}}(\theta, \theta', \lambda)$ と拡散反射 $\rho_{\text{diff}}^{\text{surf}}(\theta, \theta', \lambda)$，物体内部からの拡散反射 $\rho_{\text{diff}}^{\text{in}}(\theta, \theta', \lambda)$ の三つの反射成分の合成となる．これを示すと次式のようになる．

$$\rho_{\text{total}}(\theta, \theta', \lambda) = \rho_{\text{diff}}^{\text{in}}(\theta, \theta', \lambda) + \rho_{\text{diff}}^{\text{surf}}(\theta, \theta', \lambda) + \rho_{\text{mirr}}^{\text{surf}}(\theta, \theta', \lambda) \tag{2.11}$$

それぞれの分光反射成分の特性を表 2.2 にまとめる．なめらかな面では，反射の法則を満たす方向 ($\theta' = \theta$) に $\rho_{\text{mirr}}^{\text{surf}}(\theta, \theta', \lambda)$ が強く，その方向では光沢として照明光の色（多くの場合は白）が見える．$\rho_{\text{diff}}^{\text{in}}(\theta, \theta', \lambda)$ 成分は方向によらず一定なので，$\theta' \neq \theta$ となる方向では相対的に $\rho_{\text{mirr}}^{\text{surf}}(\theta, \theta', \lambda)$ が弱く，$\rho_{\text{diff}}^{\text{in}}(\theta, \theta', \lambda)$ が強くなり，鮮やかな物体本来の色が見える．粗い表面では $\rho_{\text{mirr}}^{\text{surf}}(\theta, \theta', \lambda)$ が減少する代わりに $\rho_{\text{diff}}^{\text{surf}}(\theta, \theta', \lambda)$ が増大し，どの方向から見ても照明光の色が加わるため，白っぽい低彩度の色となる．毛羽立った布地などが白っぽいのは，そのよい例である．

表 2.2 各種分光反射率の特性

反射の種類	分光特性	配光特性
$\rho_{\text{diff}}^{\text{in}}(\theta, \theta', \lambda)$	物体固有の λ の関数，物体の色を反映	θ' によらず一定
$\rho_{\text{diff}}^{\text{surf}}(\theta, \theta', \lambda)$	λ によらず一定，照明の色を反映，粗面で増大	θ' によらず一定
$\rho_{\text{mirr}}^{\text{surf}}(\theta, \theta', \lambda)$	λ によらず一定，照明の色を反映，粗面で減少	$\theta' = \theta$ で最大

2.3 視覚系

色発現の 3 番目の要素，観察者の色覚の仕組みを説明する．そのためには視覚系の構造と働きについて触れなければならない．目の構造と機能，網膜の構造，3 種類の錐体による光のセンシング，網膜内の神経細胞による色彩情報処理，さらに網膜以降の高次レベルによる色覚現象へと話を進める．

■ 2.3.1 ■ 視覚系の構成

視覚系は，目と脳からなる (図 2.17)．入射光は眼球光学系により網膜上に像を作り，網膜上の**視細胞** (photo receptor) が光子を捉えることにより，光エネルギーから電気エネルギーに変換される．視細胞により生じた電気信号は網膜内のいくつかの神経細胞での処理を経て，**視交叉** (optic chiasm) を通り，**外側膝状核** (lateral geniculate nucleus) で中継され，大脳に送られる．大脳では後頭葉の**視覚野** (visual cortex) で処理を受けた後，脳のさまざまな部位に送られる．

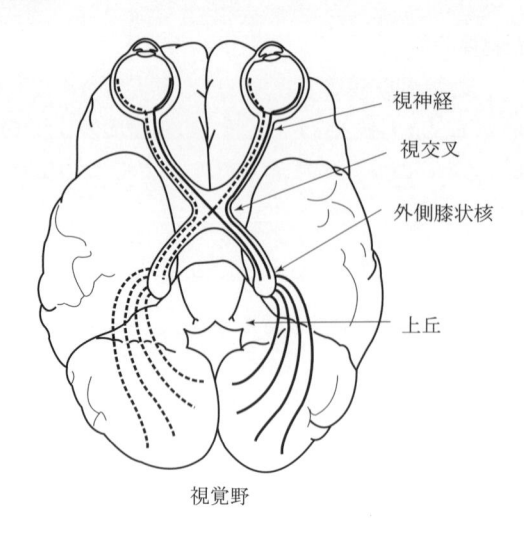

図 2.17　脳と眼球の水平断面図

■ 2.3.2 ■ 眼球光学系

図 2.18 に人間の眼球の断面図を示す．光はまず**角膜** (cornea) に入射し，**前眼房水** (aqueous humor) を通る．**水晶体** (crystalline lens) の前にある**虹彩** (iris) は，光が通過する領域つまり**瞳孔** (pupil) の大きさを変えて光量を調節する．光は瞳孔と水晶体を抜け，眼球内の**硝子体** (vitreous humor) を通過し，最奥部の**網膜** (retina) に到達する．それらの組織の屈折率は表 2.1 に示した通りである．

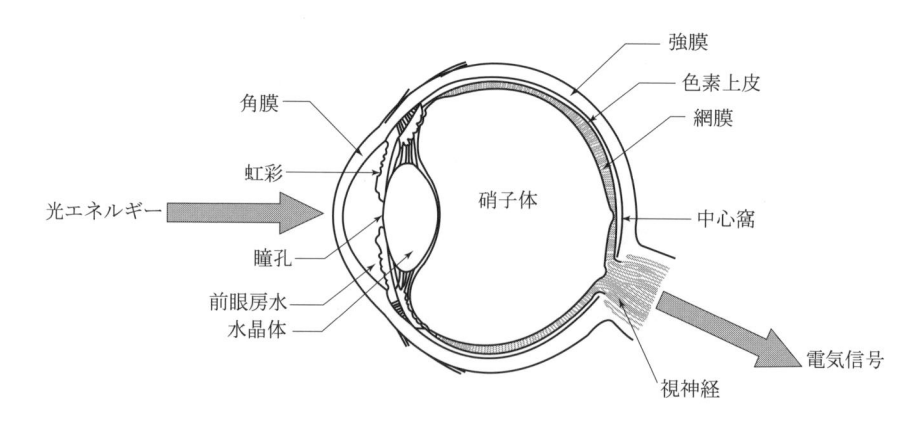

人間の目を正面から見ると，いわゆる白目とよばれる部分があるが，これは角膜の外側の**強膜** (鞏膜，sclera) である．白目の内側にリング状の色のついた部分がある

図 2.18　人間の目

が，これは虹彩である．虹彩はメラニン色素を有し，日本人では茶色，欧米人では青色や緑色が多い．よく見ると放射状の模様があり，この模様は一人一人異なるため生体認証に用いられる．

目の色 (虹彩の色) によって見える色が異なるのか，という質問を受けるが，実際に光が通過するのは虹彩のさらに内側の黒い部分の瞳孔であって，網膜に到達する光に虹彩の色は影響しない．ただし，メラニン色素の少ない青い目では光が透過しやすく眩しさを感じやすいとの報告はある．

■ 2.3.3 ■ 網　膜

網膜は，紙 1 枚ほどの厚さの組織である．網膜の拡大図を図 2.19 に示す．

網膜の最深部に**視細胞** (photo receptor) が位置している．視細胞には明所で働く**錐体** (cone) と暗所で働く**桿体** (rod) の 2 種類がある．錐体はさらに三つに分類され，この錐体の反応が色覚のもとになる．網膜のいちばん奥に到達した光子は視細胞先端の**外節** (outer segment) 中の**視物質** (visual pigment または photo pigment) に吸収される．この視物質と光子との光化学反応がきっかけとなり，視細胞の膜電位が低下し電気信号が発生する．視細胞で生じた電気信号は**双極細胞** (bipolar cell)，**神経節細胞**

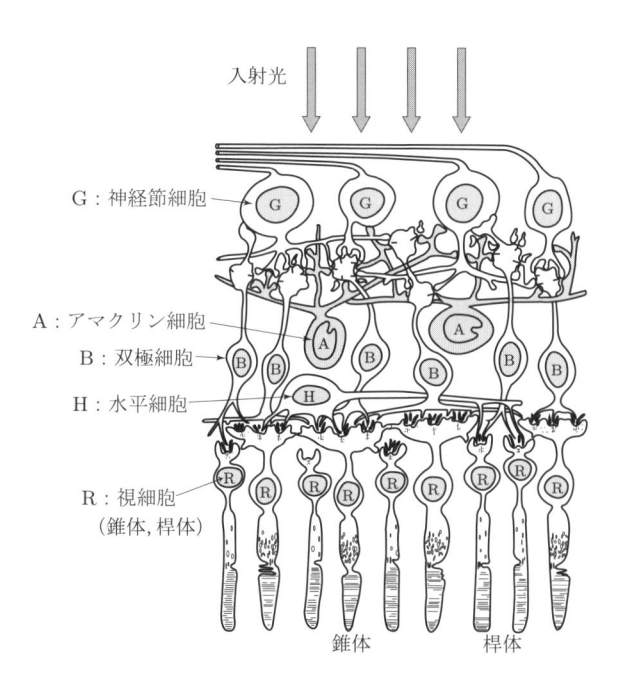

図 2.19　網膜の拡大図

(ganglion cell) へと伝達される．視細胞と双極細胞の間には**水平細胞** (horizontal cell) が，双極細胞と神経節細胞の間には**アマクリン細胞** (amacrin cell) という神経細胞があり，それぞれ横方向に信号を受け渡す役割をする．

これら網膜内の**神経細胞** (ニューロン，neuron) は基本的には同じ構造を持つ (図 2.20)．ニューロンとニューロンの間，つまり**軸索** (axon) の末端と**樹状突起** (dendrite) の間は**シナプス結合** (synapse) とよばれ，電気的な接触はない．シナプスは**神経伝達物質** (neurotransmitter) を送受することにより信号を伝達する．興奮性の信号を伝達するシナプス結合と抑制性の信号を伝達するシナプス結合の2種類があり，神経系での複雑な計算を可能にする．

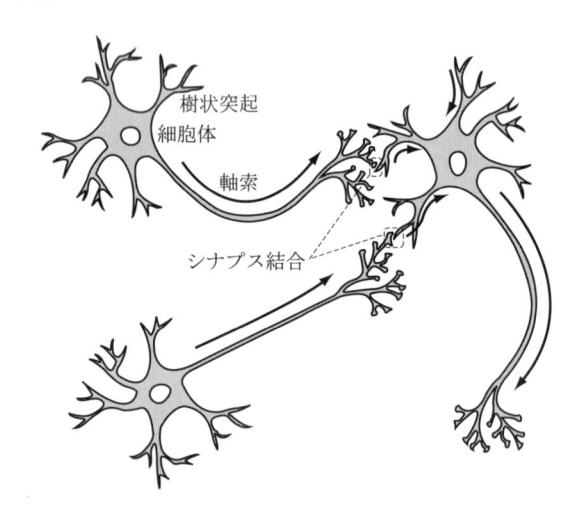

図 2.20　神経細胞の基本構造

■ **2.3.4** ■　視細胞 (錐体，桿体)
（1）　網膜上の分布

昆虫や甲殻類などの**複眼** (compound eye) に対し，人間の目は，**単純眼**または**単眼** (simple eye)，**カメラ型の目** (camera-type eye) とよばれる．当然，カメラとの類似点は多く，虹彩と絞り，水晶体とレンズ，網膜とフィルムがそれぞれ対応する．

相違点としては焦点調節の方法が異なることである．人間の場合は水晶体の形状を薄くしたり厚くしたりして屈折力を変えるのに対して，カメラの場合はレンズを前後に移動しフィルムまでの距離を変えて焦点調節を行う．

もうひとつの大きな違いは，網膜がフィルムのようには均一ではないことである．図 2.18 のイラストでわかるように網膜の一部に窪みがある．これは，**中心窩** (fovea) とよばれる部位である．錐体が集中している箇所であり，**視力** (visual acuity) つまり

> **コラム** **網膜における信号伝達**
>
> 視細胞では，受けた光の強さ(光子数)に応じて，膜電位が低下する(図(a))．水平細胞や双極細胞までは，同様に電位変化の大小で信号の強弱が伝達される(図(b))．しかし，アマクリン細胞や神経節細胞からはパルス状の活動電位(action potential)を発生するようになり，これ以降の神経系では，信号の強弱は電位差の大小ではなく，パルス頻度(周波数)の高低で表現される(図(c))．いい方を変えれば，振幅変調(amplitude modulation，AM)から周波数変調(frequency modulation，FM)に変換され，それ以降の神経系ではすべてこの周波数変調で信号が扱われる．伝達距離が長距離になってもノイズの影響を受けないための方策である．

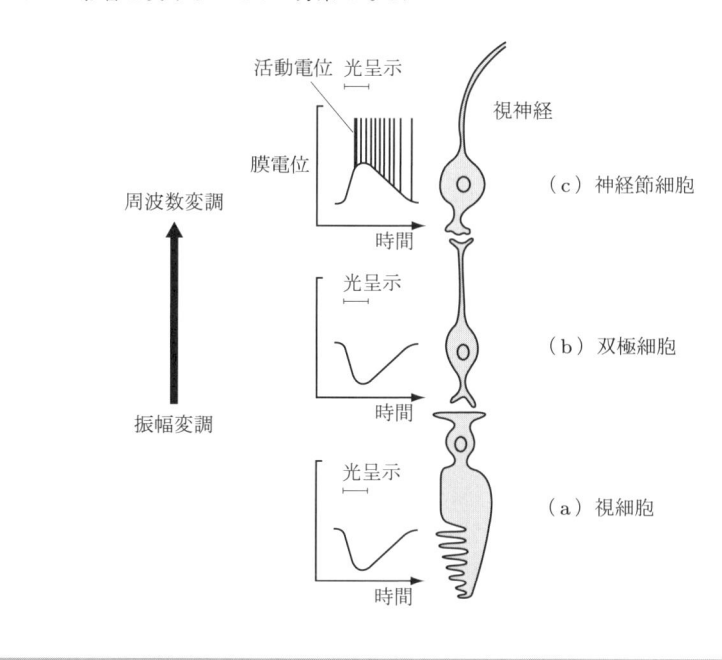

解像力(spatial resolution)が最も高い．周辺に行くほど視細胞の分布密度が低くなり，解像力が急激に低下する．視点を移動しながら景色を見，文章を読むのはこのためである．

もう一箇所特異な部位がある．**盲点**(blind spot)である．ここは**視神経**(optic nerve)が眼球から抜けて大脳に向かうための穴が空いているため，視細胞は存在しない．本来は何も見えないはずであるが，大脳での処理により，周囲の像を埋め合わせて(filling-in)知覚しているため，盲点の存在に気付くことはない．

視細胞 (錐体と桿体) の分布密度を図 2.21 に示す．網膜の不均一性が見事に表れている．桿体の総数は約 1 億 2 千万本と錐体の総数約 600 万本に比べて圧倒的に多い．しかし，中心窩には 1 本もなく，錐体のみが集中している．したがって，本当に色覚に優れているのは中心窩付近のみということになる．

中心窩の大きさは視角で約 5°(度，角度の単位で 180°= π ラジアン)，さらにその内側の視角で約 20′ (分，1/60 度) に**中心小窩** (foveola) とよばれる領域があるが，ここには短波長光に感度をもつ S 錐体が一切存在しない．したがって，この網膜部位では正常三色型色覚者でも二色型第三色覚の見え方をする (黄や青の色が弱くなる，**小視野トリタノピア**，2.3.7 項の (4))．

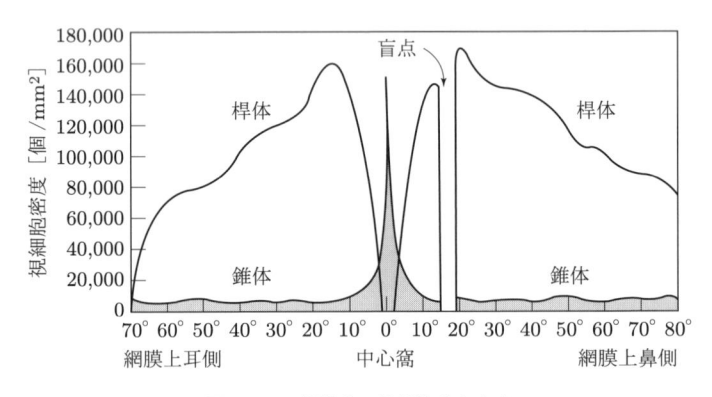

図 2.21 網膜上の視細胞分布密度

(2) 分光感度

視細胞は 2 種類ある．暗所で働く高感度の**桿体** (rod) と明所で働く**錐体** (cone) である．桿体は 1 種類しかなく，暗所では明暗の区別だけで色を感じない．錐体はその分光感度 (spectral sensitivity) によって三つに分類される．短波長領域に感度をもつ **S 錐体**，中波長領域に感度をもつ **M 錐体**，長波長領域に感度をもつ **L 錐体**である．

視細胞先端の外節にある視物質が光子を吸収すると視細胞の電位が下がり，電気信号が発生する．桿体の視物質は**ロドプシン** (rhodopsin)，錐体の視物質は**ヨドプシン** (iodopsin) あるいは**フォトプシン** (photopsin) とよばれる．視物質がどの波長域の光を吸収しやすいかで視細胞の分光感度が決まる．その**分光吸光度** (spectral absorbance) を図 2.22 に示す[7]．縦軸は，光子数で定義した[*2] 吸光度の相対値である．桿体は 500 nm，S 錐体は 420 nm，M 錐体は 530 nm，L 錐体は 560 nm 付近にそれぞれ光吸収のピークがある．

[*2] 光子 1 個のエネルギーは波長の逆数に比例し，光の強度をエネルギーと光子数のどちらで定義するかで値が異なる．

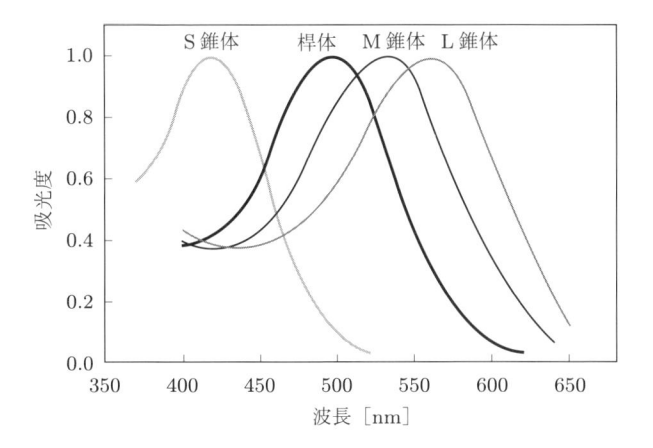

図 2.22 視細胞視物質の分光吸光度 (出典：文献 [7])

図 2.23 には，色覚異常者のデータから導出された錐体の**分光感度** (相対値) を実線で示す[8]．S 錐体は 440 nm，M 錐体は 540 nm，L 錐体は 560 nm 付近にそれぞれ感度のピークがある．図 2.22 の視物質の分光吸光度も合わせて図中に破線で示すが，視細胞の感度曲線とは一致しない．視細胞の分光感度は視物質の吸光度に比べて短波長領域での値が低く，ピークも多少長波長方向にずれている．これは角膜，水晶体や硝子体など，視物質にいたるまでの眼球内のさまざまな媒質の分光特性が影響する．とくに中心窩付近に存在する直径約 3 mm の**黄斑色素** (macular pigment) の影響が大きい．これは強い光から網膜内部を守っているが，その分光透過率は短波長領域で低く，短波長での感度を下げている．

色覚は三つの錐体の反応値によって決まるため，この分光感度が最も重要な関数と

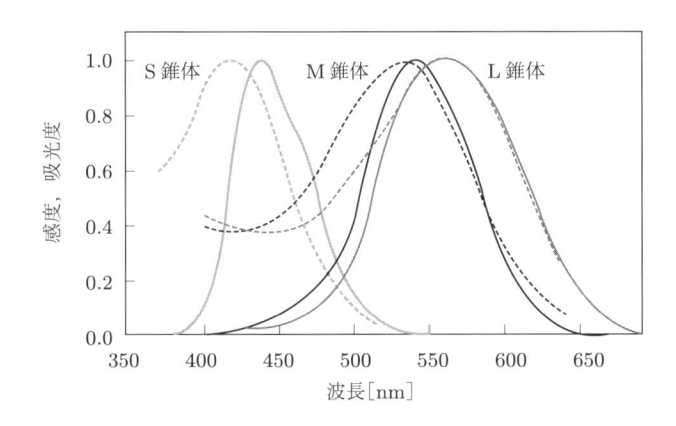

図 2.23 錐体の分光感度 (出典：文献 [8])

なる．光源の分光強度分布 $S(\lambda)$ と物体表面での分光反射率 $\rho(\lambda)$ により，目に入射する光の分光強度分布は $S(\lambda)\rho(\lambda)$ となる．さらに錐体の分光感度 $\bar{l}(\lambda),\ \bar{m}(\lambda),\ \bar{s}(\lambda)$ を用いて，各錐体の反応値 (L, M, S) は次式で与えられる．

$$\begin{cases} L = \int_\lambda S(\lambda)\rho(\lambda)\bar{l}(\lambda)d\lambda \\ M = \int_\lambda S(\lambda)\rho(\lambda)\bar{m}(\lambda)d\lambda \\ S = \int_\lambda S(\lambda)\rho(\lambda)\bar{s}(\lambda)d\lambda \end{cases} \tag{2.12}$$

色発現の三要素の分光特性の積で表現され，色は光源，物体，観察者の特性によって決定されることを体現した式といえる (図 2.24)．

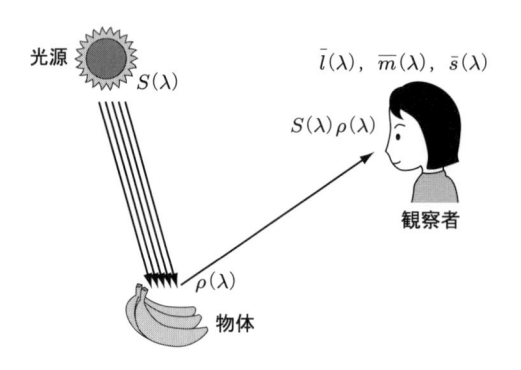

図 2.24 分光特性を用いた色発現の三要素

（3） 絶対感度と明・暗順応

光覚閾値 (threshold) の逆数により**感度** (sensitivity) を定義することができる．光覚閾値とは，光を知覚するために必要な最小の光強度である．より弱い光が見える (光覚閾値が低い) ほうが高感度となる．

錐体と桿体では大きく感度が異なる．感度の高い桿体のみが働くような明るさレベルを**暗所視** (scotopic vision)，錐体のみが働くような明るいレベルを**明所視** (photopic vision) とよぶ．明所視レベルは桿体にとってはレンジオーバーであり反応しない．メーターでいうと針が振り切れている状態である．暗所視と明所視の間には**薄明視** (mesopic vision) というレベルがあり，錐体も桿体も働いている．

三つのレベルと**照度** (illuminance，2.3.5 項) との対応はおおよそ図 2.25 の通りである．色覚は 3 種類の錐体の反応によって生じるものであるから，色が見えるのは明所視と薄明視である．薄明視では照度が下がるにしたがって徐々に色が薄くなり，暗所

視では完全に色覚を失い，白黒の世界となる．

視覚系は，明るさのレベルに合わせてつねに最適の感度を保つ．状況に応じて感度を変えるのである．これを**順応** (adaptation) とよぶ．生体にとっては必要不可欠なもので，他の感覚系にも同様の機能が存在する．

明るいレベルから暗いレベルへの変化に対応して感度を上昇させることを**暗順応** (dark adaptation)，その逆を**明順応** (light adaptation) とよぶ．直射日光の当たる明るい屋外から薄暗い屋内に入ったとき，あるいは映画館に入った後，しばらくは暗くて見えないがそのうちに慣れて見えるようになる．これは暗順応である．逆にトンネルから出たときに一瞬まぶしく感じるがすぐに見えるようになる．これは明順応である．照度レベルの変化の大きさにもよるが，一般的に明順応は速く，暗順応は時間がかかる．

図 2.26 に暗順応過程での感度変化を示す．グラフの縦軸が光覚閾値，横軸が時間経過を示す．事前に強い光 (前順応光) を目に浴びせて十分に明順応させておく．時間軸の 0 分で前順応光を消して暗黒にし，それ以降は暗黒中で閾値を測定した．時間経過にともなって閾値が低下 (感度が上昇) している．前順応光が明るいほど最高感度 (最低閾値) に達するまでの時間が長い．

グラフは 2 本の曲線に分解される．暗順応過程の最初に表れ短時間で最高感度に達する錐体の暗順応曲線と，長時間かけて最高感度に達する桿体の曲線である．図には

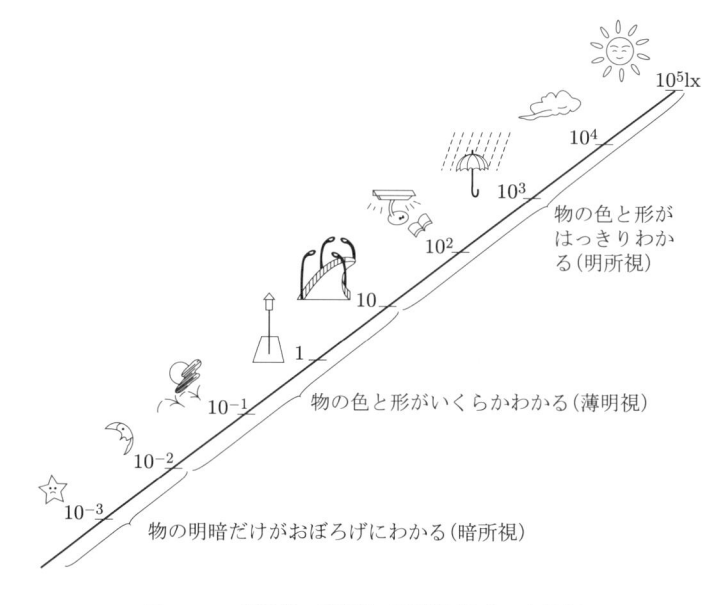

図 2.25 明所視，薄明視，暗所視 (出典：文献 [9])

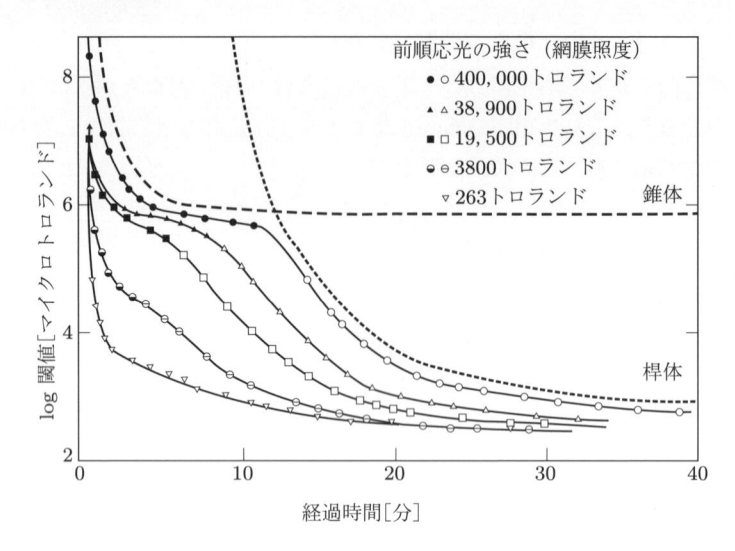

図 2.26 暗順応曲線 (網膜上鼻側 30°に円形 3°の紫色刺激を呈示して絶対閾値を測定)(出典：文献 [10])　ただし，トロランド (troland, Trd) とは網膜照度の単位で，1 トロランドとは，1 cd/m^2 の輝度をもつ面を 1 mm^2 の瞳孔面積で観察したときの網膜上の照度を指す (輝度，照度については 2.3.5 項参照)．

前順応光が最も高い条件の暗順応曲線に対して両者を描いた (破線，点線)．実験では紫色の刺激を用いたが，その色が見えた場合を黒塗り，見えなかった場合を白抜きのシンボルで区別する．錐体の曲線に重なる部分では色が見え，桿体の曲線では色が見えていないことを示す．

(4) 分光視感効率

　光覚閾値の測定より錐体と桿体の分光感度を求めると図 2.27 になる．横軸が波長，縦軸が感度 (光覚閾値の逆数) の対数値である．桿体の曲線は錐体の上にある (感度が高い)．ただし，長波長領域では錐体と桿体の感度に違いはない．したがって，もし図 2.26 の暗順応曲線を，短波長光でなく長波長光を用いて求めると，2 層の曲線ではなく 1 本の曲線になる．

　両曲線とも山型の形状をしているが，ピークの位置に違いがある．桿体は 500 nm 付近，錐体は 560 nm 付近に最大値がある．これにより相対的な明るさ感に違いが現れる．明所視では相対的に赤や黄が青や紫よりも明るく見え，暗所視ではその逆になる．実際，昼間にほぼ同じ明るさに見える赤い花と青い花が，夕方になって薄明視の下で見ると，赤い花は黒っぽく青い花のほうが明るく見える．これは**プルキンエ効果** (Purkinje effect) または**プルキンエ移行** (Purkinje shift) とよばれ，発見者であるチェコの解剖学者・生理学者ヨハネス・プルキンエ (Johannes Evangelists Purkinje) の名

前にちなんで命名された現象である.

国際照明委員会 (**CIE**)[*3] では，錐体と桿体の分光感度を，**標準分光視感効率**または**標準比視感度** (standard relative luminous efficiency function) として定義し，**放射量** (radiometric quantities) から**測光量** (photometric quantities) を計算するための関数として利用する．標準分光視感効率には**明所視分光視感効率** $V(\lambda)$ と**暗所視分光視感効率** $V'(\lambda)$ があり，明所視と暗所視の測光量を計算するのに使い分けられる (図 2.28).

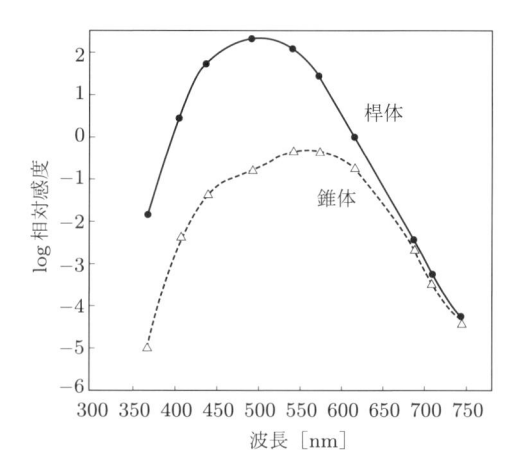

図 2.27 桿体系と錐体系の光覚閾値測定による分光感度 (中心窩より上方 8°網膜上に 1°の刺激を呈示して閾値を求めた)(出典：文献 [11])

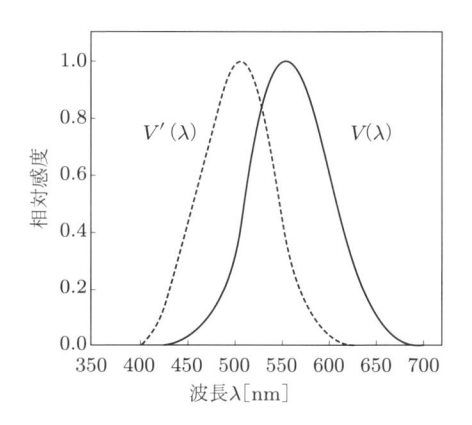

図 2.28 標準分光視感効率 $V(\lambda)$ と $V'(\lambda)$

[*3] 国際照明委員会 (International Commission on Illumination, Commission Internationale de l'Éclairage, CIE). 照明に関連する事柄について基礎標準と計量手法の開発を行う非営利団体. これまで視感度や表色系 (色彩の単位系) を制定してきた.

$V(\lambda)$ と $V'(\lambda)$ は，それぞれ 555 nm と 507 nm で最大値 1.0 になるように正規化されている．

■ 2.3.5 ■ 放射量と測光量

光は電磁波で，粒子性も併せもつ．光の粒子性に注目するときには光子とよぶ．光子 1 個のエネルギーを E とすると，光の波長 λ とエネルギー E の間には，$E\,[\text{eV}] = \dfrac{1240}{\lambda[\text{nm}]}$ の関係があり，短波長光のほうが光子 1 個あたりのエネルギーは高い．光の放射エネルギーは，個々の光子のもつエネルギーの総和である．単位は J，eV などである ($1\,\text{eV} = 1.6 \times 10^{-19}\,\text{J}$)．

放射量とは，光強度を表す物理量である．光の放射エネルギーに対して空間的な量 (立体角，面積) を組み合せることによって定義され，放射束，放射強度，放射輝度，放射照度などがある．**放射束**とは，ある面を単位時間あたりどれだけの光のエネルギーが通過しているかを表した量である．したがって，放射束の単位は，単位時間あたりのエネルギー [J/s]，すなわち，W である．**放射強度**は単位立体角 1 [sr] (ステラジアン．**立体角**の単位で半径 1 の単位球の表面積のうち，その立体角がつくる円錐によって切り取られる部分の面積で定義される (図 2.29)) あたりの放射束として定義される．単位は W/sr である．**放射輝度**は放射面の見かけの面積で放射強度を除した値として定義され，単位は W/sr·m² となる．**放射照度**は照射される面における単位面積あたりの放射束，すなわち，放射束を照射面の面積で除した値として定義される．単位は W/m² である．

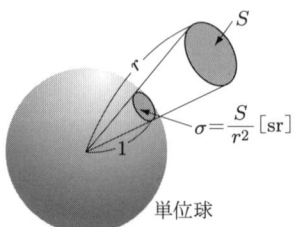

図 2.29 立体角の定義

これらの量は，人の知覚，つまり明暗感覚には対応していない．放射量は，たとえば光電変換素子により光子を電気信号に変換することにより，定量化 (計測，測量，測定) される．

一方，**測光量**は，放射量に人の分光感度を考慮した明るさを表す心理物理量である．波長を λ とすると，測光量 ϕ_V は，放射量 $\phi_e(\lambda)$，標準分光視感効率 $V(\lambda)$，**最大視感効率** K_m を用いて次式で定義される．

$$\phi_V = K_m \int_{380}^{780} \phi_e(\lambda) V(\lambda) d\lambda \tag{2.13}$$

明所視では分光視感効率として $V(\lambda)$ を，最大視感効率に $K_m = 683 \text{ lm/W}$ を用いる．暗所視では $V'(\lambda)$ と $K'_m = 1700 \text{ lm/W}$ を用いる．積分範囲は可視光領域 (380〜780 nm) である．

放射束に対応する測光量は，**光束**とよばれる．単位は**ルーメン** [lm] である．放射強度に対応する測光量は**光度**で，その単位は**カンデラ** [cd = lm/sr] である．1 カンデラとは，「周波数 540×10^{12} Hz (波長 555 nm) の単色放射を放出し，所定の方向におけるその放射強度が 1/683 W/sr である光源の，その方向における光度」(1979 年改訂) と定義される．放射輝度に対応する測光量は**輝度**である．その単位は cd/m^2 となる．放射照度に対応する測光量は**照度**，単位は**ルクス** [lx = lm/m^2] を用いる．光源または反射面の単位面積あたりの放射束を**放射発散度**といい，単位は放射照度と同じ W/m^2 を用いる．対応する測光量は**光束発散度**，単位を lm/m^2 もしくは rlx (**ラドルクス**) とする．

放射量と測光量について，表 2.3 に整理して示す．種々の環境での照度と明るさの目安について，表 2.4 にまとめる．

表 2.3 放射量と測光量

放射量	単位	測光量	単位
放射束 (radiant flux)	W	光束 (luminous flux)	lm (ルーメン)
放射強度 (radiant intensity)	W/sr	光度 (luminous intensity)	cd (カンデラ)
放射輝度 (radiance)	W/sr·m^2	輝度 (luminance)	cd/m^2
放射照度 (irradiance)	W/m^2	照度 (illuminance)	lx (ルクス)
放射発散度 (radiant exitance)	W/m^2	光束発散度 (luminous exitance)	lm/m^2 または rlx(ラドルクス)

表 2.4 照度と明るさの目安

明るさの目安	照度 [lx]	明るさの目安	照度 [lx]
晴天太陽光 (正午)	100,000〜	病院 (手術室/術野)	20,000
曇天太陽光 (正午)	10,000〜30,000	工場 (検査)	2,000
晴天太陽光 (夕方)	500〜5,000	百貨店 (全般〜重点陳列)	500〜2,000
曇天太陽光 (夕方)	50〜1,000	オフィス (事務作業)	750
晴天太陽光 (日没直後)	10〜100	駅 (コンコース)	300〜750
曇天太陽光 (日没直後)	1〜10	オフィス (廊下)	100〜200
歩道 (夜間)	1〜3	住宅 (居間)	150〜300
月明かり	1	住宅 (廊下・階段)	30〜75
新月	0.001		

例題 2.3　完全拡散反射面における光束発散度 M, 照度 E, 輝度 L の関係式を求めよ.

解　まず反射率が 1.0 なので入射光束と反射光束が等しく, $M = E$ となる.
　次に微小面積 dS の反射光束を考える. 均等反射面の反射光の光度はランバート則 (式 (2.10)) を満たし θ' 方向への光度は $I_{\theta'} = I_0 \cos\theta'$ となる. θ' 方向の微小立体角を $d\theta'$ とすると下図のリング状の面積 (立体角)$2\pi \sin\theta' d\theta'$ への光束は $2\pi I_0 \sin\theta' \cos\theta' d\theta'$ となる. これを θ' で積分すると微小面積 dS の反射光束が得られ, これが MdS に等しいため, 次式となる.

$$MdS = \int_0^{\pi/2} 2\pi I_0 \sin\theta' \cos\theta' d\theta'$$
$$= \int_0^{\pi/2} \pi I_0 \sin 2\theta' d\theta' = \left[-\frac{1}{2}\pi I_0 \cos 2\theta'\right]_0^{\pi/2} = \pi I_0$$

上式より $I_0 = \dfrac{MdS}{\pi}$ を得る. 一方, 光度 $I_{\theta'}$ を見かけの面積 $dS\cos\theta'$ で割った値が θ' 方向の輝度 L であり, さらに $I_0 = \dfrac{MdS}{\pi}$ を代入して次式を得る.

$$L = \frac{I_{\theta'}}{dS\cos\theta'} = \frac{M\cos\theta' dS}{\pi \cos\theta' dS} = \frac{M}{\pi}$$

以上より, $M = E$, $\pi L = M$.

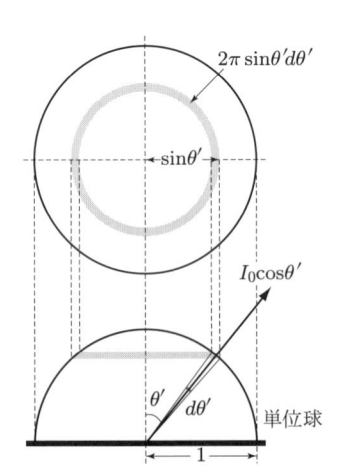

2.3.6　色覚メカニズム

　色の研究, あるいは色覚の研究の歴史は古い. 早くはアリストテレス, そしてニュートンやゲーテなど, 色は数多くの自然科学者, 哲学者を魅了する研究テーマであった. 「色発現の三要素」で述べたように, ニュートンは光に色はないとし, 人間の目に波長に対応した多くの光受容器があるとした.

（1） 三色説

ところが，19世紀初めに，ヤング (Thomas Young) とヘルムホルツ (Hermann von Helmholtz) は，それぞれ短波長，中波長，長波長に対応する三つの異なる分光感度をもつ受容体を想定し，それぞれの色感覚を青，緑，赤に対応させた．そしてさまざまな色感覚はそれら三つの受容体の反応値の組み合わせで表現されると主張した．これは色覚の**三色説** (trichromatic theory) とよばれ，**混色** (3.5.2項) や**等色実験** (3.5.3項)，**色覚の三色性** (3.5.1項) を上手く説明することができる．

（2） 反対色説（四色説）

その後，19世紀後半にヘリング (Ewald Hering) は自らの観察結果にもとづき，**反対色説（四色説）** (opponent-color theory) を展開した．三色説では黄は赤と緑の合成であるとするが，黄を見てもそこに赤と緑を感じることはできず，むしろこれ以上分割できない純粋な色感覚であると主張した．どの色を観察しても赤と緑という感覚は同時に感じることはなく，同様に黄と青も同時に感じない．また**色残像** (2.3.8項の(4)) も三色説では説明ができないと指摘した．

以上からヘリングは赤，緑，青，黄を純粋な色感覚とし，網膜には赤/緑，黄/青の感覚をつかさどる組織(反対色チャネル)を想定した．赤/緑チャネルの出力が正のときに赤の感覚，負のときに緑を感じ，同様に黄/青チャネルの出力が正で黄，負で青になる．さらに白/黒チャネルも加え反対色説を確立した．この考えは色順応 (2.3.9項)，色残像(継時色対比)，同時色対比 (2.3.8項の(3))，色覚異常者の見る色などを上手く説明する．

（3） 段階説

三色説と反対色説という二つの色覚モデルは，現在では**段階説** (stage theory of color vision) として統合され，図2.30で表現される．生理学的には，最下段が桿体と三つの錐体，上位が水平細胞，双極細胞，アマクリン細胞，神経節細胞などに対応する．すでに紹介したように，三つの錐体の反応値 (L, M, S) は，目への入射光の分光強度分布 $S(\lambda)\rho(\lambda)$ と，錐体の分光感度 $\bar{l}(\lambda), \bar{m}(\lambda), \bar{s}(\lambda)$ を用いて，式 (2.12) で与えられる．明所視輝度，暗所視輝度は，それぞれ $V(\lambda)$ と $V'(\lambda)$ を用いて式 (2.13) により計算される．赤/緑と黄/青の反対色チャネル出力はさまざまなモデルがあるが，CIELAB表色系 (3.6.6項) の a^* と b^* が比較的よく対応する．

白/黒反対色チャネルの明所視輝度であるが，S錐体からの入力がないことに注目してもらいたい．これは，明るさへのS錐体の寄与がないことを反映している．このことは，光覚閾値による錐体の分光感度曲線 (図2.27) やCIEが定めた錐体の標準分光視感効率 $V(\lambda)$ (図2.28) と，錐体の分光感度 (図2.23) を比較するとよくわかる．図

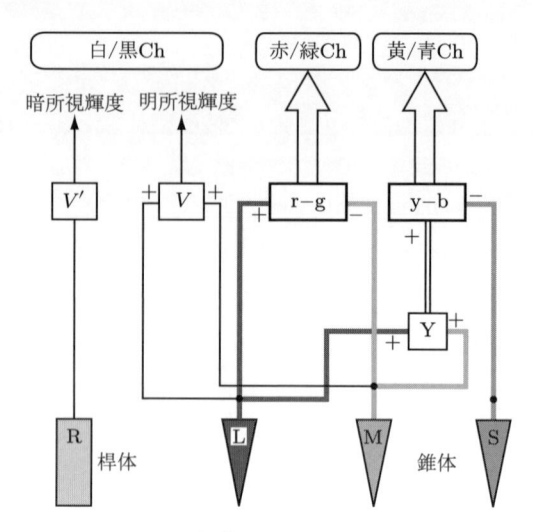

図 2.30 色覚の統合モデル (段階説)

2.27 や図 2.28 の錐体の曲線は 555 nm 付近に最大値があり，図 2.22 や図 2.23 の S 錐体の曲線とはかけ離れている．つまり，光覚閾値や明るさの感覚に対しては S 錐体の関与は小さく，ほとんど M 錐体と L 錐体の働きのみで決まること示唆する．

さらに，混色系表色系の rgb 表色系や XYZ 表色系でも触れるが，「短波長光あるいは青色は非常に暗いが色感覚は強い」という事実にも対応する．たとえば，CRT などのディスプレイで白を表示し，その領域の赤蛍光体，緑蛍光体，青蛍光体を虫眼鏡などで拡大してその明るさを比べると，緑がいちばん明るく，青が最も暗いことがわかる．これは，青は暗いが，**加法混色** (3.5.2 項の (1)) して中性の白色を作るだけの色の力はあることを示す．

■ 2.3.7 ■ 色覚異常

カラーバリアフリーという言葉を耳にする．これは，平均的な色覚とは異なる色覚を有する人がいる[*4]が，そのような人にも配慮した製品を作り，環境を配備しようということである．ここではさまざまな色覚のタイプと，平均的な色覚とは異なるタイプの色覚 (色覚異常) について紹介し，その仕組み，見ている色，混同色などについて説明する．

[*4] 平均的な色覚をもつ人を正常色覚者，平均とは異なる色覚をもつ人を色覚異常者と呼ぶことが多い．呼称は考え方によってさまざまであり，異常や障害という語に違和感を覚える方もいる．筆者の個人的な意見は，異常や障害，色盲や色弱といった良し悪しや価値観を含む語彙を用いず，視力のように単純に数字を用いて色覚型を表現したいと考えている．しかし，本書ではあえてそのことには触れず一般的な呼称を用いて話を進める．

コラム　生理学的データ

　三色説も反対色説も，網膜上のさまざまな神経細胞の存在や反応が知られる前に提案された仮説である．その後，20世紀になると電気生理の計測技術の進展により神経細胞の反応が得られるようになった．

　波長を変えながら短時間のフラッシュ光を与え，網膜に刺した微小電極により細胞の電位変化を計測したところ，コイの錐体からは三色説に対応する応答[12](図 (a)) を，同じくコイの網膜の水平細胞以降の細胞からは反対色説に対応する応答[13](図 (b)) を記録した．錐体の応答 (図 (a)) は電位が下がるほど反応が大きいことを示す．上段から短波長，中波長，長波長に感度をもつ錐体である．

　水平細胞の応答 (図 (b)) では電位低下だけでなく，長波長側で電位上昇が見られる．波長によって，正負の二極性の反応を示す．反応の逆転する波長から判断すると，上段は赤/緑反対色，中段と下段は黄/青反対色の応答と考えられる．

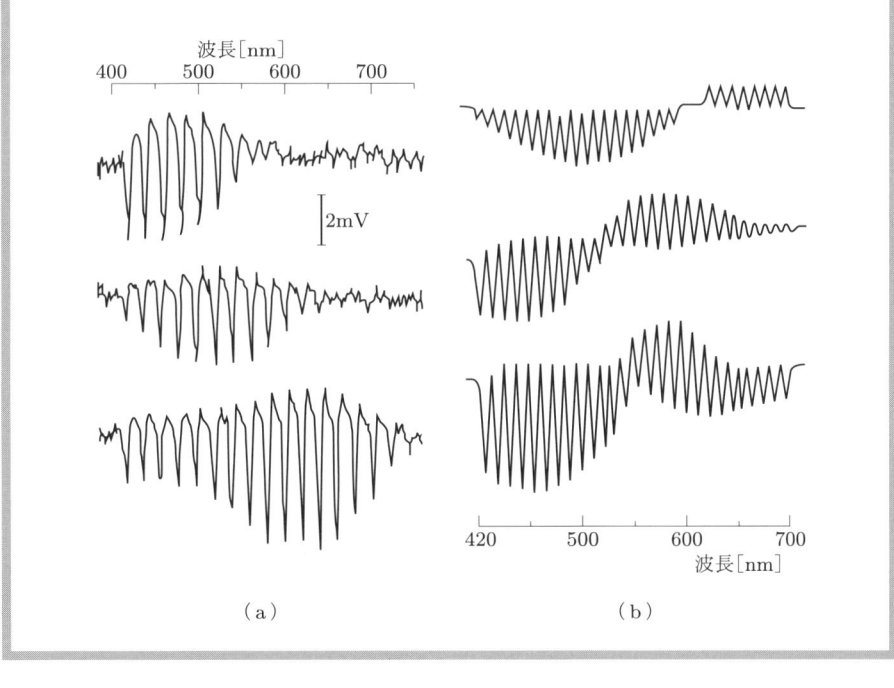

(a)　　　　　　　　　　　　(b)

(1) 色覚型分類

　後天性の色覚障害 (color deficiency) は，眼底や脳の疾患が原因となって起こる．とくに大脳の色覚に関連する部位の損傷によって生じる**色失認** (color agnosia) は先天性の色覚障害とは明確に区別される．脳の損傷部位によって，色失認の症状は多岐に

渡る．

一方，先天性の色覚異常は，網膜の視細胞の欠如もしくは機能低下によって起こる．色覚に関連のあるのは3種類の錐体であり，色覚正常者は**正常三色型色覚者** (normal trichromat) とよばれる．錐体に欠損あるいは機能低下があるとなんらかの色覚障害が起こる．三つの錐体のうちひとつが欠損している場合を**二色型色覚者** (dichromat)，あるいは**色盲** (color blind) とよぶ．3種類そろっているがそのうちのひとつの錐体の機能が低い場合を，**異常三色型色覚者** (anomalous trichromat) あるいは**色弱** (incomplete color blind) とよぶ．さらにL・M・S錐体のうちどの錐体に問題があるかによって，それぞれ**第一・第二・第三色覚 (者)** と分類される．二色型第一色覚者と二色型第二色覚者を合わせて**赤緑色盲**，異常三色型第一色覚者と異常三色型第二色覚者を合わせて**赤緑色弱**とよぶこともある．以上の分類と名称を表2.5にまとめる．名称に関してはこの他にもさまざまあるが，分類の基本的な考え方は同じである．

表 2.5　色覚型 (色覚者) の分類

3種の錐体すべて正常	正常三色型色覚 (者) normal trichromacy (normal trichromat), N		
3種の錐体を有するがそのうちひとつが機能低下	異常三色型第一色覚 (者) protanomaly (protanomalous trichromat), PA	異常三色型第二色覚 (者) deuteranomaly (deuteranomalous trichromat), DA	異常三色型第三色覚 (者) tritanomaly (tritanomalous trichromat), TA
2種の錐体のみ有する	二色型第一色覚 (者) protanopia (ptotanope), P	二色型第二色覚 (者) deuteranopia (deuteranope), D	二色型第三色覚 (者) tritanopia (tritanope), T
1種の錐体または桿体のみ有する	錐体一色型色覚 (者) cone monochromacy (cone monochromat)		桿体一色型色覚 (者) rod monochromacy (rod monochromat)

先天性の色覚異常は遺伝により生じる．L錐体とM錐体の遺伝子は性染色体のX染色体にある．この染色体に異常があると，L・M錐体の視物質が形成されなくなる．男性の性染色体はXYであり，女性は，XXである．したがって，女性の場合は片方のX染色体に異常があっても，もう片方のX染色体が正常であれば色覚異常は発現しない．一方，男性は片方のX染色体に異常があれば色覚異常となるため，第一・第二型の色覚異常は男性に多く発現する．それに比べて，S錐体の遺伝子はほかの常染色体にあり，出現頻度は低く，男女差もない．色覚異常者全体の出現頻度は，日本人男性の場合で約5%，女性は1%を越えない．多くを第一・第二型色覚異常が占め，二色型第三色覚者や異常三色型第三色覚者，一色型色覚者は非常に稀である．

（2） 混同色

色覚異常を色盲とよぶのは厳密には正しくない．一色型色覚者のみが唯一明暗のみで色をまったく知覚しないが，それ以外はなんらかの色を知覚しているからである．L 錐体を欠くからといって，二色型第一色覚者は長波長光の赤が見えないわけではない．同様に M 錐体の欠損が緑を，S 錐体の欠損が青の感覚を失うことに対応しない．

図 2.30 の色覚モデルをもとに，おおよその色を推測することができる．L 錐体・M 錐体を欠く二色型第一 (P)・第二色覚者 (D) の場合は赤/緑反対色チャネルの応答を失うため，赤から橙，黄，黄緑，緑といった色の変化がわからない．同様に紫 (青+赤)，青，青緑 (青+緑) の変化もわかりにくい．S 錐体を欠く二色型第三色覚者 (T) は黄/青反対色チャネルの出力を失う．よって橙 (赤+黄)，赤，紫 (赤+青) の系列の見分けが難しく，黄緑 (緑+黄)，緑，青緑 (緑+青) の系列も似た色に見える．

L 錐体，M 錐体，S 錐体の反応強度を軸にもつ，概念的な 3 次元色空間を想定するとわかりやすい (図 2.31)．たとえば，色の座標 (L, M, S) がそれぞれ (1, 4, 2)，(4, 4, 2)，(1, 2, 2)，(1, 4, 3) となる四つの色 C_1，C_2，C_3，C_4 を考える．C_1 と C_2 は，L 錐体の反応値のみが異なり，M 錐体と S 錐体の反応値は同一である．したがって，L 錐体を欠く二色型第一色覚者 (P) にとっては，C_1 と C_2 はまったく同じ色に見える．これを **混同色対** (color confusion pair) とよぶ．実は C_1 と C_2 だけでなく，この 2 点を通る直線上のすべての色は同色に見えるはずである．このように L 軸に平行な直線群を **混同色線** (color confusion line) とよび，この型の色覚者にとって区別できない色を表している．同様に C_1 と C_3 は M 錐体を欠く二色型第二色覚者 (D) にとっての混同色対で，混同色線は M 軸に平行な直線群となる．C_1 と C_4 は，S 錐体を欠く二色型第三色覚者 (T) にとっての混同色対で，混同色線は S 軸に平行な直線群となる．

混同色線を xy 色度図上[*5] に表すと図 2.32 になる．色度図は明るさを区別しないの

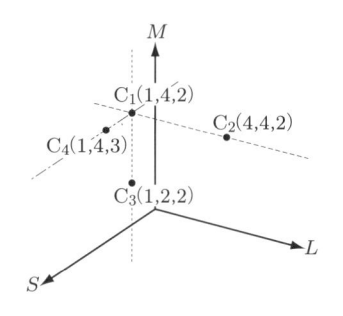

図 2.31 混同色線の導出

[*5] xy 色度図は第 3 章で説明する．簡単にいうと，明るさ情報を除く色情報を示す色の地図．

(a) 第一色覚者

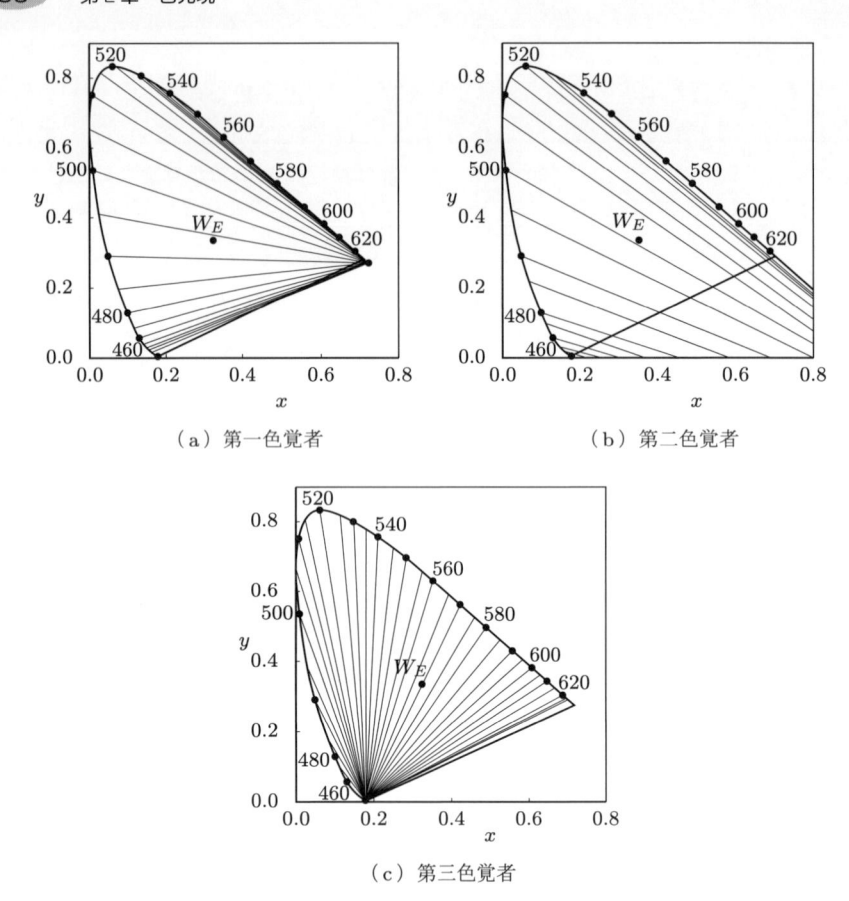

(b) 第二色覚者

(c) 第三色覚者

図 2.32 二色型色覚者の混同色線

で，混同色線上の色でも明るさが異なれば区別はできる．しかし，カラーバリアフリーを目指した色彩設計には有用である．つまり，色コードの色の選択や，図と地の配色に，混同色線上の色を避けるなどの配慮が可能となる．

どの図でも混同色線群が1点で交わる．これは**混同色中心** (co-punctual point または center of confusion) とよばれ，色覚メカニズムを考えるうえで重要な意味をもつ．ここでは先に錐体の反応強度で定義される3次元色空間を想定し，混同色線を説明したが，歴史的にはその逆である．初めに色覚異常者の混同色線を実験により求め，混同色中心を得る．その結果を用いて錐体の分光感度 (図 2.23) が導出された．さらにその錐体の分光感度を用いて錐体反応色空間が定義される．わかりやすくいうと，図 2.31 の色空間は色覚異常者の示す混同色線がそれぞれの軸に平行になるように定められた色空間である．

ちなみに，図 2.23 の錐体の分光感度導出に用いられた混同色中心 (x_P, y_P, z_P), (x_D, y_D, z_D), (x_T, y_T, z_T) を次式に示す．

$$\begin{cases} (x_P, y_P, z_P) = (0.7465, & 0.2535, & 0.0000) \\ (x_D, y_D, z_D) = (1.4000, & -0.4000, & 0.0000) \\ (x_T, y_T, z_T) = (0.1748, & 0.0000, & 0.8252) \end{cases} \quad (2.14)$$

混同色線はこの色度座標を通る直線群であるから，直線の傾き角度 θ をパラメータとして次式により混同色線が与えられる．

$$\begin{aligned} (y - y_P)\cos\theta &= (x - x_P)\sin\theta \\ (y - y_D)\cos\theta &= (x - x_D)\sin\theta \\ (y - y_T)\cos\theta &= (x - x_T)\sin\theta \end{aligned} \quad (2.15)$$

混同色を厳密に知りたいときはこの式を用いるとよい．しかし，混同色中心の座標値は複数提供されているため注意が必要である．P と T は式 (2.14) の値でほぼ相違ないが，D の混同色中心が研究者によって異なる値が導出されており，どの値を使用するかで混同色線も多少異なる．

（3） 色覚異常者の見る色

混同色線は色覚異常者が区別できない色を示す．しかし，色覚異常者がどのような色を見ているかまではわからない．もちろん，正常三色型色覚者でも個人差があり，おたがい，他人の見ている色を厳密な意味で知ることはできない．しかし，色覚異常者が見ている色を推測するのに有用なデータがある．片眼のみ色覚異常である人 (unilateral dichromat) の両眼間の等色実験の結果である．

異常眼と正常眼の見る色の対応関係を簡単にまとめると，つぎのようになる．

① 白灰黒などの無彩色は同じように白灰黒に見える．
② 二色型第一色覚者 (P) と二色型第二色覚者 (D) の場合，575 nm の単色光と 475 nm の単色光は正常眼でも異常眼でもそれぞれ同じ黄と青に見える[14, 15]．
③ 二色型第三色覚者 (T) の場合は，660 nm 単色光と 485 nm 単色光が同様に正常眼の見る赤と青緑に対応する[16]．

つまり，P と D の見ている世界は，正常者の見る無彩色と 575 nm 単色光の黄と 475 nm 単色光の青からなる世界に近い．T の見る色は，無彩色と 660 nm 単色光の赤と 485 nm 単色光の青緑からなる世界に近い．この知見にもとづきコンピュータディスプレイ上に色覚異常者の見る色をシミュレートした試みがある[17]．さらに，その技術を応用した色覚異常者支援ソフトウェアが開発され実用化されている[18]．

（4） 小視野トリタノピア

中心窩のさらにその内側に，視角で約 20′ の部分に中心小窩とよばれる領域がある．ここには S 錐体が一切存在しない．そのため，正常三色型色覚者でも，この網膜部位は二色型第三色覚になる (**小視野トリタノピア**)．したがって非常に小さな物体や小さくなくても非常に遠くから観察している場合，二色型第三色覚者と同様に，青から黄の変化がわかりにくくなっている．たとえば，橙，紫，黄緑を離して観察し，小視野トリタノピアの状態で観察すると，それぞれ黄みや青みが抜けて，赤，赤紫，緑に近い色に見える．小さなもの，遠くから観察されるものの配色には注意が必要である．

（5） 色覚異常検出法

① 仮性同色表 (石原式検査表)

石原式検査表 (Ishihara plate) では，混同色線に沿った色の斑点を用いて背景と数字が描かれており，色覚異常者には数字が読めない，あるいは正常者とは異なった数字が見えるように工夫されている (図 2.33)．色覚異常者の検出には使えるが，その型を同定するまでの精度はない．印刷物なので照明環境によって色が影響を受けるため，注意が必要である．

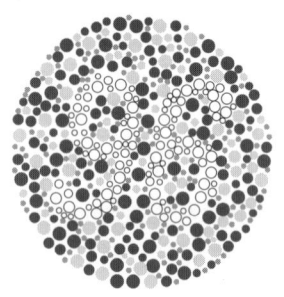

図 2.33 石原式検査表 ➡ **口絵7**

② パネル D-15 (panel D-15)

この検査法では，低彩度の色相環を構成する小さな色キャップを色相の順に並べる作業をする．色覚異常者は同じ混同色線上に沿う対角の色キャップを混同し，入れ替えが起こる．図 2.34 に二色型第二色覚者の典型的な検査結果を示す．色キャップ (P,1～15) を並べた順に線で結んだ．混同色線の方向に入れ替えが起きていることがわかる．この混同色線の方向から，色覚異常のタイプを判別する．これも照明環境により結果が影響されるので，注意が必要である．

③ 100 ヒューテスト (100 hue-test)

色相環を形成する 100 個の低彩度の色キャップを，色相の順に並べる．ただし，100 個同時ではなく，25 個ずつに分けて行うため，近接した色の色弁別能力 (1.3.2 項の

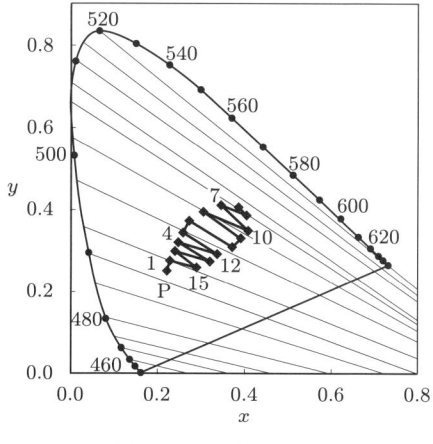

図 2.34 パネル D-15

(1), 3.5.16 項) を調べることになる．混同色線の方向に沿う色で弁別能が低く，並べ替えエラーが増える．そのことを利用して，色覚型の分類と，重度から軽度といった程度の判定をする．色覚異常の判定だけでなく，正常三色型色覚者の色弁別能の評価にも用いられる．

④ アノマロスコープ (anomaloscope)

緑と赤の単色光を加法混色して，黄の単色光に等色させる．正常者では，赤と緑の強さの割合はただひとつに決まる．しかし，二色型第一・第二色覚者にとっては，赤，緑，黄とも同一の混同色線上にあるため，どのような割合でも明るささえ合えば等色する．L 錐体を欠く第一色覚者は赤をより強く，M 錐体を欠く第二色覚者は逆に緑を強くして等色するため，両者を分離することができる．

■ 2.3.8 ■ さまざまな色覚現象

物理的な光の波長や分光強度分布だけでは説明のつかない色彩の現象が，数多くある．どれも複雑な視覚系の情報処理メカニズムが関与するが，その仕組みは完全に解明されていない．ここでは応用的に重要な現象のみを紹介し，考えられるメカニズムについて説明する．

(1) 色の見えのモード

色発現の三要素では，光の色と物の色を区別した．JIS 色名も物体色と光源色では別体系で定義される．これらはいずれも，色の物理的な成立条件で分類したものである．

一方，現象学的に，つまり純粋に，見え方で色を分類することもできる．たとえば，心理学者カッツ (David Katz) は次のように色を分類した．面色は空の色のように定位がなく，位置関係がはっきりしない色．表面色は物体表面に見る色で，質感があり，

定位もある色．透明面色は色フィルタや色ガラスの色．鏡映色とは鏡の色であり，鏡を透かして世界を見るような色．空間色は液体の色など，ある空間を満たす色．光沢は物体表面に見える鏡面反射によって生じるハイライト部分の見え．光輝・灼熱は炎やランプなど発光しているように見える色とした．

現象学的な，見え方による色の分類を，**色の見えのモード** (mode of color appearance) という．たとえば，モードという接尾語を付けて物体色モードなどと表現し，物理的な色の成立条件とは明確に区別する．状況や使用者によっては，単に，物体色として，モードを付けずに色の見え方を指す場合もあり，物理的分類と現象学的分類のどちらを指すか，文脈から判断する必要がある．研究者によってモードの定義はさまざまで，統一されていないが，最も単純なモードの分類として，物体色モードと光源色モードに大別する方法がある (表 2.6)．

表 2.6 物体色モードと光源色モードの分類

モード名称	英語表記	定義・特徴
物体色モード	object color mode	・反射表面として知覚される色
表面色モード	surface color mode	・空間的定位や質感がある状態
関連色モード	related color mode	
光源色モード	light source color mode	・自発光しているように見える色
開口色モード	aperture color mode	・空間的定位や質感がない状態
非関連色モード	unrelated color mode	

xy 色度などの測色値 (3.5 節) が等しくても，モードによって知覚される明るさや色みの量が異なる．カテゴリカルカラーネーミング法 (1.3.2 項の (4)) の適用例で示したように，物体色モードの茶色が，同一輝度，同一色度であっても，光源色モードとして認識されると黄や橙になることがよい例である．また，光源色モードには透き通ったような見えがあり，物体色に比べて低彩度に知覚される．

図 2.35 はモードと色発現の物理条件の対応例を描いたイラストである．(a) は物理的に自発光している光源を光源色モードとして知覚する場合，(b) は反射物体の椎茸の表面を物体色モードと知覚する場合で，どちらも物理条件とモードが一致する．一方，(c) も (d) も物理的には反射物体である表面を光源色モードとして知覚する．(c) では遮蔽の開口部から表面の一部を見る状況で，開口色モード (光源色モード) を知覚する．(d) では椎茸のみにスポット照明があたり，それ以外は暗いため椎茸は光源色モードとなる．どちらも光源色モードでは椎茸の表面も奇麗なオレンジ色に見える．自発光の CRT ディスプレイでも，周囲を明るくすると中央の色は物体色モードに (e)，周囲を暗くすれば中央の色は光源色モード (f) の見え方になる．

JIS でも「色に関する用語 (JIS Z 8105: 2000)」の「視覚に関する用語」に，色モードに関する用語が定義されている (表 2.7)．塗装の「深み感」，印刷色の瑞々しさを表

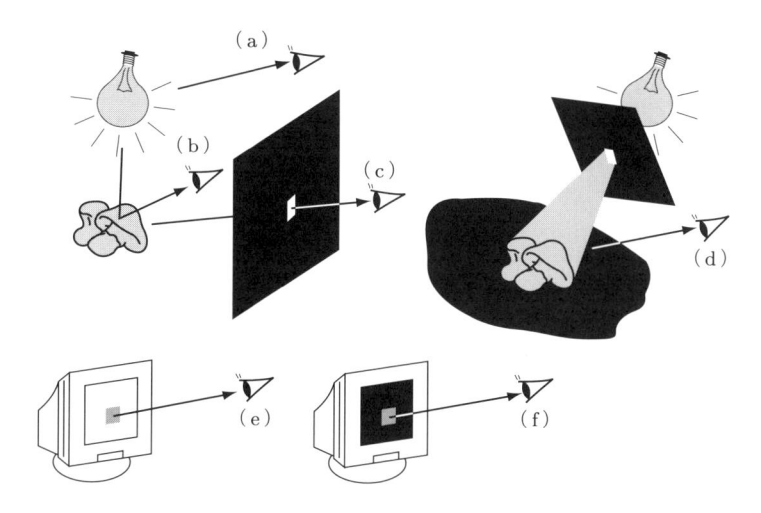

図 2.35 色の見えのモードと物理条件

表 2.7 色の見えのモードに関する用語 (JIS Z 8105: 2000)

番号	用語	定義・特徴	英語表記
3001	物体色, 物体知覚色	対象物体に属しているように知覚される色	object-colour
3002	表面色	(対象物の) 表面から拡散的に反射または放射しているように知覚される色	surface colour
3003	開口色	遮光板に開けた孔の中に見える一様な色. 奥行き方向の空間的定位が特定できないように知覚される色.	aperture colour
3004	発光 (知覚) 色	一次光源として光を発している面に属しているか, またはその光を鏡面反射しているように知覚される色.	luminous (perceived) colour
3005	非発光 (知覚) 色, 非発光物体色	二次光源として光を透過または反射している面に属しているように知覚される色.	non-luminous (perceived) colour
3006	関連 (知覚) 色	他の色と相互に関連して見えている面に属するように知覚される色. たとえば, 通常の背景または周囲視野とともに相互に関連して知覚される色.	related (perceived) colour
3007	無関連 (知覚) 色	他の色から独立している面に属するように知覚される色. たとえば, 暗黒の周囲の中にひとつだけ照明された1色の色紙, または暗い夜にひとつだけ点灯した信号灯のように他に比較するものがない色.	unrelated (perceived) colour

す「しずる感」, 宝石の色, 布地の風合い, 化粧品を使用したときの複雑な肌の見え方, 建築物ライトアップの美しさなど, 測色値だけでは表現できないさまざまな色彩感覚の決定に, 色の見えのモードが重要な働きをすると考えられる.

また，デバイスに依存しないカラーマネジメント，とくに自発光の CRT ディスプレイと反射物体である紙上にカラープリンタによって作られる色を等しくする技術においても，モードに対する配慮は必要不可欠である (2.3.9 項の (4),(5))．とくに，視覚系には色順応や色恒常性 (2.3.9 項) の機能が備わっているため，最終的な色の見え方は対象物 (光) の分光組成だけでは決まらない．照明環境によって視覚系の順応状態は変化し，知覚する色も変わる．その際，順応による影響も，光源色モードとして認識される場合と物体色モードでは異なる (2.3.9 項の (4),(5))．色の見えのモードは，今後ますます重要なトピックになる．

(2) 色同化

色は，隣接する色の影響を受けて見え方が変化する．隣接する色の差が弱められて知覚することを，**色同化** (color assimilation) とよぶ．この現象はくり返しのある色パターンで生じ，パターンが細かくなるほど効果が大きくなる．図 2.36 のように，同色で構成する図も細かくなると色の鮮やかさが減少する (違いがわかりにくい場合は距離を離して観察するとよい)．同じ配色でもパターンが細かいほど色同化が強くなり，低コントラストの色パターンに見えるため，デザインの現場では色柄や模様の大きさを考慮しながら配色を考える必要がある．

図 2.36　色同化の例　⇒　口絵 9

網膜上の視細胞の配列や空間解像度で説明されることが多いが，物理的に同じ大きさのパターンでも大きさ感覚を操作すると色同化の強さが変化することから，より高次の認知機構が関与しているとも考えられる[19]．少なくとも，色同化が起きても柄やパターンは残るため，輝度 (白/黒) チャネルに比べて色 (赤/緑，黄/青) チャネルの空間解像力のほうが低いことを示す．

色チャネルの空間解像力が低いことを示す例を，図 2.37 に紹介する．図 (a) は原画

像，(b) は原画像を輝度画像と色画像に分解した後，輝度画像のみをガウス型空間フィルタでぼかし，再合成した画像，(c) は色画像のみを同様のガウス型空間フィルタでぼかして再合成した画像である．色画像を多少ぼかしても原画像との違いはほとんどわからないが，輝度画像をぼかすと合成画像もぼけたものとなる．輝度チャネルは解像力が高く，ぼけを検出することができるが，色チャネルは解像力が低く，ぼけていることに気付かないのである．

(a) 原画像

(b) 輝度画像をぼかしたもの　　　　(c) 色画像をぼかしたもの

図 2.37　輝度チャネルと色チャネルの解像度 ➡ 口絵10

(3) 同時色対比 (空間的色対比)

同時色対比 (simultaneous color contrast) も，隣接する色の影響で見え方が変化する現象である．しかし色同化とは逆に，おたがいに反発する方向に色が変化する．たとえば，図 2.38 の緑と赤の境界を隠すように，ペンや指を縦にして置いてみると，分断された中央の灰色が左右で異なった色に見えるはずである．緑に囲まれた灰色は，赤に囲まれたそれに比べて，少し赤みを帯びて見える．

この同時色対比は，エッジにおける側抑制型受容野 (2.3.3 項) のニューロンの活動

図 2.38 同時色対比の例 (左右の色の境界にペンまたは指を縦に置いて分断してみる) ➡ 口絵11

で説明されることが多い．たとえば，受容野の中心部分と周辺部分で反対色処理が反転する構造をもつ，double-opponent 型受容野をもつ V1 ニューロンの反応で説明できる[20〜22]．図 2.39 には赤/緑の反対色チャネルに関与する細胞を例に示す．中央は $L-M$ (L 錐体反応値から M 錐体反応値を引く) の処理をするが，周辺では $M-L$ となっている．今この細胞の受容野の中央に灰色，周辺に緑が呈示されたとすると，中央部分の反応は $L-M=0$ であるが，周辺は緑であるため $M-L>0$ となる．この反応値が反対色チャネルに入力され正の反応値つまり「赤」を出力する．

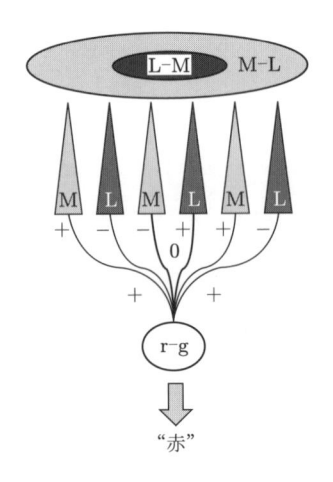

図 2.39 同時色対比の説明例

図 2.40 ホワイト効果 (ムンカー錯視)

しかし，これだけでは説明のつかない現象もある．図 2.40 に示す**ホワイト効果** (あるいは色バージョンでは**ムンカー錯視**) である．四つの灰色正方形はまったく同じ輝度を持つが，上二つが下二つの正方形に比べて明るく見える．すべての正方形のエッジ条件は同一であり，この差は上記のニューロンの反応からは予測できない．空間構造の理解や解釈などの高次の視覚メカニズムが関与することは，明らかである．

（4） 継時色対比 (時間的色対比)

同時色対比は，空間的に隣接する色に影響されて，色や明るさの差が強調される現象であった．**継時色対比** (successive color contrast) はその時間バージョンともいえる．同時色対比を空間的色対比とよんで，継時色対比を時間的色対比とよぶこともある．例を図 2.41 に示す．左の円の中央にある十字をしばらく (30 秒から 1 分程度) 見つめた後，右の十字を見つめる．そうすると対応する領域には反対色 (2.3.6 項の (2)) の低彩度の色が見える．左視野も右視野もしっかりと十字を固視することが重要で，瞬きはいくらしてもよいが，視点を動かしたり距離を変えたりしないようにするのがコツである．**色残像** (color afterimage) ともよばれる現象である．色残像が見えても，目を動かすとすぐ消えてしまう．網膜上の機構で生じる現象であることの証拠である．

もっと複雑な視野でも同様の現象が起こる．図 2.42 左視野中央の星印をしばらく見つめてから右視野中央の星印を固視する．左半分は黄みがかり，右半分は青みがかって見えるはずである．この場合も目を動かさないことは大事だが，より近づいて大きな視野で観察することがコツである．もっと強い効果を体験したければ，色フィルタを目に被せてしばらく色フィルタ越しに外界を観察していればよい．フィルタを取っ

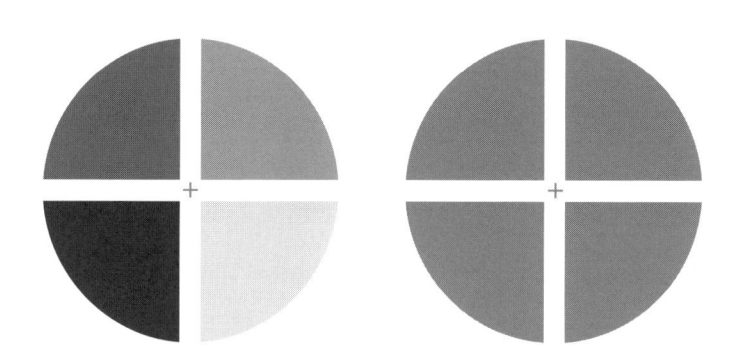

図 2.41　継時色対比の例 (単純な図形の場合) ➡ 口絵3

図 2.42　継時色対比の例 (複雑な視野の場合) ➡ 口絵12

た後は，視野全体が，そのフィルタと反対色の世界に見えるはずである．こちらは視野全体の変化なので色残像とはよびにくい．むしろ，次に紹介する色順応のひとつに分類される．

■ 2.3.9 ■ 色恒常性と色順応
(1) 色恒常性

図 2.43 で色恒常性を説明する．白熱灯 (電球) の光 $S'(\lambda)$ は，太陽光 $S(\lambda)$ に比べるといくらか黄色い．色発現の三要素で説明したように，目に入る光の分光強度分布は，反射物体の分光反射率 ρ と光源の分光強度分布 S の積になる．物理的には，光源に依存して入射光の色も変わるはずである．つまり

$$S(\lambda)\rho(\lambda) \neq S'(\lambda)\rho(\lambda)$$

しかし，太陽光の下で見ても白熱灯の下で見ても，物体の色に違いはあまり感じられない．このように，照明光が変化しても，物体表面の色は変化せず同じ色に見えることを**色恒常性** (color constancy) とよぶ．

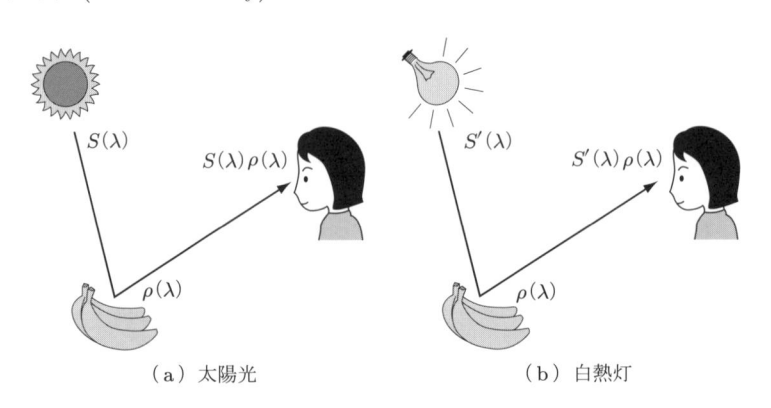

図 2.43 色恒常性の例

明度恒常性 (lightness constancy) もある．白紙と黒紙を，外光の直射日光の下で観察しても，室内の机の下のでで観察しても，白紙は白く，黒紙は黒く見える．物理的には，机の下の白紙の反射光に比べて，直射日光下の黒紙の反射光のほうが圧倒的に光強度は高い．しかし，前者を黒，後者を白とは見ない．これらの現象は，知覚する明るさや色が，入射光の強度や分光強度分布ではなく，むしろ物体表面の反射率や分光反射率に対応することを示す．

（2） 不完全色恒常

色恒常性がつねに完全とは限らない．とくに色みの強い照明光の下では，色恒常性は不完全となる．たとえば白い表面 (どの波長に対しても均一に高い反射率をもつ表面) に赤みの強い光 (短波長に比べて長波長光の成分が多い光) を照射したとき，反射光も物理的には当然赤くなる．ここで色恒常性が完全であれば，表面はまったく同じ白に感じるはずだが，実際は多少赤みがかった白に見え，不完全な色恒常性となる．ただし，効果の方向は同じで，照明光の影響をできるだけ取り除こうとする方向に色覚は変化する．

購入した服を家にもち帰って見ると，店頭で見た色と印象が異なることがある．上で説明したように，物理的には照明光が異なれば反射光は異なるため色は異なって当然である．しかし，視覚系には色恒常性が働く．この色恒常性が完璧であれば，色の違いは気にならないはずである．実際は色恒常性が不完全なため，店頭と自宅では購入した服の色の違いに気付く．実は背後で複雑なことが起こっているのである．

（3） 色順応

色恒常性に寄与する色覚メカニズムのひとつが，**色順応** (color adaptation) である．暗順応・明順応でも述べたが，順応とは感覚系の慣れである．暗順応・明順応は，まさしく暗いまたは明るい環境に慣れることであった．そのときの視覚系には感度上昇または感度低下が起こっていた．同様に色順応でも，ある色を見続けるとその色に対する感度低下が起こり，その色を感じなくなる．順応は，一定速度で動く物体を見続けると速度が小さく感じられる，運動知覚における順応や，おなじ味の物を食べ続けるとその味をあまり感じなくなるという，味覚の順応など，さまざまな知覚系に存在する．

色順応は，視覚系が入射光の色を判断する際に用いる座標系，あるいは色の見えを決定する frame of reference (知覚を決定する際に参照される基準や座標軸を意味し，準拠枠ともよばれる) を自動較正する機能と理解してもよい．先述の継時色対比や色残像も，この色順応の結果として生じる現象として解釈される．つまり，赤を見続けると赤に対する感度が下がり，直後に見る色は反対色の緑が強調されて見えるのである．

この順応がどのレベルで働くかについては，さまざまな考えがある．たとえば錐体のレベルに順応が働くとすると，錐体の分光感度が図 2.44 のように上下すると考える．ちなみに図は赤紫に順応している状況を模している．これを定量的に表現したのがフォン・クリース (von Kries) の順応式

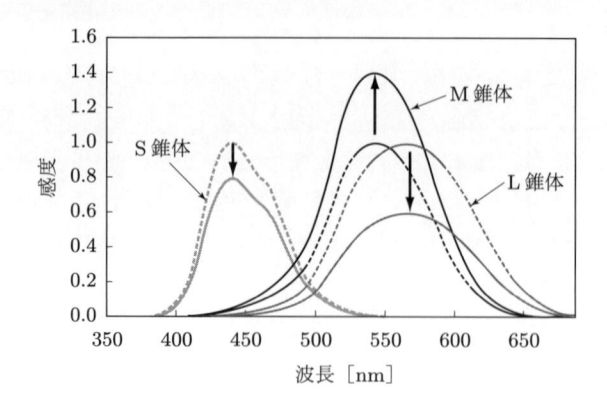

図 2.44　フォン・クリース型色順応

$$\begin{pmatrix} L' \\ M' \\ S' \end{pmatrix} = \begin{pmatrix} \dfrac{1}{L_0} & 0 & 0 \\ 0 & \dfrac{1}{M_0} & 0 \\ 0 & 0 & \dfrac{1}{S_0} \end{pmatrix} \begin{pmatrix} L \\ M \\ S \end{pmatrix} \qquad (2.16)$$

である．L錐体，M錐体，S錐体の反応値 (L, M, S) が，(L_0, M_0, S_0) の逆数である係数により補正され，(L', M', S') となる．この (L_0, M_0, S_0) は白色表面からの反射光 (あるいは照明光自身) に対する L錐体，M錐体，S錐体の反応値にとることが多く，結果的に白色表面はつねに同じ反応値となる．この式は完全な色恒常性が成立する状況に対応しており，さらに不完全性を表す係数をかければより適用範囲の広い順応式となる．

　狭義の色順応では，空間的な影響は一切考えない．ある網膜部位に着目した場合，その網膜部位は事前に浴びていた光に対して順応し，他の網膜部位からの影響は考えない．ところが，広義の解釈では，他の網膜部位からの影響により色順応が変化すると考える．そうすると，同時色対比 (2.3.8 項の (3)) のような状況も，色順応で説明できる．たとえば周囲に緑がある場合，中央部分も緑方向に順応し，中央部分はその反対色の赤みが感じられることになる．このように順応の概念は拡張され，さらにそのメカニズムも錐体などの感覚器レベルから大脳での高次の認識レベルまでを含めて考え，色の見え方を予測する，**色の見えのモデル** (color appearance model) として発展している[23, 24]．

（4）自発光色における色恒常性不軌

　色恒常性は反射物体の色に対してのみ成立する．つまり，自発光の色に対しては色恒常性は成立しない．図 2.45(a) に示すように，照明光の分光強度分布 $S(\lambda)$ に合わせ

(a) 反射物体　　　　　　(b) 自発光物体

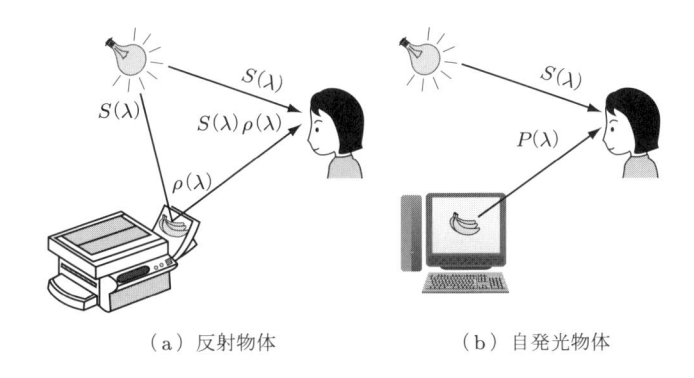

図 2.45　反射物体に対してのみ成立する色恒常性

て反射光 $S(\lambda)\rho(\lambda)$ は変化する．この反射光を $S(\lambda)$ に色順応した視覚系が評価するため，反射光の物理的な色の変移がキャンセルされ，同じ色を知覚する．一方，自発光物体から目に入る光の分光強度分布 $P(\lambda)$ は，照明光 $S(\lambda)$ から独立であり変化しない．$S(\lambda)$ に順応した視覚系が，変化していない $P(\lambda)$ を評価すると，順応の変移分だけ照明と逆方向の色を知覚することになる (図 2.45(b))．

この自発光物体に対して知覚する色の変化は，表示ディスプレイなど多くの自発光物体が身のまわりに存在する環境では大きな問題となる．自発光ディスプレイ上に呈示する色は，色順応を考慮し照明環境に合わせて色を補正する必要があり，デバイスに依存しないカラーマネジメントでもこの色順応に対する補正が鍵となる．

(5) 色恒常性と色の見えのモード

理論的には，入射光の分光強度分布 $S(\lambda)\rho(\lambda)$ から照明光の分光強度分布 $S(\lambda)$ を分離し，物体の分光反射率 $\rho(\lambda)$ を得ることで色恒常性を達成できる (図 2.43，図 2.45)．つまり，色順応を，センサの自動較正機能ではなく，視覚系が照明光の情報を獲得する機能とする考えもある．この場合，獲得された照明情報の脳内表現が，入射光の色を判断する際に用いられる色座標系として機能する．簡単にいうと，照明光の色を原点とする座標系で入射光の色を判断するのである．

正しく照明情報を獲得した場合，照明光自体は無色に知覚し，反射物体に対しては完全な色恒常性が成立する．獲得した照明情報が実際の照明からずれている場合は，照明光はその分だけ色づいて見え，反射物体に対する色恒常性も不完全なものとなる(2.3.9 項の (2))．ただし，これらの処理が適用されるのは，視覚系が反射物体と見なした場合 (物体色モード) のみで，自発光と認識した場合 (光源色モード) には適用されない．光源色モードの色は照明光と独立と見なされ，入射光自体の分光強度分布がそのまま色の見えに反映される．

色の見えのモードによって，順応の働き方が異なる．これは，順応＝照明情報の獲得，とする考えの最も重要な特徴である．(4) で色恒常性は反射物体に対してのみ成立し，自発光物体では成立しないと述べた．しかし実際は，さらに色の見えのモードによって色恒常性の成否がわかれる．そのことを表 2.8 にまとめる．色発現の物理条件により，入射光が照明光に依存して変化するかどうかが決まり，さらに，色の見えのモードによって，色順応が考慮されるかどうかわかれる．反射物体が物体色モードとして知覚される場合には色恒常性が成立する．自発光物体が物体色モードとして知覚されると色のずれが起こるが，光源色モードとして認識されれば色の変化は起こらない．ディスプレイの明るさを高めれば，光源色モードとなり，一切の補正を必要とすることなく色恒常性が成立する．これは自発光ディスプレイに対するカラーマネジメントのもうひとつの解決策である[25～27]．

表 2.8　色発現の物理条件と見えのモードと色恒常性の関係

見えのモード＼物理条件	反射物体 (照明光に依存)	自発光 (照明光から独立)
物体色モード	色恒常	色変化
光源色モード	色変化	色恒常

この表を逆に利用することもできる．たとえば舞台照明や商品のディスプレイなど，反射物体を通常とは異なる色に見せたいときなどのアイディアを提供する．反射物体を光源色モードと認識させれば，色恒常性が成立せず，色の変化が起きる．たとえば図 2.46(a) のように対象物だけを周囲よりも高い照度で照明すると光源色モードに見せることができる．このとき，両者の照明光が黄色いときには何が起こるだろうか．周囲に置かれた反射物体は，物体色モードと認識され色恒常性が成立するため黄色くはならない．一方，対象物は光源色として認識され，黄と知覚される．

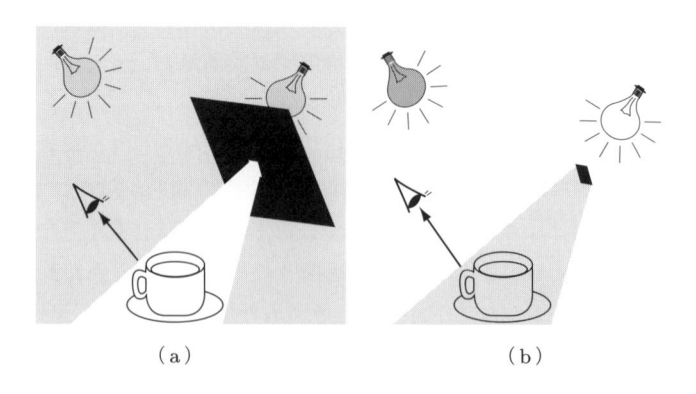

(a)　　　　　　　　　　(b)

図 2.46　さまざまな色の見え方を実現する照明方法

色のモードとは関係ないが図 2.46(b) はどうだろうか．左上の赤い照明は対象物を含め全体を照らしている．右上の黄色い照明の前には，一部遮蔽があり対象物だけには照明が当たらない．対象物以外は赤と黄の照明が重なり橙色の照明，対象物には赤の照明のみ当たる．このとき視覚系は橙色の照明光に順応し，対象物以外の周囲の物体の色は橙色方向に変化しない (色恒常性)．しかし，対象物は黄色い照明が除かれている分だけ逆に青みがかって見えるはずである．これは，有名なゲーテによる色影現象 (Goethe's colored shadow phenomenon) のデモンストレーションを応用したものである．

演習問題

2-1 色発現の三要素とは何か．

2-2 可視光の波長域を答えよ．

2-3 スネルの法則を説明せよ．

2-4 鏡面反射における反射の法則を説明せよ．

2-5 次の文章の空欄に適切な語句を入れよ．
  a. 異なる媒質の境界を通過するとき，光は直進せず，(ア) する．
  b. 夕焼け空の赤，空の青，水の青，雲の白などの色はいずれも光の (イ) によって生じる色である．
  c. 太陽光などの無色の光をプリズムを通すとさまざまな色の光に分解される．これは光の波長によって (ア) 率が異なるからである．このことを光の (ウ) とよぶ．
  d. 油膜やシャボン玉に色がつくのは膜表面での反射光と膜裏面での反射光との (エ) によるものである．この原理を利用したフィルタで，ある波長だけを選択的に取り出すものを (エ) フィルタとよび，逆にある波長の光を取り除くものを (オ) 膜とよぶ．
  e. 単色光を取り出す光学系を (カ) とよぶ．その光学系では (キ) 格子を用いることが多い．
  f. 物体での反射には 2 種類ある．物体表面で反射の法則を満たして反射する (ク) 反射と，いったん物体内部に進入しその後物体表面に戻る (ケ) 反射である．このとき，物体の色となるのは (コ) 反射であり，もう一方の (サ) 反射は照明光の色を反映する．
  g. 光沢のある表面はグロスとよばれ，(シ) 反射の強い表面である．逆に (シ) 反射のない表面は (ス) とよばれる．

2-6 人間の眼球光学系で，光が通過する順番に組織の名称を述べよ．

2-7 人間の目の場合，主にどの組織で光が屈折されるか．また対象物の距離に応じて屈折力を調節する組織は何か．

2-8 次の文章の空欄に適切な語句を入れよ．
  a. 網膜にある視細胞のうち，高感度の視細胞を (ア) とよぶ．この (ア) が主に機能す

る照度レベルを（イ）視レベルとよぶ．
b. 明所視レベルで機能する視細胞を（ウ）とよぶ．（ウ）はさらに3種類に分類され，それぞれ（エ），（オ），（カ）とよばれる．
c. 明所視レベルと（イ）視レベルの間には（キ）視レベルがあり，（ア）と（ウ）の両者が機能している．

2-9 暗所視レベルでは色のない白黒の世界となる．その理由は何か．

2-10 分光感度とは何か．さらに標準分光視感効率（標準比視感度）についても説明せよ．

2-11 光の強度を表す単位系にも2種類ある．放射量と測光量の違いは何か説明せよ．さらにその使い分けについても説明せよ．

2-12 次の文章の空欄に適切な語句を入れよ．
a. 単位時間あたりに通過するエネルギーを表す放射量を（ア）とよび，その単位は（イ）を用いる．対応する測光量は（ウ）であり，単位は（エ）を用いる．
b. 単位立体角あたりの（ア）を（オ）とし，単位は（カ）を用いる．対応する測光量は（キ）であり，単位は（ク）を用いる．
c. 光源あるいは反射面の見かけの面積で（オ）を割った値を（ケ）とし，単位は（コ）である．対応する測光量は（サ）であり，単位は（シ）を用いる．
d. 単位面積あたりに受ける（ア）を（ス）とし，単位は（セ）を用いる．対応する測光量は（ソ）で，その単位は（タ）である．

2-13 混色や等色実験，色覚の三色性を上手く説明し，ヤングやヘルムホルツが提唱した色覚理論を何というか．

2-14 ヘリングが自らの観察にもとづいて提唱し，色順応，色残像（継時色対比），同時色対比，色覚異常者の見る色などを上手く説明する色覚理論を何というか．

2-15 色覚異常者の区別できない色の組み合わせを何というか．

2-16 色の見えのモードとは何か説明せよ．

2-17 青色に囲まれた灰色の刺激は，黄色に囲まれた灰色に比べてどのような色に見えるか．

2-18 赤い色を見続けた後に灰色を見るとどのように見えるか．

2-19 くり返しのある色パターンを観察するとき，パターンが細かくなるほど色の見えはどうなるか，説明せよ．

2-20 色恒常性とは何か，説明せよ．さらにこの色恒常性を成立させるために機能している色覚メカニズムを何というか．

2-21 「購入した服を家にもち帰って見たら店頭で見た色と印象が異なって困る」ここで起こっている現象を，色発現の三要素，照明光，物体の分光反射率，色順応，色恒常性などのキーワードを用いて解説せよ．

3 表色系

　色の定量的な取り扱いには，表色系についての正しい知識が必要である．2.3.6 項で説明したように，最低でも三つの数値あるいは属性値があれば，色を規定・表現できる．ところが，色は多面的であり，どの要素に着目するかによってさまざまな表色系が可能であり，統一されない理由もそこにある．

　本章では，代表的な表色系として，マンセル表色系，ナチュラルカラーシステム (NCS)，オストワルト表色系を解説した後，測色学の根幹をなす rgb 表色系や XYZ 表色系などの CIE 表色系について詳しく説明する．最後に，色差を扱うための表色系として CIELAB 表色系や CIELUV 表色系を紹介する．

3.1　表色系分類

　色は多面的であるため，ただひとつの表色系に統一できない．その分類も一貫していない．色の見え方で色を体系化する**顕色系表色系**と，等色実験にもとづき色を定量化する**混色系表色系**に分けることが多い．

　たとえば，ある色彩関連の教科書では，色の表示方法のひとつとして表色系を取り上げ，混色系として CIEXYZ 表色系，CIErgb 表色系，オストワルト表色系，DIN 表色系を，顕色系としてマンセル表色系，NCS (表色系) を紹介している．さらに別の色表示方法として，均等色空間という概念を導入し，CIELUV と CIELAB の均等色空間を紹介している．

　しかし，オストワルト表色系とその流れを汲む DIN 表色系は確かに混色原理にもとづいているが，三原色の成分量で色を表現するのではなく，白＋黒＋純色であり，その純色は数多くある．したがって，厳密にいうとオストワルト表色系と DIN 表色系を CIErgb 表色系や CIEXYZ 表色系と同類に括るのは無理がある．むしろ，考え方や色空間の構成に関しては NCS (表色系) に非常に近い．また，CIErgb 表色系も CIEXYZ 表色系も，加法混色を用いた等色実験に基礎を置いているので，等色系とよぶほうが正確である．そのような考え方で分類しているのは "Priciples of Color Technology"[28] という本である (表 3.1)．しかし，この考え方では，CIELUV 表色系と CIELAB 表色系が等色系として分類される．確かに CIELUV と CIELAB 表色系は CIEXYZ 表色

表 3.1 表色系分類の例 (出典：文献 [28])

分類	根拠	例
color-mixing systems 混色系	混色にもとづく	ディスプレイのRGB，印刷のCMY，オストワルト表色系，DIN表色系
color-perceptual systems color-order systems 顕色系	色知覚にもとづく	Munsell表色系，NCS(表色系)，OSA均等色空間
color-matching systems 等色系，The CIE systems	等色にもとづく	CIErgb表色系，CIEXYZ表色系，CIELUV表色系，CIELAB表色系

系の成分値で定義されているが，色を色ベクトルで表現し，加法混色に適した色空間の特性は保存されておらず，等色系とはよびにくい．

"Color Science"[29] という本では，colorimetry (測色学) という章の中でCIErgbやCIEXYZ，そしてCIELUVとCIELABの均等色空間を扱い，uniform color scales (均等色尺度) というcolor-order system という項でマンセル表色系，DIN表色系，NCS (表色系)，OSA表色系に触れている．「色彩工学の基礎[30]」にいたっては，分類などせず，マンセル表色系とCIEXYZ表色系は独立の章を設けて説明されている．

これらはあくまでも目安であって，分類にこだわらず，どのような考え方にもとづいて表色系が確立されているか，長所，短所などを理解し，目的や用途に合わせて適切に使用することが大切である．次節より，それぞれの表色系についてくわしく解説する．

3.2 マンセル表色系 (色の三属性にもとづく表色系)

画家のマンセル (A.H.Munsell) は自らの観察にもとづいて色を体系化し，1915年に Atlas of the Munsell Colors という色票集として発表した．これが**マンセル表色系** (Munsell color order system) の始まりである．その後，米国光学会 (Optical Society of America, OSA) が測色的観点から修正したため，修正マンセル表色系ともよばれる．マンセル表色系はCIE標準の光C (5.3節参照) の下で定義されているため，他の照明光下での色の見えを正確に表さない (異なる色相間の等明度性が保たれないなど)．特徴は以下の3点である．

1. 物体色 (CIE標準の光Cの下での) を表現する表色系である
2. 色の三属性 (色相，彩度，明度) にもとづく3次元色空間で構成されている
3. それぞれの属性の尺度 (軸) が等歩度 (均等尺度) になっている

■ 3.2.1 ■ 三属性
(1) 色 相

単色光の波長を可視光の短波長側の端から長波長に向けて徐々に変化させると，紫，青紫，青，青緑，緑，黄緑，黄，橙，赤，赤紫へと色が変わるはずである．そのときに

観察される色の見えの変化が**色相** (hue) である．可視光の短波長側の限界では紫が見え，長波長側の限界波長では赤が見える．これらは波長としては両極にあるが，見える色には共通点がある．だれがみても赤を感じることということである．赤紫を間に入れて短波長側と長波長側の可視光の端を結びつけることができ，**色相環** (hue circle) ができ上がる (➡ 口絵13)．色相を色相環として理解するか，波長のまま扱うかでは大きな違いがある．色相環を使えば，補色 (3.5.15 項の (1)) や反対色 (2.3.6 項の (2)) の概念が直感的に理解できる．

(２) 彩　度

同じ色相，たとえば緑でも色が非常に濃い場合と薄い場合がある．表現を変えると，色が鮮やかであるか淡いか，これを**彩度** (saturation) という．色の鮮やかさが下がって淡くなり，最も彩度の低い色は白，灰，黒などの色相を感じない**無彩色** (achromatic color) である．逆に色相を感じることができる色は**有彩色** (chromatic color) である．色相環の中央を無彩色の場所とすれば，中央が彩度ゼロ，そして外側にゆくほど彩度が高くなり，色が濃くなるように表現できる．角度方向は色相に対応している．

色の濃さ，鮮やかさを表す言葉はいくつかあり，定義が異なっている．その内容に関しては 3.2.2 項の (2) で述べるが，定義を理解し，状況に合わせて正しく使い分ける必要がある．

(３)　**明度 (物体の明るさ)**

口絵 (➡ 口絵14) に示すように，色相と彩度によってさまざまな色を表現することができる．しかし完全ではない．明るさが区別されていない．中央の無彩色でも，暗い黒，明るい白，その間の灰などが同じ場所にある．三つ目の属性は**明るさ**である．

明るさは，光源色と物体色では扱いが異なる．**明度** (lightness) は物体色のみに適用される明るさの尺度であり，物理属性としては反射率に対応する．分光反射率が波長によらず一定の値をもつ物体表面は，無彩色となる．最も反射率の低い無彩色は黒，反射率を徐々に高くすると暗い灰，灰，明るい灰となる．さらに反射率をあげると白になる．つまり，明度は白さ–黒さの尺度ともいえる．反射率は 1.0 あるいは 100 % が上限であるため，明度には上限がある．

それに対して，**ブライトネス** (brightness) は色の絶対的な明るさであり，上限がない．物理的な属性としては光強度そのもので，測光量としては**輝度** (luminance) などが対応する．同じ反射率の表面でも，照明光の強さを変えれば反射光の強さが変わる．このように物体表面の明るさは 2 通りの扱いがあることがわかる．しかし通常，照明は評価対象の物体のみでなく，視野全体に当たっていることが多い．したがって，照明光強度が高くなっても，視野全体が明るくなるだけで，物体表面に感じる明るさは

あまり変化しない*1．したがって，物体色の明るさは明度をもって表すのである．

光源色の明るさには，明度は適用されない．感覚でいうとブライトネス，測光量では輝度で評価する．

■ **3.2.2** ■ **マンセル表色系の三属性（ヒュー，クロマ，バリュー）**

マンセル表色系の三属性は次の通りである．色相として**ヒュー**(hue)，色の鮮やかさを表す**クロマ**(chroma)，明度として**バリュー**(value)とする．それぞれマンセル表色系であることを明確にしたいときは，マンセルヒュー，マンセルクロマ，マンセルバリューとよぶ．記号を H, C, V とし，三属性は「HV/C」と表記される．たとえば，5RP 6/10 と表現される色は，ヒューが 5RP，バリューが 6，クロマが 10 であることを示している．それぞれの値が何を表しているかは，以下で説明する．3 次元色空間におけるそれぞれの属性の関係を図 3.1 に示す．

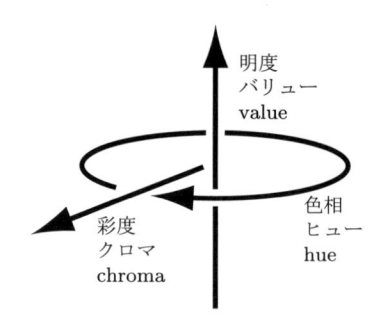

図 3.1 マンセル表色系の 3 次元色空間

三属性が独立であり，いずれの尺度も等歩度になっていることが特徴である．同じ属性内の**色差**(color difference)は定量的に扱うことができる．また，「すべて等しい明度の色で…」，「同じ色相で彩度のみを変えたグラデーションで…」，「A の色相を，B と C のちょうど真中に…」などといった利用が可能であり，配色理論などに応用されやすい．

ただし，異なる尺度間の比較はできないので注意が必要である．たとえば同じ 3 の差があっても，クロマの差とバリューの差では，等しい感覚量の差を保証していない．もっというと，クロマの差 1 に対応するバリューの差はいくつか，などということもわからない．異なる属性にまたがる色差はマンセル表色系では扱えないのである．色差を厳密に扱うための表色系は 3.6 節で取り上げる．

---

*1 いわゆる**明度恒常性**とよばれる現象で，厳密には複雑な視覚情報処理が働いて起こる現象である．2.3.9 項で取り上げた．

3.2 マンセル表色系 (色の三属性にもとづく表色系)

(1) ヒュー (hue)

色相はヒュー (hue) であり，記号は H を用いる．場合によってはマンセルヒューとし，一般的な色相とは区別することもある．基本色相として赤 (R)，黄 (Y)，緑 (G)，青 (B)，紫 (P) をまず始めに設定し，色相環を 5 等分するように配置した．次にその間に黄赤 (YR)，黄緑 (GY)，青緑 (BG)，青紫 (PB)，赤紫 (RP) を置き，10 種類の色相記号を設定した．その間をさらに 10 等分し，その数字をそれぞれの記号の前に付して細かい色相の表現を可能にした．

このとき，それぞれの色相を代表する色は中央の 5 で表すこととする．つまり，5R は最も赤らしい色相，5YR は最も黄赤 (橙) らしい色相などとなる．そして番号の振り方は，長波長から短波長に向かって数字を大きくする．したがって，3YR は 5YR (黄赤，橙) よりも少し赤側に寄っており，逆に 7YR は 5YR (黄赤，橙) に比べて少し黄みが強いことになる．

以上より色相は 100 等分され，それぞれに 8BG，2P などと記号が割り振られた．必要であれば，数字に小数値を用いてより細かな色相を表すこともある (図 3.2)．

重要なことは均等性である．たとえば 5RP と 8RP の色相の差は，2YR と 5YR の色相差に等しい，などと考えることができる．

(2) クロマ (chroma)

マンセル表色系における色の鮮やかさ，濃さの尺度は**クロマ** (chroma) である (図 3.2)．マンセルクロマともいう．記号は C である．これは色みの量に対応する値で，同じ明度を有する無彩色に比較して判定される色みの量である．**カラフルネス** (colorfulness) は絶対判断の色みの量である．たとえば，同じ表面でも照明光の強度が高くなるとカラフルネスは上昇する．それに対してクロマは一定である．明るさの次元での**ブライトネス**と**明度**に準えられる．

クロマやカラフルネスに比較して彩度 (saturation) という語を用いるときは，一般的な色の鮮やかさを表現する場合の彩度とは区別され，**飽和度** (saturation) とよぶこともある．この場合の彩度は，クロマと明度の比，あるいはカラフルネスとブライトネスの比として定義される．その他，**純度** (purity) という尺度も色の鮮やかさを表す尺度として使われるが，これは 3.5.15 項の (1) で取り上げる．

(3) バリュー (value)

マンセル表色系の明度はバリュー (value) あるいはマンセルバリューという語を用いる．記号は V である．始めに，明度の下限と上限である，黒と白にそれぞれ 0 と 10 を与えた．つまり，マンセルバリューでは $V = 0 \sim 10$ ですべての物体の明度を表現する．次に黒 ($V = 0$) と白 ($V = 10$) のちょうど真中の明るさに感じる無彩色の灰を決

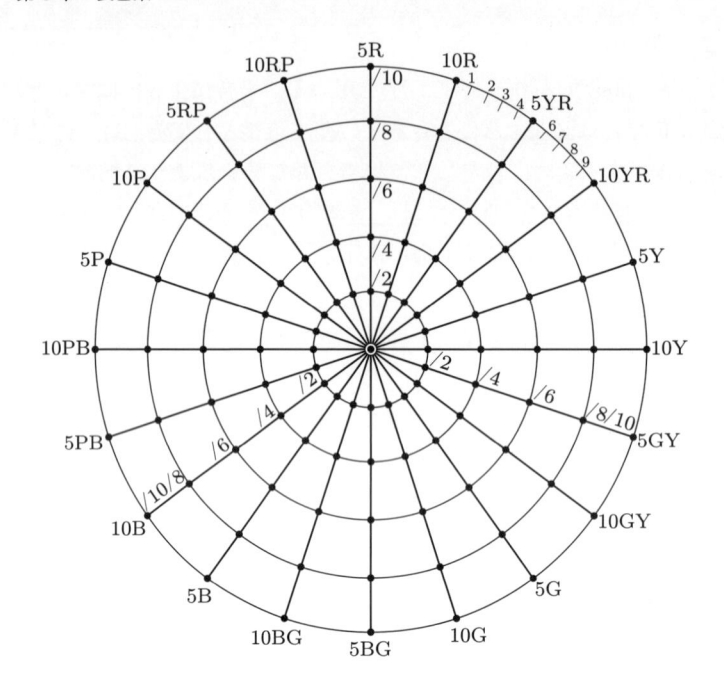

図 3.2　マンセル表示系のヒュー H とクロマ C

定し，$V = 5$ とした．さらに黒と灰 ($V = 5$) のちょうど中間の明るさに見える無彩色には $V = 2.5$，白と灰 ($V = 5$) の間の無彩色を $V = 7.5$，以下同様にして，バリューの軸を決定した．無彩色の場合，色相もなく，クロマもゼロである．無彩色の場合はN4，N8 などと，N とバリューの組み合わせで表現する．

(4) マンセル表色系の色票集

図 3.3 に，マンセル表色系の 3 次元色空間を示す．これは円筒座標系を構成している．マンセル表色系に対応する色票集が提供されており，それを用いて物体色の測定や評価を行うことができる．1.3.1 項で紹介した方法と同様に，実際に計測したい対象と同じ色の色票を探すことで対象のマンセル値を得る．しかし，提供される色票数にはかぎりがあり，完全に同色の色票がないことがある．その場合は感覚的に内挿，外挿を行うことになる．

また，色票の色材の問題で作られる色には限界がある．さらに，物体表面の反射率は 0.0 から 1.0 の間に限られるため，理論的にも限界がある．理論的な物体色の外限の色は**最明色**（**オプティマルカラー** optimal colors）とよばれ，計算で求めることができる．図 3.3 の曲線は，最明色ではなく色材限界の一例を表している．最明色に関しては，オストワルト表色系 (3.4 節) で再度取り上げる．

3.3 NCS表色系 (エレメンタリーカラーネーミングにもとづく表色系)

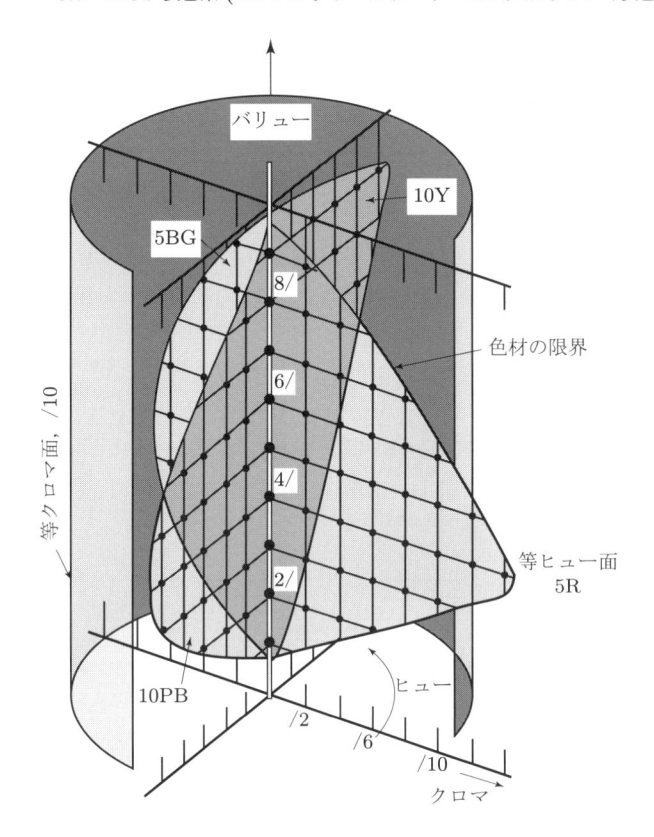

図 3.3 マンセル表色系の色立体 (出典：文献 [29])

3.3 NCS表色系 (エレメンタリーカラーネーミングにもとづく表色系)

ナチュラルカラーシステム (Natural Color System, NCS) はスウェーデンの工業規格として採用されている表色系である[31]．マンセル表色系は色の三属性を基本軸にもつ．しかし，NCS(表色系) の数値は三属性の数値を直接与えるわけではない．感覚的に色を分解して表現するのが，NCS の特徴である．これは色を定量化するための一手法であり，エレメンタリーカラーネーミング法とよばれる．マンセル表色系同様，物体色を扱う表色系である．

■ 3.3.1 ■ エレメンタリーカラーネーミング法

白，黒，赤，黄，緑，青の6色を基本色 (エレメンタリーカラー, elementary colors) とし，すべての色をこの六つの基本色の知覚的な構成量で表現することを，**エレメンタリーカラーネーミング法**とよぶ．通常，2段階に分けてカラーネーミングを行う．

第一段階は，見ている色を**色み**と**白み**と**黒み**に分解する．その際，全体を 100 としたときのそれぞれの割合で答える．場合によっては，はじめに**有彩色成分**(色み)と**無彩色成分**(白み＋黒み)に分け，さらに知覚する明度に応じて，白みと黒みに分けてもよい．

第二段階では，色みを四つの反対色成分(赤，黄，緑，青)に分解する．その際，ヘリングの反対色説(2.3.6 項の (2))に従い，赤と緑，または黄と青を同時に答えることはしない．ここでも，色み全体を 100 として各反対色成分に分解する．応答例を図 3.4 に示す．

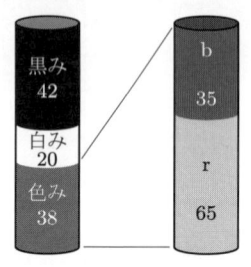

図 3.4 エレメンタリーカラーネーミングの例

■ 3.3.2 ■ NCS 表記法

NCS では，すべての色を，白 W，黒 S，赤 R，緑 G，黄 Y，青 B の六つの基本色の知覚的な構成量 (w, s, r, g, y, b) で表現する．黒を S とするのは，B(青) と混同しないように，swarthy (浅黒い) の頭文字を用いるためである．NCS の 3 次元色空間 (図 3.5) は，白 W と黒 S，赤 R と緑 G，黄 Y と青 B がそれぞれ対極に置かれた，二つ

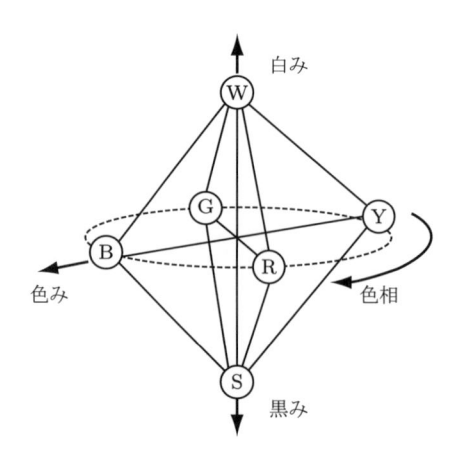

図 3.5 エレメンタリーカラーネーミングにおける反対色

3.3 NCS 表色系 (エレメンタリーカラーネーミングにもとづく表色系)

の円錐を底面で貼付けた二重円錐形の色空間を形成する．上の頂点は白み (w) 100%，下の頂点は黒み (s) 100%に対応する座標である．中央のいちばん外側に張り出している稜線は色み (c) 100%の色が並ぶ．NCSでは「黒み s 色み c–色相 ϕ」の順に表記する．詳細を以下に説明する．

色相 ϕ は，赤 R, 緑 G, 黄 Y, 青 B の成分 (r, g, y, b) で表示する．ただし，赤と緑，黄と青は同時に知覚することはなく (反対色説)，口絵 (➡ 口絵15) に示すように，YR, RB, BG, GY の組み合わせに限定される．たとえば，70%の y と30%の r に知覚的に分解される色相は，70Y30R の始めの70 を略して，Y30R と表記する．y が100%など，ひとつの反対色しか知覚しないような色相は Y, R, B, G などと数字を略して表記する．図3.4 の例では R35B となる．口絵 (➡ 口絵15) に色相表記の例を示す．

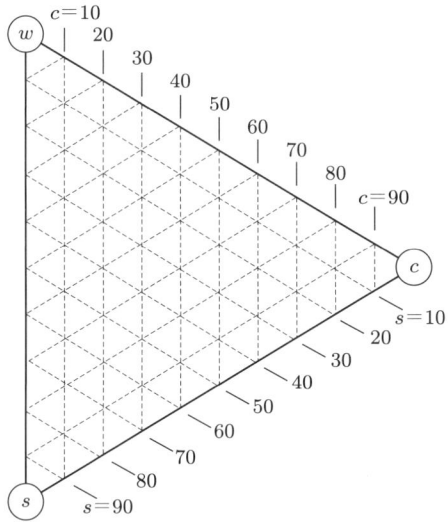

図 3.6 NCS(表色系) の (w, s, c 座標)

白み w 黒み s 色み c の量はニュアンスとよばれ，表記では黒み s 色み c の知覚量それぞれ2桁の数字を用いて表す．たとえば $w = 10\%$, $s = 40\%$, $c = 50\%$ の場合は，4050 となる．図3.6 に (w, s, c) 座標を示すが，$w + s + c = 100$ のため，二つのみを表記すれば残りがわかるという考えである．ただし，ゼロのときは00 とし，必ず4桁の表記になるようにする．$c = 0\%$ のときは7000, 2000, $s = 0\%$ のときは0060, 0035 などとなる．例外として，$s = 100\%$ のときは s00 と表記する．また，$c = 100\%$ では単に C とだけ表記し，その後に色相 ϕ を付ける．$w = 100\%$ のときは0000 となる．以上，白み黒み色みの割合と色相の表記を合わせて「黒み s 色み c–色相 ϕ」とする．表3.2 にいくつかの色の表記例を示す．

表 3.2　NCS 表記の例

白み w	黒み s	色み c	赤 r	青 b	緑 g	黄 y	表　記
20	10	70	–	–	30	70	1070–G70Y
60	0	40	60	40	–	–	0040–R40B
20	80	0	–	–	–	–	8000
0	100	0	–	–	–	–	s00
70	5	25	–	–	–	100	0525–Y
0	0	100	–	–	60	40	C–G40Y
32	32	36	–	92	8	–	3236–B08G

3.4　オストワルト表色系 (混色円盤の加法混色にもとづく表色系)

オストワルト (F.W.Ostwald) が考案した表色系で，色空間の構造は NCS (表色系) とまったく同じである．色空間は二つの円錐を底面で張り合わせた二重円錐形で，上の頂点が白 100%，下の頂点が黒 100%，白と黒を結ぶ中心軸には無彩色が並び，中央のいちばん外側の円周に沿って最も色みの濃い色が並ぶ (図 3.7)．円周の角度方向はさまざまな色相に対応し，その配置も赤と緑，青と黄が対角線上に位置するヘリングの反対色説 (2.3.6 項の (2)) の考え方に従う．さらに等色相での断面は図 3.6 のような三角形となる．ここまでは NCS と同じである．

異なるのは，色の合成と分解の方法である．白，黒，色への分解や，色相の赤，黄，緑，青への分解は，NCS ではすべて純粋に心理的な作業であった．一方，オストワルト表色系では，完全に物理的な加法混色によって色の合成と分解を行う．図 3.8 に示すような混色円盤に，白，黒，**純色** (完全色，full colors) の三つの色を扇型に配置し，回転することで加法混色する．

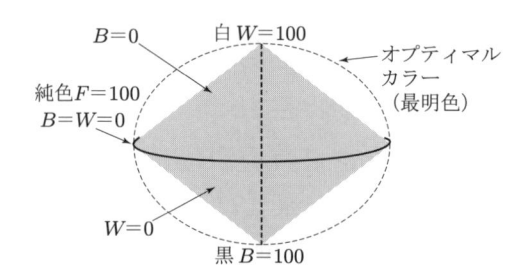

図 3.7　オストワルト表色系の色空間

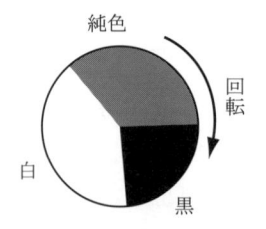

図 3.8　オストワルト表色系の混色円盤による加法混色

オストワルトの考える理想的な白，黒，純色は，分光反射率で図 3.9 のように表される．純色量 F がゼロになれば，無彩色となり円錐の中心軸上に来る．また，黒色量 B がゼロの色は図 3.7 の上半分の円錐の斜面上に位置する．同様に白色量 W がゼロ

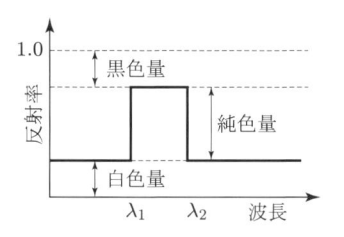

図 3.9 オストワルト表色系の仮想分光反射率

の色は下半分の円錐の斜面を形成する．黒色量も白色量もゼロとなる色は，中央のいちばん外側の円周上の色である．これらの色は，反射物体の実現可能領域の理論的な外限 (図 3.7 の破線) を形成する**オプティマルカラー** (**最明色**, optimal colors)[32] の一部の色である．マンセル表色系の色立体の理論的限界もこのオプティマルカラーにより与えられ，その分光反射率はゼロと 1.0 の間をステップ上に変化する 4 種類の型に限定される (図 3.10)．反射率がきり替わる波長 $\lambda_1 \sim \lambda_6$ の値によってさまざまな彩度，明度のオプティマルカラーとなる．とくに，オプティマルカラーの中でも最も外側に飛び出た色が，純色とよばれる色である．実際のオプティマルカラーの形状は図 3.7 の破線で示されるような対称形をしていないが，ここでは模式的に描いた．オプティマルカラーを CIEXYZ 色空間で表現したものを**ルーター・ニベルグ** (Luther-Nyberg) **の色立体**とよぶ．

オストワルト表色系の考え方を引き継ぎ，CIEXYZ 表色系の枠組みに適合するようにした表色系が **DIN 表色系**である．これは，3.5.15 項の (3) で取り上げる．

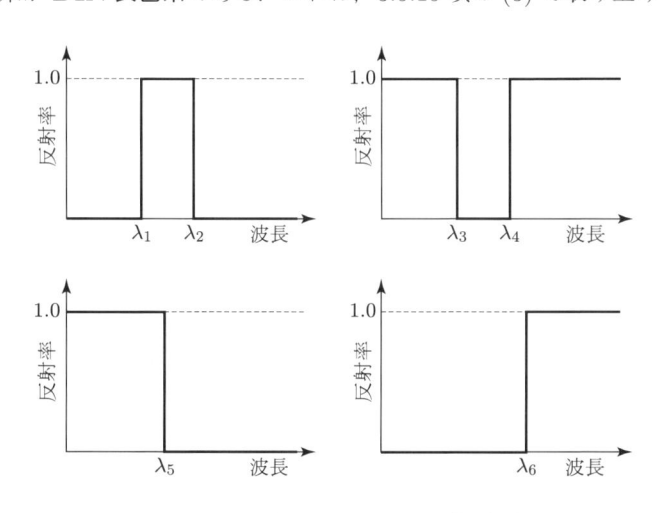

図 3.10 オプティマルカラーの分光反射率

3.5 CIE 表色系 (等色実験にもとづく表色系)

　国際照明委員会 (英 Internatinal Commission on Illumination, 仏 Commission Internationale de l'Éclairage, CIE) では，1931 年に rgb 表色系[*2] と XYZ 表色系という二つの表色系を同時に提案した．実用的な XYZ 表色系と，その理論的・実験的基盤となる rgb 表色系である．それぞれ CIE1931rgb 表色系，CIE1931XYZ 表色系などと書くこともある．CIErgb 表色系や CIEXYZ 表色系は，表色系としては混色系あるいは等色系の表色系に分類される．色覚の三色性，加法混色による等色実験，三刺激値 (三原色の成分量) による 3 次元色ベクトル表示に基礎を置き，光の分光強度分布計測から色を規定する**測色学** (colorimetry) の根幹をなす．

■ 3.5.1 ■ 色覚の三色性 (trichromacy)

　「色の三原色」，「光の三原色」(three primary colors) という言葉は広く知られている．この言葉が指し示す内容は，「三原色を適切な量で混色すれば，すべての色をつくることが可能」である．ではなぜ**原色** (primary color) の数が 2 でもなく 4 でもなく 3 なのだろうか．2.3 節で説明したように，色覚は網膜の三つの錐体の反応にもとづくからである．三つの錐体の反応が等しければ色は等しく，逆に人間が見る色のバリエーションは三つの錐体反応の組み合わせのバリエーションに対応する．よって，三つの原色で必要十分なのである．

　混色には 2 通りの方法がある．**加法混色** (additive color mixture) と**減法混色** (subtractive color mixture) である．CIE 表色系には加法混色による**等色実験** (color matching experiment) が土台となっているが，以下，加法混色だけでなく減法混色についても紹介する．

　カラープリンタでは，シアン (C, 青緑)，マゼンタ (M, 赤紫)，イエロー (Y, 黄) のインクやトナーが使われているように，三原色は赤，緑，青に限定されるわけではない．三つの色が独立でありさえすればよく，任意の三原色が可能である．「独立」とは「残りの二つの原色の混色によりつくることができない」ことである．ただし，原色によって作り出せる色の数が異なるため，より多くの色を作り出せる三原色が選択されるのである．その組み合わせとして，加法混色では赤，緑，青，減法混色ではシアン (青緑)，マゼンタ (赤紫)，イエロー (黄) が選ばれている．この理屈は，CIE 表色系を十分に理解していれば容易に理解できる．CIE 表色系を学んだ後に 3.5.15 項の (2) であらためて取り上げる．

[*2] ディスプレイの RGB は，一般に機種，メーカーによってさまざまで，CIErgb 表色系の RGB と同一ではない．

■ 3.5.2 ■ 混　色
（1） 加法混色

加法混色は，異なる色の光を空間的に同じ位置に重ねることで起こる混色である．このとき混色されてできる色はもとの色よりも明るい．図 3.11(a) に赤，緑，青の光が一部重なって照射されている状況を示す．光が当たっていない領域は，黒となる．赤と緑が重なる領域は，黄で，赤と緑よりも明るい．同様に紫は赤と青の加法混色，青緑は緑と青の加法混色であり，もとの原色より明るい．中央では三原色すべてが重なるため最も明るい白となる．三原色の量 (光強度) を変えれば重なる領域の色はさまざまに変わる．

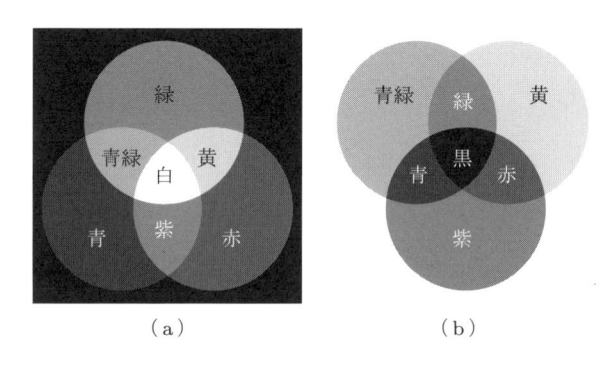

図 3.11　加法混色 (a) と減法混色 (b) ➡ 口絵 16

　実際に光を重ねなくとも加法混色は可能である．たとえば，図 3.8 のように色円盤を高速で回転すれば，人間の時間分解能以上に短い時間で三色が目に入るため，視覚系の中で三つの色が混ざる．**継時加法混色**ともよばれる．このとき円盤上の扇型の面積を変えれば，三原色の比率が調節できる．ただし，全体量 (この場合は面積) が一定なので作られる色の明るさには制限がある．

　カラーテレビやコンピュータモニタの代表的な表示デバイスである CRT (ブラウン管，cathord ray tube)，液晶ディスプレイ，プラズマディスプレイのすべてに加法混色の原理が利用されている．図 3.12 の CRT 画面の拡大図でわかるように，三原色が規則正しく並べられている．これらの色の配置が視覚系の空間解像度以上に細かいため，分解できず視覚系内部で混ざる．これも加法混色である．**併置加法混色**とよばれる

　CRT では，電子銃で電子を 3 種の蛍光体に照射して色を生成し，これらを加法混色することで色を作り出す．液晶ディスプレイでは，カラーフィルタを備えた液晶パネルにより，バックライトの放射する白色光の中から特定の波長成分の光を透過させる．

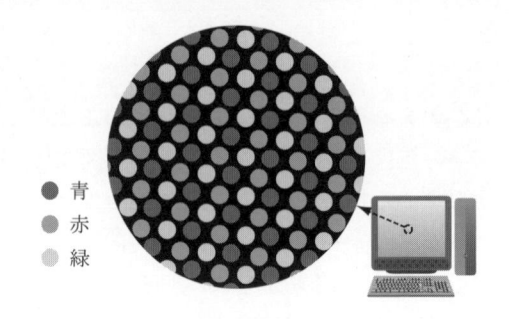

図 3.12 ディスプレイにおける併置加法混色

これら透過光の強度を調整し，さらに加法混色することによりさまざまな色を呈示する．プラズマディスプレイでは，ガスの放電による紫外光放射が3種の蛍光体に入射して，赤，緑，青の色が発せられる．放電の強度を電圧で調整することで3種の蛍光体の出力を調整し，さまざまな色を表現する．カラー画像出力装置については 6.2 節参照．

（２）減法混色

減法混色は絵画やカラー写真，印刷，カラープリンタ，塗装などで用いられる混色原理である．色フィルタを通して見られる色のように，透過性の色を考えるとわかりやすい．図 3.11(b) はシアン，マゼンタ，イエローの三つの色フィルタを一部重ねて置いた状況を模している．イエローとシアンのフィルタが重なる領域の緑はイエローとシアンの2枚のフィルタを透過するため，イエローとシアンよりも多少暗い．イエローとマゼンタの重なった赤，シアンとマゼンタが重なった青も同様に暗い．中央の領域は三つのフィルタを透過するため最も暗く，黒で表現されている．どのフィルタも置かれていない場所は，光が減っていないため白である．

透過率は 1.0 を越えることがないため，多くのフィルタを透過すればするほど，つまり色を重ねるほど暗くなる．フィルタが透過前の光からある特定の波長の光のみ吸収し，その残りの光を透過させることで生じる色であり，色を濃くするためにはより多くの光を吸収しなければならない．つまり，色を強めるためには光(色)を引き算しなければならないのである．これが減法混色とよばれる理由である．しかし，実際の計算は 1.0 以下である透過率の掛け算であり，加法混色のように単純ではない．

写真や絵画では，減法混色の原理にもとづいて色が作られる．網点印刷では図 3.13 に示すように加法混色と減法混色の両者を用いる．すなわち，網点が実際に重なっている部分では減法混色が，重なっていない領域は網点が十分細かいため加法混色が起こっており，複雑な方式で色が作られていることがわかる．

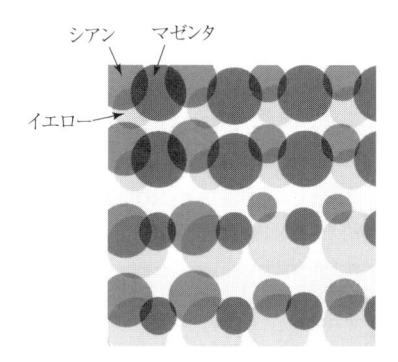

図 3.13　印刷における加法混色と減法混色　➡ 口絵 17

■ 3.5.3 ■　等色実験

加法混色による**等色実験** (color matching experiment) の様子を図 3.14 に示す．このような**心理物理学実験** (psychophysical experiment) では，実験に参加する観察者のことを**被験者** (subject) とよぶ．また，被験者に与えられるものを**刺激** (stimulus) とよぶ．たとえば，視覚の実験では光や色，形などが刺激となり，聴覚の実験では音が刺激となる．以後，等色実験では**原色**でなく**原刺激** (primary stimulus) とよぶ．

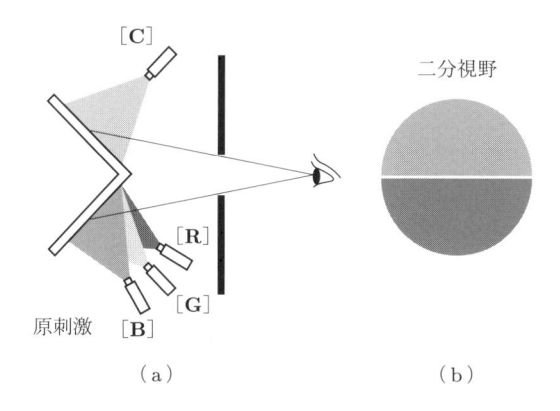

図 3.14　加法混色による等色実験

視野の大きさは，通常 2°(度) または 10°である．網膜上にできる像の大きさが重要なので，刺激の大きさは，通常 cm や m ではなく，**視角** (visual angle) で表す．単位は rad (ラジアン) よりも deg(°，度) を使用することが多い．図 3.15(a) にあるように小さくても近くに，大きくても遠くにあれば網膜像の大きさが等しくなることがある．また，図 3.15(b) では同じ大きさの物体も距離によって網膜像の大きさが異なることを示している．したがって，網膜上での刺激の大きさを表現するには視角が適当であ

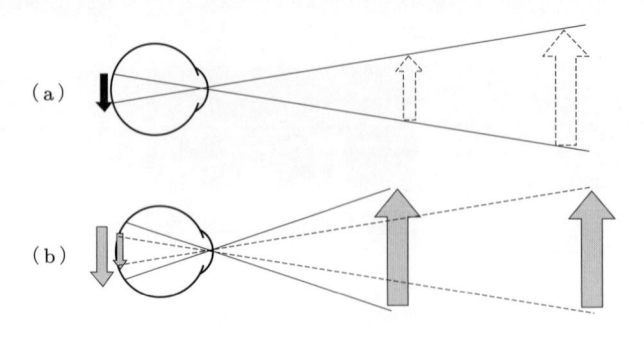

図 3.15 刺激の大きさと視角

る．もちろん，実際の大きさと距離を cm や m で規定することもある．

　二つの隣接する領域に色を呈示する．これを**二分視野** (bipartite) とよぶ．図 3.14 では上半分に色刺激 [**C**] を，下半分には三つの原刺激 [**R**], [**G**], [**B**] を重ねて呈示する．観察者は，これら原刺激の強さあるいは光量を調節して，上半分の色に等色する．このとき成立する等色式を次に示す．

$$C\,[\mathbf{C}] = R\,[\mathbf{R}] + G\,[\mathbf{G}] + B\,[\mathbf{B}] \tag{3.1}$$

　左辺は上半分の視野を表し，[**C**] という色刺激が C という量だけあることを示す．つまり，[**C**] は刺激の種類を表し，C はその分量を表す (ただし，その単位は次項で定義する)．同様に右辺は下視野の状態を表している．それぞれ原刺激 [**R**], [**G**], [**B**] の量が，R, G, B となる．記号 + は加法混色されることを，記号 = は等色，つまり等しい色になっていることを表現する．

■ 3.5.4 ■ 三刺激値と色ベクトル

　等色式 (3.1) における原刺激の量 R, G, B を**三刺激値** (tristimulus values) とよぶ．この三刺激値を各成分とする 3 次元ベクトル (R, G, B) を用いて色を記述する．それぞれの原刺激の色ベクトルの方向を軸とする直交座標系により，3 次元色空間が定義され，すべての色はその 3 次元色空間内の色ベクトルで表現できる (図 3.16)．

　色空間の軸の単位 (三刺激値) は，輝度や放射輝度でも原理的には問題ない．しかし実用上不都合が生じるため，新たに定義する．加法混色して白色を作っている状況では，三つの原刺激の色の強さは等しく釣り合っていると考えてもよいだろう．したがって，この状態のそれぞれの原刺激の輝度値を基準にして正規化すればよい．ここで用いられる白色刺激のことを**基礎刺激** (basic stimulus) とよび，通常は**等エネルギー白色** (equal energy white) を用いる．等エネルギー白色とは，すべての波長でエ

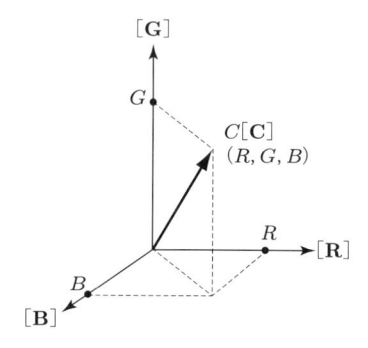

3.5 CIE 表色系 (等色実験にもとづく表色系)

図 3.16 等色実験の三刺激値による 3 次元の色ベクトル表示

ネルギーが等しくなるような白色のことである．この基礎刺激に等色するとき，つまり白色となるときの原刺激の輝度値 l_R, l_G, l_B を**明度係数** (luminous units) とよぶ．それぞれの原刺激の輝度値 L_R, L_G, L_B をこの明度係数で除した値を三刺激値と定義する．等色式は次式に書き換えられる．

$$R = \frac{L_R}{l_R}, \qquad G = \frac{L_G}{l_G}, \qquad B = \frac{L_B}{l_B}$$
$$C[\mathbf{C}] = \frac{L_R}{l_R}[\mathbf{R}] + \frac{L_G}{l_G}[\mathbf{G}] + \frac{L_B}{l_B}[\mathbf{B}] \tag{3.2}$$

明度係数の具体的な値については，3.5.10 項で紹介する．こうすることにより，等エネルギー白色の三刺激値は $R = G = B$ となり，その色ベクトルは $[\mathbf{R}]$ 軸，$[\mathbf{G}]$ 軸，$[\mathbf{B}]$ 軸のどれからも等距離な方向を向く．

■ 3.5.5 ■ 色の等価性法則

刺激の分光強度分布が異なっていても，色の見え方が同じであれば，等色や混色においてはまったく同一の働きをする．これは非常に重要な法則で，**色の等価性法則** (equivalence law) とよばれる．具体的には以下の規則が成立する．

- 等色における**加法則** (additivity law)

$$\begin{cases} [\mathbf{A}] = [\mathbf{B}] \\ [\mathbf{C}] = [\mathbf{D}] \end{cases} \Rightarrow \quad [\mathbf{A}] + [\mathbf{C}] = [\mathbf{B}] + [\mathbf{D}] \tag{3.3}$$

$$\begin{cases} [\mathbf{A}] = [\mathbf{B}] \\ [\mathbf{C}] = [\mathbf{D}] \end{cases} \Rightarrow \quad [\mathbf{A}] - [\mathbf{C}] = [\mathbf{B}] - [\mathbf{D}] \tag{3.4}$$

- 等色における**比例則** (proportionality law)

$$[\mathbf{A}] = [\mathbf{B}] \quad \Rightarrow \quad n[\mathbf{A}] = n[\mathbf{B}] \tag{3.5}$$

- **等色における置換則** (transitivity law)

$$\begin{cases} [\mathbf{A}] = [\mathbf{C}] \\ [\mathbf{B}] = [\mathbf{C}] \end{cases} \Rightarrow \quad [\mathbf{A}] = [\mathbf{B}] \tag{3.6}$$

式 (3.4) において負の符号が用いられているが，これは減法混色を表現しているのではなく，反対側の視野に色を加法混色することを示す．つまり，$-[\mathbf{C}]$ はもう片方の視野に $[\mathbf{C}]$ を加えていることを意味する．たとえば，高彩度のシアン (青緑) は，原刺激 $[\mathbf{R}]$，$[\mathbf{G}]$，$[\mathbf{B}]$ をどのように加法混色しても等色できない．その場合はシアンに原刺激 $[\mathbf{R}]$ を加法混色して彩度を緩和しておき，その色に対して原刺激 $[\mathbf{G}]$ と $[\mathbf{B}]$ を用いて等色する．その状況が次式 (3.7) 中の，負の $[\mathbf{R}]$ の項で表現される．

$$\begin{aligned} C[\mathbf{C}] + R[\mathbf{R}] &= \quad\quad\quad G[\mathbf{G}] + B[\mathbf{B}] \\ C[\mathbf{C}] &= -R[\mathbf{R}] + G[\mathbf{G}] + B[\mathbf{B}] \end{aligned} \tag{3.7}$$

この負符号の加法混色 (反対側視野への加法混色) を認めることにより，すべての色を三つの原刺激の加法混色により等色することが可能となる (三色性の成立)．

これらの法則は**グラスマンの第三法則** (Grassmann's 3rd law) とよばれる．ちなみに，**グラスマンの第一法則**は色覚の三色性のことであり，**第二法則**は原刺激の光量を連続的に変えたときに加法混色して得られる色も連続的に変化するというものである．**第四法則**は，加法混色で得られる色の明るさはそれぞれの明るさの総和に等しいという，明るさの加法則のことである．

■ 3.5.6 ■ 完全等色と条件等色

当然だが，色刺激の分光強度分布が等しければ等色する．これを**完全等色** (isomeric color match) とよぶ (図 3.17(a))．

一方，色刺激の分光強度分布が等しくなくても，三つの錐体の反応が等しければ等色する．これは**条件等色** (metameric color match) とよばれ，色覚の三色性に他ならない (図 3.17(b))．覚えておく必要があるのは「条件等色は観察者に依存する」ということである．たとえば，観察者 A にとって条件等色している色の対でも，錐体の分光感度が異なる観察者 B にとっては等色しない可能性がある．さらに，同一観察者であっても環境の変化により順応状態が変わると等色が成立しないこともある．

しかし，この条件等色があるからこそ，カラーディスプレイなどの色再現デバイスが成立するのである．たとえば，ディスプレイ上に，実物の「赤いバラ」とまったく同じ色を再現することが可能であるが，分光強度分布は等しくはない．つまり，ディスプレイ上ではすべて条件等色で実物の色を再現しているのである．したがって，厳

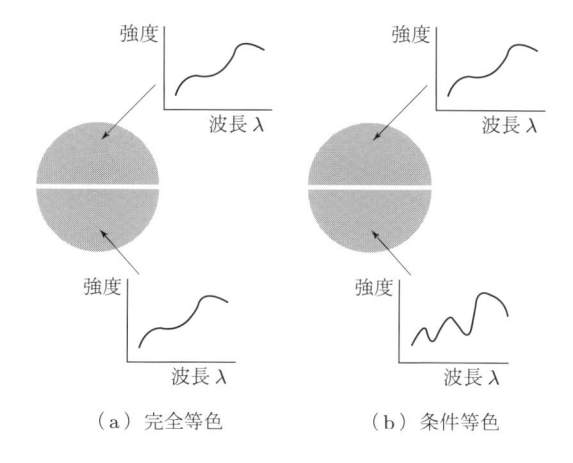

3.5 CIE 表色系 (等色実験にもとづく表色系)

(a) 完全等色   (b) 条件等色

図 3.17 完全等色と条件等色

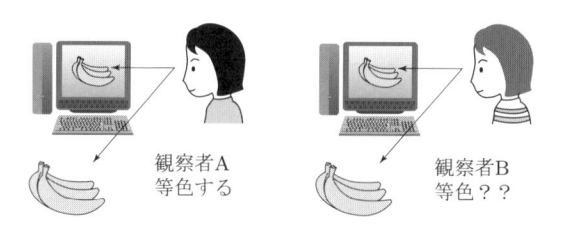

図 3.18 カラーディスプレイによる条件等式

密にいえば，観察者が異なれば等色が成立したり崩れたりするのである (図3.18)．さらに測定器で測定した値が等しくても，厳密な意味で，観察者にとって等しく見えていることを保証しない．

■ 3.5.7 ■ ベクトル和による加法混色

色を等色実験の三刺激値を成分とする3次元ベクトルで表示し，さらに色の等価性を適用することによりさまざまな恩恵を受けることになる．そのひとつが加法混色の計算であり，もうひとつが単色光への分解と等色関数による測色学の確立である．後者は3.5.9項で説明する．加法混色により作られる色は3次元色ベクトルのベクトル和で求められる．ベクトル和は単純に各成分の和で計算できる (図3.19)．

■ 3.5.8 ■ 色度図・色度座標

一般的に，ベクトルには二つの属性がある．長さと方向である．では，色ベクトルにおける長さと方向は何に対応するのか．

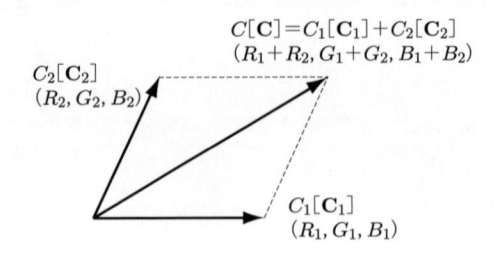

図 3.19 色ベクトルのベクトル和による加法混色

いま，$C_1[\mathbf{C}_1]$という任意の色を考える．この色の三刺激値をそれぞれ2倍にするとどうなるか．当然，明るくなるだろう(ただし，明るさが2倍になるとは限らない)．しかし，原刺激の割合は変わらないため，明るさ以外の色の属性(彩度と色相)は変わらないと予想される．ベクトルも同一方向である．このことから，色ベクトルの長さは明るさや色自体の強さに対応し，色ベクトルの方向は彩度や色相に対応することがわかる(図 3.20)．

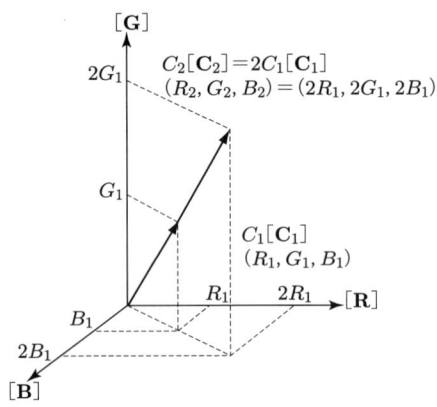

図 3.20 色ベクトルの方向と長さ

色ベクトルの方向のみを表すために，**色度**(chromaticity) r, g, bを次式で定義する．

$$r = \frac{R}{R+G+B}, \quad g = \frac{G}{R+G+B}, \quad b = \frac{B}{R+G+B} \tag{3.8}$$

$$r + g + b = 1 \tag{3.9}$$

方向であるから三刺激値の比でよく，さらに式(3.9)に示すように和が1.0となるようにしたため，2変数あればよい．

rとgを座標として扱うとき rg **色度座標** (chromaticity coordinates) とよび，2次元平面に示した図が rg **色度図** (chromaticity diagram) である．失った次元は明るさ

3.5 CIE 表色系 (等色実験にもとづく表色系)

の情報に対応している．以上を色空間に対応させてみると，色度座標 (r, g, b) は，$(1, 0, 0)$, $(0, 1, 0)$, $(0, 0, 1)$ の 3 点を通る**単位面** (unit plane) と色ベクトルの交点に相当する (図 3.21)．ちなみに，単位面は式 (3.9) で表せる．さらに，この点を RG 平面に投影したのが rg 色度図である．

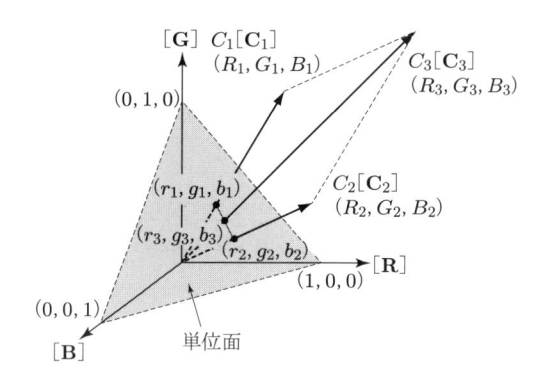

図 3.21 rg 色度座標と加法混色

色度図上で加法混色はどう表されるか．図 3.21 の $C_1[\mathbf{C}_1]$ と $C_2[\mathbf{C}_2]$ を加法混色して作られる色を $C_3[\mathbf{C}_3]$ とすると，それぞれの色度座標 (r_1, g_1), (r_2, g_2), (r_3, g_3) は直線を形成する．つまり，加法混色してできる色の色度座標は，必ず元の色の色度座標を結んだ直線上にのる．これは今後，色度図上で混色を考える際に大きな助けになる．

例題 3.1 rg 色度図上の A〜G の色度座標で与えられる色はどのような色か推測せよ．

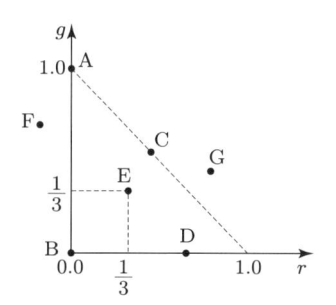

解

A：$(r, g) = (0, 1)$ なので，$b = 0$ となり，原刺激 $[\mathbf{G}]$ の色ベクトルの方向，緑．
B：$(r, g) = (0, 0)$ なので，$b = 1$ となる．原刺激 $[\mathbf{B}]$ の色ベクトルの方向，青．
C：$r + g = 1$ の直線上なので，$b = 0$．原刺激 $[\mathbf{R}]$ と $[\mathbf{G}]$ をほぼ等量混ぜた黄色．
D：$g = 0$ より，$b + r = 1$．原刺激 $[\mathbf{B}]$ と $[\mathbf{R}]$ を混ぜた色，ただし $[\mathbf{R}]$ が多めで赤紫．
E：$(r, g) = (1/3, 1/3)$ より $b = 1/3$．$[\mathbf{R}]$, $[\mathbf{G}]$, $[\mathbf{B}]$ を等量混ぜた無彩色 (白，灰，

黒).
F：$r<0$ より $g+b>1$．[**R**] で打ち消して等色するような高彩度の青緑．
G：$r+g>1$ より $b<0$．[**B**] で打ち消して等色するような高彩度の黄から橙．

三刺激値や色空間の軸の単位は輝度や放射輝度の値そのままではなく，基礎刺激で正規化した値を用いている．ではなぜ輝度や放射輝度ではだめなのか．2.3.6 項の (3) で触れたように，S 錐体からの輝度チャネルへの寄与は非常に小さいか，あるいはまったくない．また，ディスプレイで白を表示しているときの緑原色は非常に明るく，青原色は非常に暗い．このことを色空間で考えると，もし輝度を軸の単位にとった場合，白や灰などの無彩色を表す色ベクトルは，ほとんど B 成分をもたず，RG 平面上に近い方向を向いたベクトルとなる．つまり，無彩色の色ベクトルが色空間のかなり端に位置してしまうのである．ところがマンセル表色系がそうであるように，無彩色はどの色相ももたないため，色空間の中央にあったほうが直感的に理解しやすい．そこで無彩色が [**R**] 軸，[**G**] 軸，[**B**] 軸のどれからも等距離となる，中央方向の色ベクトルとなるように軸の単位を定めたのである．rg 色度図上では，$(r, g) = (1/3, 1/3)$ に相当する．

■ 3.5.9 ■ 等色関数

測色学 (colorimetry) を確立するには，物理的な測定で色を評価する方法が必要となる．光源あるいは物体からの光の分光強度分布が測定可能な物理量である．この分光強度分布から三刺激値をどう求めるか．そのために必要となるのが**等色関数**である．色刺激 [**C**] が図 3.22 に示すように $a(\lambda)$ の分光強度分布を有するとき，各単色光の強度はその幅を $\Delta\lambda$ として，$a(\lambda)\Delta\lambda$ と表せる．このとき，各単色光の単位強度あたり

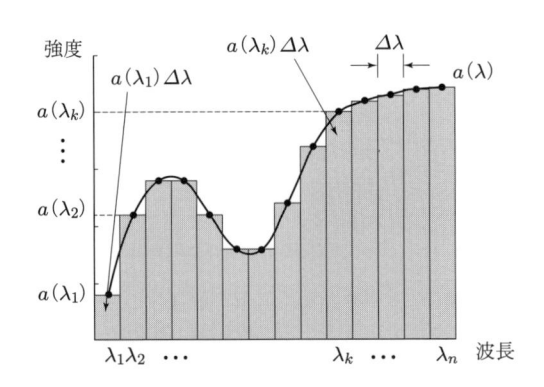

図 3.22 分光強度分布と単色光への分解

の色 $[\mathbf{C}_k]$ が既知であれば，色刺激 $[\mathbf{C}]$ を単色光の色 $[\mathbf{C}_k]$ に分解することができる．

$$[\mathbf{C}] = a(\lambda_1)\Delta\lambda[\mathbf{C}_1] + a(\lambda_2)\Delta\lambda[\mathbf{C}_2] + \cdots + a(\lambda_n)\Delta\lambda[\mathbf{C}_n]$$
$$= \sum_{k=1}^{n} a(\lambda_k)\Delta\lambda[\mathbf{C}_k] \tag{3.10}$$

さらに，単色光 $[\mathbf{C}_k]$ の三刺激値が既知であれば，色刺激 $[\mathbf{C}]$ の三刺激値 (R, G, B) は単色光の三刺激値の線形和で表すことができる．

$$\begin{pmatrix} R \\ G \\ B \end{pmatrix} = a(\lambda_1)\Delta\lambda \begin{pmatrix} \bar{r}(\lambda_1) \\ \bar{g}(\lambda_1) \\ \bar{b}(\lambda_1) \end{pmatrix} + a(\lambda_2)\Delta\lambda \begin{pmatrix} \bar{r}(\lambda_2) \\ \bar{g}(\lambda_2) \\ \bar{b}(\lambda_2) \end{pmatrix} + \cdots + a(\lambda_n)\Delta\lambda \begin{pmatrix} \bar{r}(\lambda_n) \\ \bar{g}(\lambda_n) \\ \bar{b}(\lambda_n) \end{pmatrix}$$

$$= \sum_{k=1}^{n} a(\lambda_k)\Delta\lambda \begin{pmatrix} \bar{r}(\lambda_k) \\ \bar{g}(\lambda_k) \\ \bar{b}(\lambda_k) \end{pmatrix}$$

$$= \begin{pmatrix} \sum_{k=1}^{n} a(\lambda_k)\bar{r}(\lambda_k)\Delta\lambda \\ \sum_{k=1}^{n} a(\lambda_k)\bar{g}(\lambda_k)\Delta\lambda \\ \sum_{k=1}^{n} a(\lambda_k)\bar{b}(\lambda_k)\Delta\lambda \end{pmatrix} \xrightarrow{\Delta\lambda \to 0} \begin{pmatrix} \int a(\lambda)\bar{r}(\lambda)d\lambda \\ \int a(\lambda)\bar{g}(\lambda)d\lambda \\ \int a(\lambda)\bar{b}(\lambda)d\lambda \end{pmatrix} \tag{3.11}$$

この単色光の三刺激値 $\bar{r}(\lambda)$，$\bar{g}(\lambda)$，$\bar{b}(\lambda)$ を**等色関数** (color matching functions) とよぶ．図3.14の上半分に単色光を呈示して等色実験を行い，そのときの三刺激値が等色関数となる．

■ 3.5.10 ■ CIE1931rgb 表色系

CIErgb 表色系では，原刺激 $[\mathbf{R}]$ として 700 nm の単色光，$[\mathbf{G}]$ として 546.1 nm の単色光，$[\mathbf{B}]$ として 435.8 nm の単色光を採用した．さらに三刺激値の単位を決めるための基礎刺激を，等エネルギー白色とした．その結果，明度係数 l_r，l_g，l_b が次式の通りに決まる．

$$l_r : l_g : l_b = 1 : 4.5907 : 0.0601 \tag{3.12}$$

CIErgb 表色系では，等色関数を求めるため，図3.14の上半分の視野に単色光を呈示して等色実験を行っているが，視野の大きさは 2° である．図3.23に等色関数のグラフを示す．また，巻末の付表1に等色関数を 5 nm 間隔で示す．

等色関数も明度係数も，複数の被験者の実際の実験結果をもとにして**標準観測者**

(standard observer) という平均的な観測者を想定し，その標準観測者に対するデータとして設定されている．2°視野で実験を行っているので，2°視野標準観測者ともよばれる．等色関数のデータをもとに単色光の色度座標を求め，rg 色度図上に示すと図 3.24 となる．W_E は等エネルギー白色の色度座標 (1/3, 1/3) である．**単色光の色度座標の軌跡をスペクトル軌跡** (spectral loci) とよぶ．図中の 3 桁の数値は単色光の波長 [nm] である．スペクトル軌跡 $(r(\lambda), g(\lambda), b(\lambda))$ は等色関数を用いて次式で求まる．

$$r(\lambda) = \frac{\bar{r}(\lambda)}{\bar{r}(\lambda) + \bar{g}(\lambda) + \bar{b}(\lambda)}$$
$$g(\lambda) = \frac{\bar{g}(\lambda)}{\bar{r}(\lambda) + \bar{g}(\lambda) + \bar{b}(\lambda)} \quad (3.13)$$
$$b(\lambda) = \frac{\bar{b}(\lambda)}{\bar{r}(\lambda) + \bar{g}(\lambda) + \bar{b}(\lambda)} = 1 - r(\lambda) - g(\lambda)$$

図 3.23 を見てわかるように，原刺激の波長ではそれ以外の等色関数はゼロになる．また，数箇所で負の値になっており，反対側の視野に原刺激を混ぜて等色しなければならないことを示している．その波長領域は，図 3.24 の rg 色度図で第二象限と第四象限にはみ出したスペクトル軌跡に対応する．

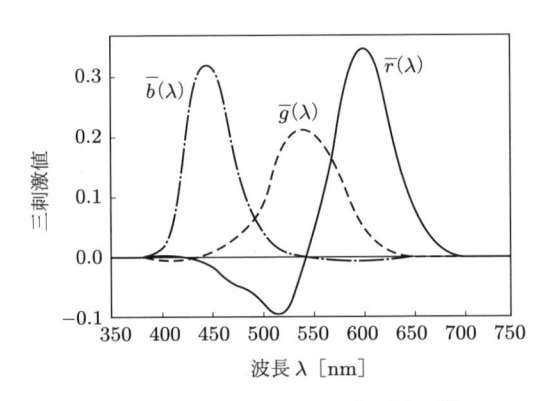

図 3.23 CIE1931rgb 表色系の等色関数

二つの色を加法混色したときにできる色の色度座標は，もとの二つの色の色度座標を結んだ直線上にのる (図 3.21)．三つの色を加法混色するとき，生じる色の色度座標は 3 点を結んだ三角形の内側のどこかに位置する．4 色の加法混色であれば 4 点の色度座標を結ぶ四角形内のどれかの色が生じる．これを拡張すれば，n 個の色をさまざまな強度で加法混色してできる色は n 個の色の色度座標を結んでできる n 角形の内部に限定される．すべての色は単色光に分解できる，つまりどの色も単色光の加法混色により作られていると考えてよい．したがって，存在する色はスペクトル軌跡と赤紫

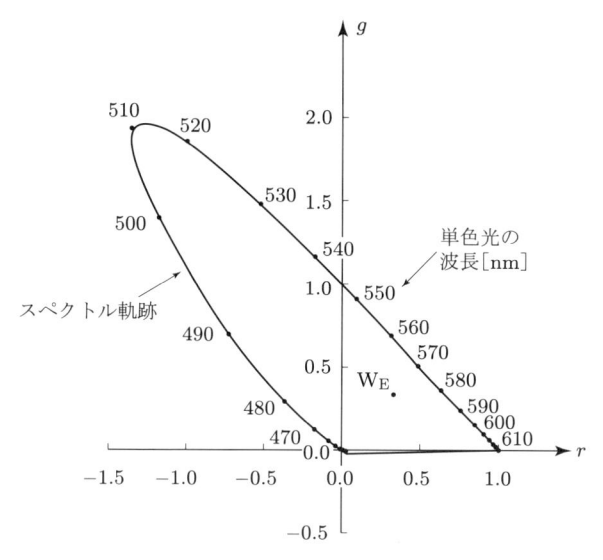

図 3.24　CIE1931rg 色度図

線によって囲まれる領域の内側に限定される．

■ 3.5.11 ■　CIE1931XYZ 表色系

CIErgb 表色系には実用上の問題点があった．その問題を回避すべく CIEXYZ 表色系が提案されたのである．CIErgb 表色系の問題点は次の 2 点に集約される．

1. 等色関数が負になる，あるいは色度が負になる
2. 測光量 (輝度など) との対応が複雑

(1)　**虚色の導入**

ひとつ目の問題点を解決するには，原刺激を設定しなおせばよい．あたらしい原刺激を $[\mathbf{X}]$, $[\mathbf{Y}]$, $[\mathbf{Z}]$ とし，その成分，つまり新しい三刺激値を (X, Y, Z) とする．存在する色彩のすべてはスペクトル軌跡と赤紫線とで囲まれる領域に限定されるが，この領域が新しい三つの原刺激 $[\mathbf{X}]$, $[\mathbf{Y}]$, $[\mathbf{Z}]$ の色度座標を結んでできる三角形の中に収まるようにすればよい．3 次元色空間では，原刺激 $[\mathbf{R}]$, $[\mathbf{G}]$, $[\mathbf{B}]$ の軸 (CIErgb 表色系の) の外側に新しい軸を設定することに相当する．スペクトル軌跡で囲まれる領域の外に位置するということは，原刺激 $[\mathbf{X}]$, $[\mathbf{Y}]$, $[\mathbf{Z}]$ は実在しない色になってしまう．このような色は**虚色** (imaginary colors) とよばれる．つまり，新しい原刺激 $[\mathbf{X}]$, $[\mathbf{Y}]$, $[\mathbf{Z}]$ では等色実験はできない．等色実験にもとづく rgb 表色系のデータを理論的に変換して表色系を定義することになる．具体的には，rgb 表色系の等色関数 $\bar{r}(\lambda)$, $\bar{g}(\lambda)$, $\bar{b}(\lambda)$ を用いて，新たな XYZ 表色系の等色関数 $\bar{x}(\lambda)$, $\bar{y}(\lambda)$, $\bar{z}(\lambda)$ を定義すれば，

原刺激 [**X**], [**Y**], [**Z**] が定義されることになる.

(2) 無輝面上の原刺激

　もうひとつの問題点は測光量との対応である. rgb 表色系の三刺激値 (R, G, B) は輝度値そのものではなく, 明度係数との輝度比であった (式(3.2)). さらに, 三刺激値のすべてが明るさの情報をもつため, 三刺激値から輝度を求めるためには

$$L = L_r + L_g + L_b = l_r R + l_g G + l_b B \tag{3.14}$$

のように明度係数 l_r, l_g, l_b を用いて計算する必要がある. そこで新しい表色系の三つの等色関数のうちのひとつ $\bar{y}(\lambda)$ を標準分光視感効率 $V(\lambda)$ にしてしまえば,

$$\bar{y}(\lambda) = V(\lambda) \tag{3.15}$$

対応する三刺激値 Y が輝度値として与えられる. そのかわりに残りの三刺激値 X と Z は輝度をもたないことになる. つまり原刺激 [**X**] と [**Z**] は輝度をもたない色になる. 現実の色ではそのようなことは不可能で, どの色も輝度をもつ. ひとつ目の解決策で, 原刺激を虚色に設定したため, 輝度値をもたない色も可能なのである.

　では, 輝度をもたない色はどのような色か. 式(3.14)に明度係数 l_r, l_g, l_b の値 (式(3.12)) を代入して $L = 0$ となる条件を求めると, 次式を得る.

$$0 = R + 4.5907G + 0.0601B \tag{3.16}$$

これは, RGB 空間における輝度をもたない色の集合, つまり**無輝面** (non-luminous plane) を与える. さらに, 式(3.16) に $R + G + B = 1$ を代入し, (R, G, B) を (r, g, b) で書き換えると, rg 色度図上での無輝面を与える**アリクネ** (alycne) とよばれる直線の式

$$0 = 0.9399r + 4.5306g + 0.0601 \tag{3.17}$$

を得る. この直線上に, 新しい原刺激 [**X**] と [**Z**] をとることになる.

(3) 等色関数 $\bar{x}(\lambda), \bar{y}(\lambda), \bar{z}(\lambda)$

　原刺激 [**X**] と [**Z**] がアリクネ上にあり, かつ [**X**], [**Y**], [**Z**] の囲む三角形ができるだけ無駄なく小さく, 実在する色彩領域を囲うように原刺激 [**X**], [**Y**], [**Z**] を決定した (図 3.25). とくに図 3.25 の rg 色度図で原刺激 [**X**] と [**Z**] を結ぶ直線はアリクネである.

　あたらしい原刺激 [**X**], [**Y**], [**Z**] の色度座標 (r, g, b) を次式に示す.

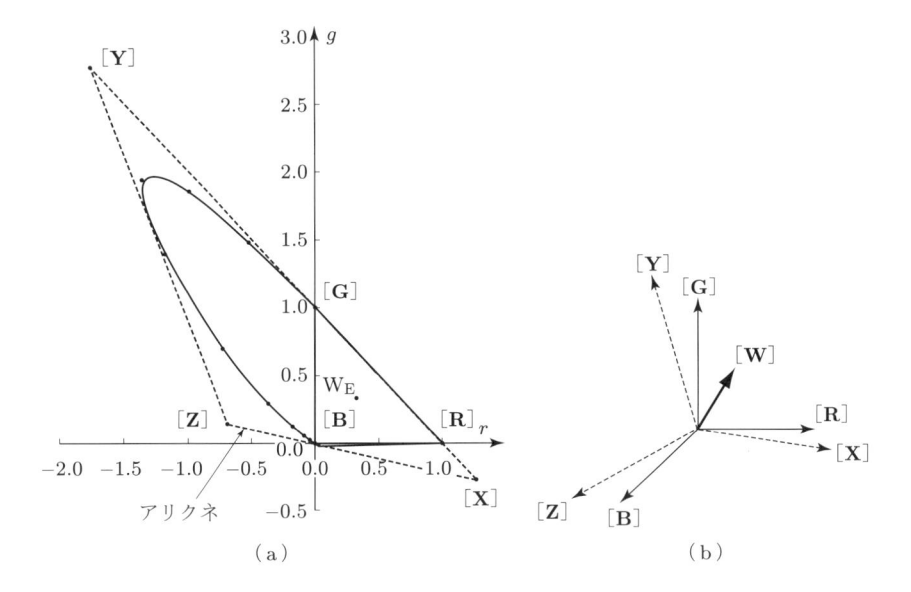

3.5 CIE 表色系 (等色実験にもとづく表色系)

図 3.25 XYZ 表色系の原刺激 (a) と軸の設定 (b)

$$\begin{cases} [\mathbf{X}] : (1.2750, \quad -0.2778, \quad 0.0028) \\ [\mathbf{Y}] : (-1.7392, \quad 2.7671, \quad -0.0279) \\ [\mathbf{Z}] : (-0.7431, \quad 0.1409, \quad 1.6022) \end{cases} \tag{3.18}$$

これらの座標が変換後に $[\mathbf{X}]$ 軸上,$[\mathbf{Y}]$ 軸上,$[\mathbf{Z}]$ 軸上に位置すること,等エネルギー白色の方向が $[\mathbf{X}]$ 軸,$[\mathbf{Y}]$ 軸,$[\mathbf{Z}]$ 軸から等距離の中央方向を向く (色度座標が $(1/3, 1/3)$ の位置を保つ) こと,$\bar{y}(\lambda) = V(\lambda)$ となること,以上の条件を満たすような三刺激値 (R, G, B) から (X, Y, Z) への変換行列を求めると次式のようになる.

$$\begin{pmatrix} X \\ Y \\ Z \end{pmatrix} = \begin{pmatrix} 2.76883 & 1.75171 & 1.13014 \\ 1.00000 & 4.59061 & 0.06007 \\ 0.00000 & 0.05651 & 5.59417 \end{pmatrix} \begin{pmatrix} R \\ G \\ B \end{pmatrix} \tag{3.19}$$

色度座標 (r, g, b) から (x, y, z) への変換式を次式に示す.

$$\begin{cases} x = \dfrac{2.76883\,r + 1.75171\,g + 1.13014\,b}{3.76883\,r + 6.39882\,g + 6.78437\,b} \\ y = \dfrac{1.00000\,r + 4.59061\,g + 0.06007\,b}{3.76883\,r + 6.39882\,g + 6.78437\,b} \\ z = \dfrac{0.00000\,r + 0.05651\,g + 5.59417\,b}{3.76883\,r + 6.39882\,g + 6.78437\,b} \end{cases} \tag{3.20}$$

スペクトル軌跡の色度座標 $(r(\lambda), g(\lambda), b(\lambda))$ から式 (3.20) を用いて色度座標 $(x(\lambda), y(\lambda), z(\lambda))$ を得る．これらのスペクトル軌跡の色度座標と $\bar{y}(\lambda) = V(\lambda)$ により等色関数 $\bar{x}(\lambda), \bar{y}(\lambda), \bar{z}(\lambda)$ が次式のように定義される．

$$\begin{cases} \bar{x}(\lambda) = \dfrac{x(\lambda)}{y(\lambda)} V(\lambda) \\ \bar{y}(\lambda) = V(\lambda) \\ \bar{z}(\lambda) = \dfrac{z(\lambda)}{y(\lambda)} V(\lambda) \end{cases} \qquad (3.21)$$

等色関数 $\bar{r}(\lambda), \bar{g}(\lambda), \bar{b}(\lambda)$ から式 (3.19) を用いて等色関数 $\bar{x}(\lambda), \bar{y}(\lambda), \bar{z}(\lambda)$ を求めても同じものが得られる．

得られた等色関数を図 3.26 に示す．また，5 nm 間隔のデータを巻末の付表 2 に示す．いずれもすべての波長において負の値をとることはなくなった．これらは rgb 表色系の等色関数も 2°視野の標準観測者のものであったため，その変換で得られた CIE1931XYZ 表色系の等色関数 $\bar{x}(\lambda), \bar{y}(\lambda), \bar{z}(\lambda)$ は同様に 2°視野標準観測者の等色関数と称される．

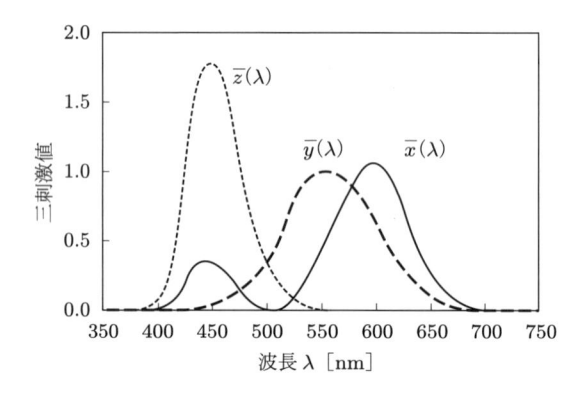

図 3.26 CIE1931XYZ 表色系の等色関数

変換後の XYZ 表色系の 3 次元色空間と xy 色度図を図 3.27 に示す．図 3.25 と比べてわかるように，[**X**] 軸，[**Y**] 軸，[**Z**] 軸が直交する 3 次元空間では [**R**], [**G**], [**B**] がいずれも内側に位置している．さらに，スペクトル軌跡で囲まれた実在色の領域が xy 色度図の第一象限に収まっている．ただし，等エネルギー白色 W_E の xy 色度座標は rg 色度座標同様に，$(1/3, 1/3)$ になっていることに注意されたい．

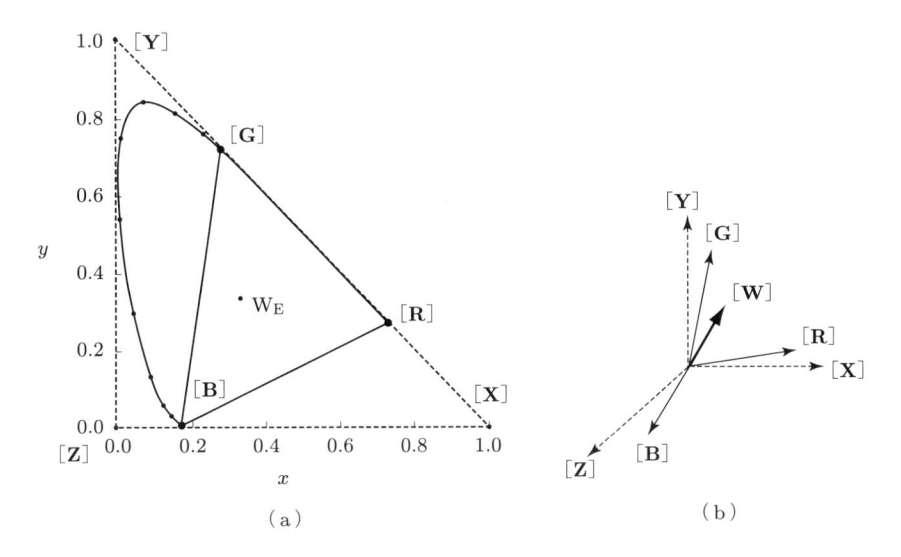

図 3.27　CIE1931XYZ 表色系の xy 色度図 (a) と 3 次元色空間 (b)

■ 3.5.12 ■ CIE1964$X_{10}Y_{10}Z_{10}$ 表色系

CIE は，1964 年にもうひとつの XYZ 表色系を提案した．CIE1931XYZ 表色系の等色関数は，2°視野に対するものであった．2°という大きさの視角は，おおよそ腕をのばしたときの親指の爪ほどの大きさである．この大きさの視野を採用したのは，二つの理由がある．ひとつは桿体の影響を避けるため，桿体が分布しない中心窩 (約 5°) の中にするため．もうひとつは中心窩を覆っている**黄斑色素** (macular pigment, 2.3.4 項の (2)) の影響を避けるためである．視野を大きくすると黄斑色素がかかっている領域とそうでない領域ができ，色がむらになり，実験が難しくなるからである．

しかし，日常出会う色の大きさは 2°より大きいため，大きな色を扱うための体系が必要になった．そこで 10°視野の等色実験を行い，新たな等色関数を得た．それらを $\bar{x}_{10}(\lambda)$, $\bar{y}_{10}(\lambda)$, $\bar{z}_{10}(\lambda)$ と記し，CIE1931XYZ 表色系の等色関数と区別する (図 3.28, 付表 3)．さらに 10°視野の等色関数から計算される三刺激値を (X_{10}, Y_{10}, Z_{10})，色度座標を (x_{10}, y_{10}) とし，2°視野の三刺激値 (X, Y, Z) や色度座標 (x, y) と区別する．使い分けの目安は 4°で，対象の大きさがそれ以下なら CIE1931XYZ 表色系を，それ以上なら CIE1964$X_{10}Y_{10}Z_{10}$ 表色系を使うようにと，CIE は勧めている．図 3.29 にスペクトル軌跡を示す．ただし，10°視野の標準視感効率がなく，三刺激値 Y_{10} が測光値の輝度に対応していないため，使うときは注意が必要である．10°視野の表色系の場合は必ず 10 の添字を付けることとし，添字もなくとくに断りがない場合は 2°視野の表色系とする．

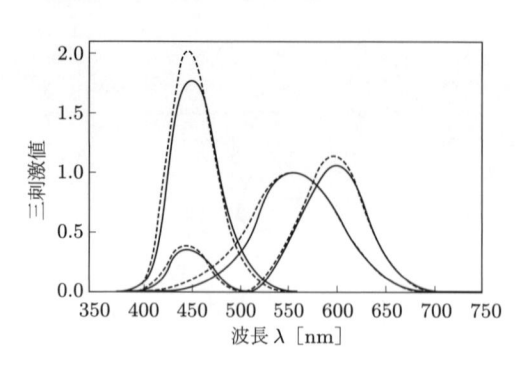

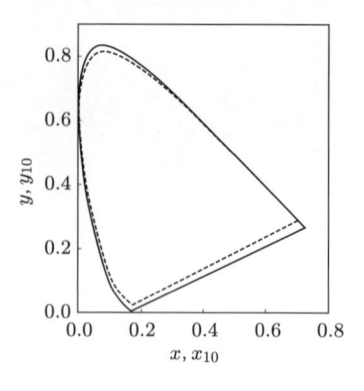

図 3.28 2°視野 (実線) と 10°視野 (破線) の等色関数

図 3.29 2°視野 (実線) と 10°視野 (破線) のスペクトル軌跡

3.5.13 XYZ 表色系の特徴

rgb 表色系の性質は，ほとんど XYZ 表色系に継承される．図 3.16 と図 3.19〜3.21 において，すべて RGB から XYZ に置き換えて考えればよい．

色は三刺激値 (X, Y, Z) を成分とする 3 次元色ベクトルで表現される．加法混色はベクトル和で求められ，単純に成分どうしの足し算で計算できる．たとえば，(X_1, Y_1, Z_1) と (X_2, Y_2, Z_2) の加法混色により (X_3, Y_3, Z_3) が作られるとき次式が成り立つ．

$$\begin{pmatrix} X_3 \\ Y_3 \\ Z_3 \end{pmatrix} = \begin{pmatrix} X_1 + X_2 \\ Y_1 + Y_2 \\ Z_1 + Z_2 \end{pmatrix} \tag{3.22}$$

色ベクトルの方向は，明るさ以外の色相や彩度の情報をもつ．ただし，明るさはベクトルの長さではなく三刺激値 Y によって表される．色ベクトルの方向つまり色相や彩度の情報を表現するために xy 色度座標が次の 2 式により定義される．

$$x = \frac{X}{X + Y + Z},$$
$$y = \frac{Y}{X + Y + Z},$$
$$z = \frac{Z}{X + Y + Z} \tag{3.23}$$
$$x + y + z = 1 \tag{3.24}$$

逆に，xy 色度座標と輝度 L から三刺激値 (X, Y, Z) を求めるには，次式を用いる．

$$\begin{cases} X = \dfrac{x}{y}L \\ Y = L \\ Z = \dfrac{z}{y}L = \dfrac{1-x-y}{y}L \end{cases} \quad (3.25)$$

例題 3.2 三刺激値が (12, 42, 30) である色と (20, 12, 6) である色を加法混色して得られる色の三刺激値を求めよ.

解 単純に三刺激値の成分を足し, 次の答を得る.

$$(12+20,\ 42+12,\ 30+6) = (32,\ 54,\ 36)$$

例題 3.3 三刺激値が (22, 42, 36) である色の色度座標 (x, y) を求めよ.

解 式 (3.23) より, 次の答を得る.

$$\begin{cases} x = \dfrac{22}{22+42+36} = \dfrac{22}{100} = 0.22 \\ y = \dfrac{42}{22+42+36} = \dfrac{42}{100} = 0.42 \end{cases}$$

例題 3.4 付表 2 の等色関数 $\bar{x}(\lambda), \bar{y}(\lambda), \bar{z}(\lambda)$ からスペクトル軌跡の色度座標 $(x(\lambda), y(\lambda))$ を計算せよ.

解 式 (3.23) 中の (X, Y, Z) の代わりに $(\bar{x}(\lambda), \bar{y}(\lambda), \bar{z}(\lambda))$ を代入して以下の色を得る. 色に付表 2 の値を入れて計算すればよい.

$$\begin{cases} x(\lambda) = \dfrac{\bar{x}(\lambda)}{\bar{x}(\lambda) + \bar{y}(\lambda) + \bar{z}(\lambda)} \\ y(\lambda) = \dfrac{\bar{y}(\lambda)}{\bar{x}(\lambda) + \bar{y}(\lambda) + \bar{z}(\lambda)} \end{cases}$$

さらに色度座標は単位面 $(x+y+z=1)$ と色ベクトルとの交点であり, 二つの色を加法混色して得られる色の色度は混色する前の二つの色の色度を結ぶ直線上に位置する (図 3.30). この考えを拡張すれば, 実在する色は単色光に分解でき, それら単色光の色度つまりスペクトル軌跡で囲まれる領域に限定されることが理解できる (図 3.27).

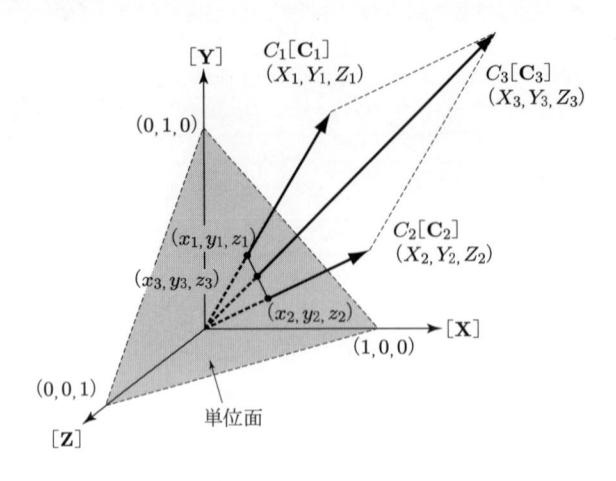

図 3.30 xy 色度座標と加法混色

例題 3.5 色度座標 (x, y) が $(0.15, 0.35)$,輝度が $56\ \mathrm{cd/m^2}$ であるとき,この色の三刺激値を求めよ.

解 式 (3.25) より,次の答えを得る.

$$\begin{cases} X = \dfrac{0.15}{0.35} \cdot 56 = 24 \\ Y = 56 \\ Z = \dfrac{1 - 0.15 - 0.35}{0.35} \cdot 56 = \dfrac{0.50}{0.35} \cdot 56 = 80 \end{cases}$$

例題 3.6 CRT ディスプレイの三つの蛍光体の色度座標が,それぞれ $(0.65, 0.30)$,$(0.30, 0.65)$,$(0.20, 0.15)$ であるとき,RGB 蛍光体の輝度を,それぞれ $18\ \mathrm{cd/m^2}$,$13\ \mathrm{cd/m^2}$,$9\ \mathrm{cd/m^2}$ に設定したとき,表示される色の輝度 $[\mathrm{cd/m^2}]$ と色度座標 (x, y) を求めよ.

解 求める色の三刺激値 (X, Y, Z) を計算すると,

$$\begin{pmatrix} X \\ Y \\ Z \end{pmatrix} = \begin{pmatrix} X_R \\ Y_R \\ Z_R \end{pmatrix} + \begin{pmatrix} X_G \\ Y_G \\ Z_G \end{pmatrix} + \begin{pmatrix} X_B \\ Y_B \\ Z_B \end{pmatrix}$$

$$= \begin{pmatrix} \dfrac{x_R}{y_R} Y_R + \dfrac{x_G}{y_G} Y_G + \dfrac{x_B}{y_B} Y_B \\ Y_R + Y_G + Y_B \\ \dfrac{1 - x_R - y_R}{y_R} Y_R + \dfrac{1 - x_G - y_G}{y_G} Y_G + \dfrac{1 - x_B - y_B}{y_B} Y_B \end{pmatrix}$$

$$= \begin{pmatrix} \frac{0.65}{0.30} \cdot 18 + \frac{0.30}{0.65} \cdot 13 + \frac{0.20}{0.15} \cdot 9 \\ 18 + 13 + 9 \\ \frac{0.05}{0.30} \cdot 18 + \frac{0.05}{0.65} \cdot 13 + \frac{0.65}{0.15} \cdot 9 \end{pmatrix} = \begin{pmatrix} 57 \\ 40 \\ 43 \end{pmatrix}$$

さらに得られた三刺激値 (X, Y, Z) から色度座標 (x, y) を得る.

$$\begin{cases} x = \dfrac{57}{57+40+43} = \dfrac{57}{140} = 0.4071\cdots \\ y = \dfrac{40}{57+40+43} = \dfrac{40}{140} = 0.2857\cdots \end{cases}$$

したがって輝度 40 cd/m², 色度座標は (0.407, 0.286) となる.

■ 3.5.14 ■ XYZ 表色系の計算

測定可能な分光データから XYZ 三刺激値, xy 色度を計算する方法を紹介する. すでに理論的土台は rgb 表色系で説明した. 計算方法もほぼ同じであるが, 唯一の違いは測光量との対応ができたことである. 以下, 三刺激値 Y を輝度に対応させる場合とルミナンスファクター (上限 100 %, 反射率に対応) にする場合の 2 通りの方法を紹介する.

(1) 三刺激値 Y を輝度 L [cd/m²] にとる場合

分光放射輝度から三刺激値を計算する式を次に示す.

$$\begin{aligned} X &= K \int_\lambda L_e(\lambda) \bar{x}(\lambda) d\lambda = K \sum_n L_e(\lambda_n) \bar{x}(\lambda_n) \Delta\lambda \\ Y &= K \int_\lambda L_e(\lambda) \bar{y}(\lambda) d\lambda = K \sum_n L_e(\lambda_n) \bar{y}(\lambda_n) \Delta\lambda \\ Z &= K \int_\lambda L_e(\lambda) \bar{z}(\lambda) d\lambda = K \sum_n L_e(\lambda_n) \bar{z}(\lambda_n) \Delta\lambda \end{aligned} \tag{3.26}$$

ただし, 係数 K は最大視感効率 K_m より, 次式で与えられる.

$$K = K_m = 683 \text{ lm/W} \tag{3.27}$$

rgb 表色系式 (3.11) との違いは係数がついたことである. $L_e(\lambda)$ は分光放射輝度であり, 単位は W/sr·m²·nm である. 放射量と測光量の項で説明した, 放射輝度から輝度への変換式を次に示す.

$$L[\text{cd/m}^2] = K_m \int_\lambda L_e(\lambda) V(\lambda) d\lambda = K_m \sum_n L_e(\lambda_n) V(\lambda_n) \Delta\lambda \tag{3.28}$$

これを式 (3.26) と比較すればわかるように，三刺激値 Y は輝度 L と同一である．三刺激値 Y を輝度 L とする方法は，物体色，光源色の両方に適用できる．同様に分光放射輝度の代わりに分光放射照度 [W/m²·nm] を用いれば三刺激値 Y は照度 [lx = lm/m²] となり，分光放射束 [W/nm] を用いれば三刺激値 Y は光束 [lm] となる．

例題 3.7 ある表面からの分光放射輝度が 0.001 W/sr·m²·nm で一定となる場合，輝度 Y [cd/m²] と色度座標 (x, y) を求めよ．計算には付表 2 の等色関数を用いよ．

解 式 (3.26) に $L_e(\lambda) = 0.001$ W/sr·m²·nm と $\Delta\lambda = 5$ nm, 式 (3.27) の $K_m = 683$ lm/W を代入すると，たとえば三刺激値 Y として，

$$Y = 683 \sum_n 0.001 \cdot 5 \cdot \bar{y}(\lambda_n) = 683 \cdot 0.001 \cdot 5 \sum_n \bar{y}(\lambda_n) = 72.98\cdots$$

を得る．同様に

$$X = 72.98\cdots, \qquad Z = 72.98\cdots$$

となり，式 (3.23) から $(x, y) = (0.333, 0.333)$ を得る．いわゆる等エネルギー白色である．輝度は 73.0 cd/m².

（2）三刺激値 Y をルミナンスファクターにとる場合

ルミナンスファクターは物体表面の明度や反射率に対応し，**完全拡散反射面** (perfect reflecting diffuser) の Y 値を上限の 100 とするように定義する．

$$X = K \int_\lambda S(\lambda)\rho(\lambda)\bar{x}(\lambda)d\lambda = K \sum_n S(\lambda_n)\rho(\lambda_n)\bar{x}(\lambda_n)\Delta\lambda$$

$$Y = K \int_\lambda S(\lambda)\rho(\lambda)\bar{y}(\lambda)d\lambda = K \sum_n S(\lambda_n)\rho(\lambda_n)\bar{y}(\lambda_n)\Delta\lambda \qquad (3.29)$$

$$Z = K \int_\lambda S(\lambda)\rho(\lambda)\bar{z}(\lambda)d\lambda = K \sum_n S(\lambda_n)\rho(\lambda_n)\bar{z}(\lambda_n)\Delta\lambda$$

計算式では $L_e(\lambda)$ の代わりに光源の分光強度 $S(\lambda)$ と分光反射率 $\rho(\lambda)$ の積を用いる．この場合，光源の分光強度 $S(\lambda)$ は分光放射輝度や分光放射束の相対値でよい．係数 K は次式で与えられる．

$$K = \frac{100}{\int_\lambda S(\lambda)\bar{y}(\lambda)d\lambda} = \frac{100}{\sum_n S(\lambda_n)\bar{y}(\lambda_n)\Delta\lambda} \qquad (3.30)$$

これは，すべての波長で $\rho(\lambda) = 1.0$ となる完全拡散反射面の Y が 100 となることから導かれる．こちらは物体色にのみ適用される．

例題 3.8
分光反射率が 450〜550 nm で 1.0, それ以外の波長では 0.0 となる表面に CIE 標準光源 A を照射したときのルミナンスファクター Y と色度座標 (x, y) を求めよ. 計算には付表 2 の等色関数と付表 4 の光源のデータを用いよ.

解 $\Delta\lambda = 5$ nm で一定なので式 (3.29), 式 (3.30) の計算から Σ の外に出せて, 分母分子で約分されるため, 計算から省略できる. 計算過程を以下の表に示す. 最右列は式 (3.30) の分母の計算であり,

$$K = \frac{100}{2157.90}$$

を与える. その K の値を用いて (X, Y, Z) が次のように求まる.

$$X = K \cdot 213.585 = 9.898, \quad Y = K \cdot 696.193 = 32.262, \quad Z = K \cdot 530.940 = 24.604$$

さらに, 式 (3.23) を用いて色度座標 (x, y) が求まる.

答えは $Y = 32.3, \quad (x, y) = (0.148, 0.483)$.

λ[nm]	$\overline{x}(\lambda)$	$\overline{y}(\lambda)$	$\overline{z}(\lambda)$	$S(\lambda)$	$\rho(\lambda)$	$S\rho\overline{x}$	$S\rho\overline{y}$	$S\rho\overline{z}$	$S\overline{y}$
380	0.0014	0.0000	0.0065	9.80	0.0	0.000	0.000	0.000	0.000
385	0.0022	0.0001	0.0105	10.90	0.0	0.000	0.000	0.000	0.001
390	0.0042	0.0001	0.0201	12.09	0.0	0.000	0.000	0.000	0.001
395	0.0077	0.0002	0.0362	13.35	0.0	0.000	0.000	0.000	0.003
400	0.0143	0.0004	0.0679	14.71	0.0	0.000	0.000	0.000	0.006
405	0.0232	0.0006	0.1102	16.15	0.0	0.000	0.000	0.000	0.010
⋮									
445	0.3481	0.0298	1.7826	30.85	0.0	0.000	0.000	0.000	0.919
450	0.3362	0.0380	1.7721	33.09	1.0	11.123	1.257	58.632	1.257
455	0.3187	0.0480	1.7441	35.41	1.0	11.284	1.700	61.753	1.700
460	0.2908	0.0600	1.6692	37.81	1.0	10.996	2.269	63.116	2.269
465	0.2511	0.0739	1.5281	40.30	1.0	10.119	2.978	61.583	2.978
470	0.1954	0.0910	1.2876	42.87	1.0	8.375	3.900	55.200	3.900
475	0.1421	0.1126	1.0419	45.52	1.0	6.468	5.125	47.425	5.125
480	0.0956	0.1390	0.8130	48.24	1.0	4.614	6.707	39.219	6.707
485	0.0580	0.1693	0.6162	51.04	1.0	2.958	8.641	31.452	8.641
⋮									
765	0.0001	0.0000	0.0000	234.59	0.0	0.000	0.000	0.000	0.010
770	0.0001	0.0000	0.0000	237.01	0.0	0.000	0.000	0.000	0.007
775	0.0001	0.0000	0.0000	239.37	0.0	0.000	0.000	0.000	0.005
780	0.0000	0.0000	0.0000	241.68	0.0	0.000	0.000	0.000	0.004
						$\sum S\rho\overline{x}$	$\sum S\rho\overline{y}$	$\sum S\rho\overline{z}$	$\sum S\overline{y}$
						213.585	696.193	530.940	2157.90
						X	Y	Z	
						9.898	32.262	24.604	
						x	y		
						0.148	0.483		

■ 3.5.15 ■ XYZ表色系の利用

（1） 補色，主波長，純度

　xy色度図上では，加法混色が直線で表される．つまり，二つの色を加法混色してできる色はその2色の色度座標を結ぶ直線上に位置する．とくにこの直線が白色点を通る直線であるとき，この二つの色はたがいに**補色** (complementary color) の関係にあるという．図3.31のC_1とC_2がそれに相当する．いい換えると，適当な割合で加法混色すると白色になるような色の対が補色である．狭義の補色は，このように加法混色で白色を作る色の組み合わせと厳密に定義される．しかし，赤と緑など**反対色**の関係を補色とよんだり，**色残像**で出現する色を補色とよぶ場合もある (広義の補色) ため，文脈に応じて解釈する必要がある．

　さて，図3.31のC_3があるとき，白色W_EとC_3の色度座標を結ぶ直線上の色はどのような色が並ぶだろうか．直線上の色は白色とC_3を加法混色してできる色であり，色相は変化しないと予想される．白色から離れるに従って徐々に彩度を増してC_3の色になるが，色相はC_3のそれと同一である．さらに延長してゆくとスペクトル軌跡にぶつかる．その交点の単色光は同一色相の中で最も彩度の高い色であり，その波長λ_dはC_3の**主波長** (dominant wavelength) とよばれる．主波長は色の色相についての情報を与える．C_4のように延長線が赤紫線にぶつかるときは反対側に延長して補色側の主波長λ_cを得る．この**補色主波長** (complementary dominant wavelength) で色

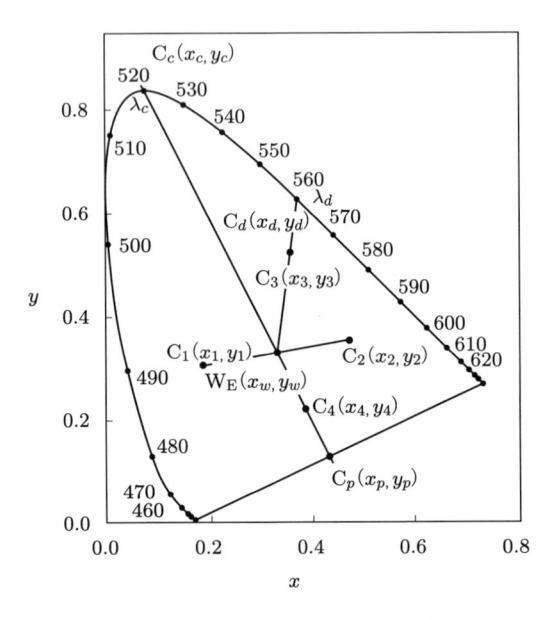

図 3.31　補色，主波長，純度の定義

相を考えることもある．しかし，後に示すようにマンセル表色系の等色相線は xy 色度図上で曲線となり，厳密な意味での色相は直線からずれる (**アブニー効果**).

　主波長を与える単色光は直線上で最も高彩度の色，逆に白色は最も低彩度の色である．よって白色点と単色光を結ぶ直線上の相対的な位置から彩度の情報が得られる．これを**純度** (厳密には**刺激純度**，purity) とよび，C_3 の場合は次式で計算される．

$$p = \frac{x_3 - x_w}{x_d - x_w} = \frac{y_3 - y_w}{y_d - y_w} \tag{3.31}$$

直線上の距離なので，x, y どちらの色度座標成分で計算しても同値となる．しかし，純度は知覚する彩度と完全に一致するわけではない．同一色相内での彩度の情報にはなるが，純度が等しいからといって異なる色相にまたがる色の彩度が等しいとは限らない．

（２） 加法混色・減法混色の原色

　CRT や液晶ディスプレイなどの加法混色による色再現デバイスの原色 (原刺激) は赤 R，緑 G，青 B であり，カラープリンタなど減法混色による色再現デバイスの原色は青緑 (シアン C)，赤紫 (マゼンタ M)，黄 (イエロー Y) である．なぜだろうか．原理的には三つが独立であれば何でもよいはずである．表現できる色のバリエーションつまり**色域** (gamut) をできるだけ広くするように原色が選ばれたのである．

　三つの原色を用いて加法混色する色再現デバイスの色域は，原色の色度座標を頂点とする三角形となる．この三角形がスペクトル軌跡の内側のできるだけ広い範囲をカバーするように頂点を選ぶ．可視光波長域両端の青と赤の二つの単色光，さらに両者から最も遠い 510〜530 nm あたりの緑の単色光になる．しかし，単色光では総エネルギーが少なく暗いため，実用的には明るさを確保するため内側の赤，緑，青を採用する．加法混色でより広い領域をカバーしようとすれば必然的に赤，緑，青の原色になる (図 3.32).

　減法混色はどうか．減法混色では光を引き算することで色を作る．加法混色で白色を作る色の組み合わせが補色であったことを考えると，減法混色で引き算する色とその結果生じる色の関係は補色となることがわかる．たとえば，白から青を引くと黄 Y (イエロー)，赤を引くと青緑 C (シアン)，緑を引くと赤紫 M (マゼンタ) が生じる．つまり，加法混色と同様の赤，緑，青を頂点とする三角形の色域を減法混色で作るためには，その補色の青緑 (シアン)，赤紫 (マゼンタ)，黄 (イエロー) が原色となる (図 3.32).

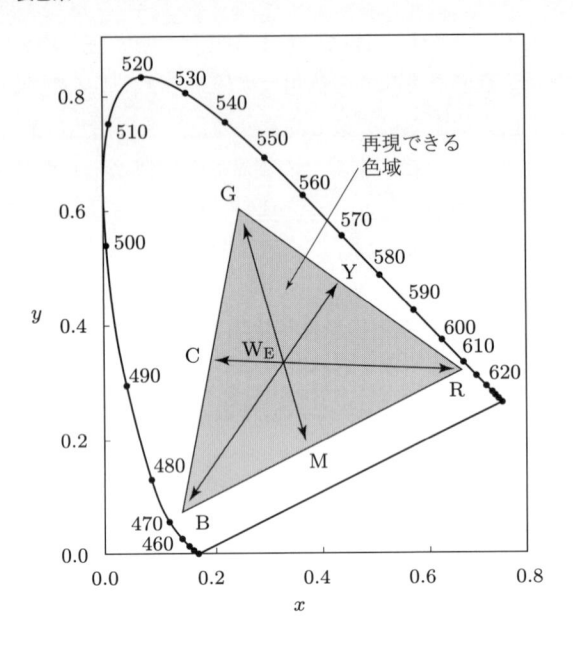

図 3.32 加法混色と減法混色における原刺激 (原色)

(3) DIN 表色系

DIN (Deutsche Industre Norm) 表色系はドイツ工業規格の定める表色系で，色相 T (Farbton)，暗度 D (Dunkelstufe)，彩度 S (Sättigungstufe) とし，$T : D : S$ と表記する．主波長を同じくする色度の集合を等色相線とし，白色点 (CIE 標準光源 C) から放射線状にのびる直線である．色相 T の数字は，黄を $T = 1$ として色度図上を時計回りに知覚的に等しい間隔で割り振られた黄緑の $T = 24$ でまでとする．暗度は次式に示すルミナンスファクター Y の対数関数で定義され，0 から 10 までの値をとる．ただし Y_0 は暗度を求めようとしている色と同じ色度をもつオプティマルカラーのルミナンスファクターである．

$$D = 10 - 6.1723 \log \left(40.7 \frac{Y}{Y_0} + 1 \right) \tag{3.32}$$

色空間は xy 色度図と直交する方向に D の軸をとることで 3 次元色空間が定義される．ある色の彩度 S は，その色から理論的な黒に引いた直線と無彩色軸との角度で定義される．暗度一定の等色相線と等彩度線を xy 色度図上に示す (図 3.33)．

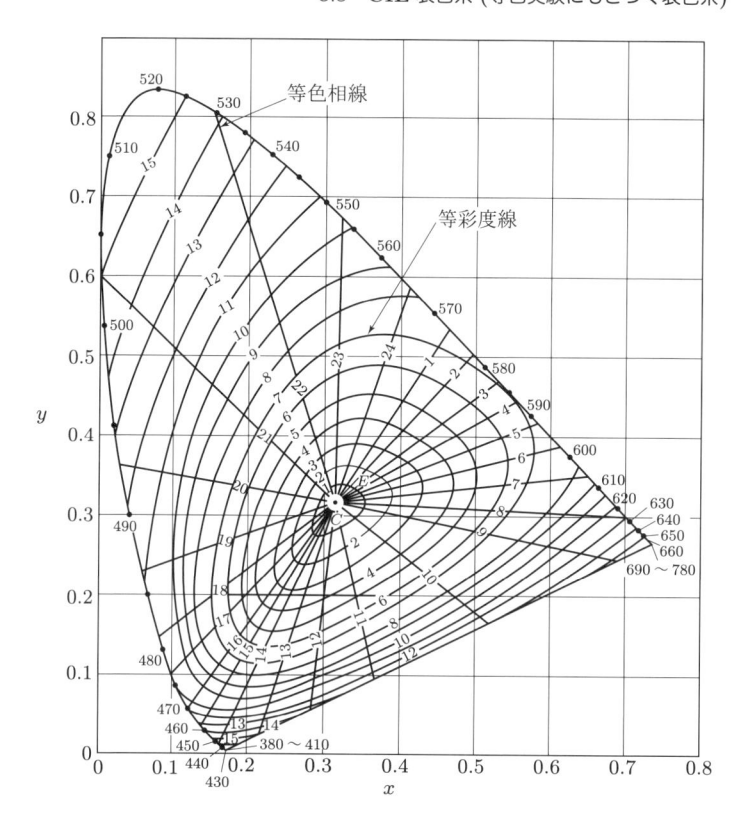

3.5 **CIE 表色系** (等色実験にもとづく表色系)　111

図 3.33　DIN 表色系の等色相線と等彩度線

(4) **色の指定**

JIS が定める光源色の系統色名 (1.3.2 項の (5)) の区分は，xy 色度図上で定義される (図 3.34)．図からわかるように，白色から放射線状に延びる直線と白色を中心とした同心円上の曲線により領域が区分される．それぞれ等色相線と等彩度線にほぼ対応している．

安全色彩も xy 色度図上で定義されている．物体色は標識などに用いられる色である (図 3.35)．光源色は信号灯などの色である (図 3.36)．両者とも，いくつかの色度を端点とする直線とスペクトル軌跡から領域が定義される．とくに，色相方向の限界は白色を中心に放射線状に延びる直線の一部が用いられている．彩度方向は単純化のため曲線とはなっていない．例外は光源色の白の領域であるが，これは光源の色温度を基準に定義するため，**黒体軌跡** (**色温度曲線**，color temperature loci，5.1 節) に沿うように領域が定義されているため曲線となっている．

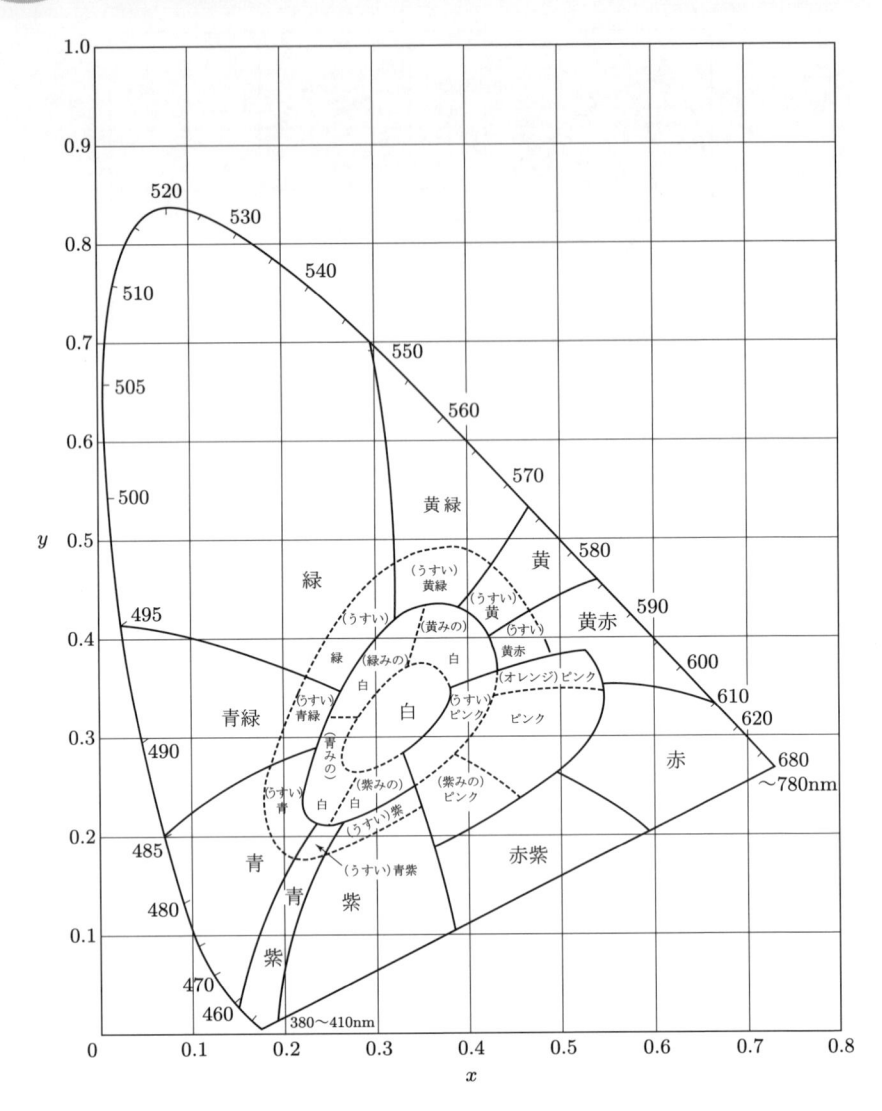

図 3.34 光源色の系統色名の色度区分 (JIS Z8110 光源色の色名)

■ 3.5.16 ■ XYZ 表色系の問題点

　CIEXYZ 表色系は加法混色を扱うのに適する．さらに加法混色の考え方を延長することでおおよその色の見えを推測することも可能である．この点は 3.5.15 項で述べた．しかし，XYZ 表色系は万能ではない．問題点は以下の二つに集約される．

　① 厳密な意味での色の見えを扱うのは不得手である．
　② 感覚的な色の違いや色差を扱うのに適さない．

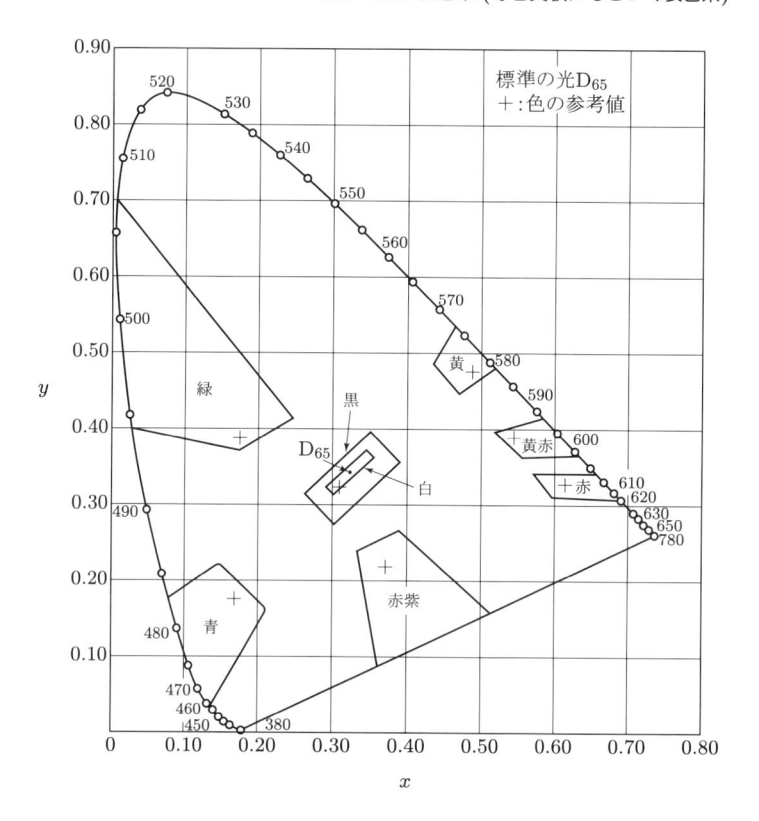

図 3.35 安全色彩の色度領域 (JIS Z9103 物体色)

①の問題点は，顕色系表色系であるマンセル表色系と XYZ 表色系との対応を見るとよくわかる．図 3.37 に，CIE 標準光源 C で照明されたときの，マンセルバリュー $V=5$ と $V=8$ における等ヒュー線 ($H=$ 5R, 5YR, 5Y, 5GY, 5G, 5BG, 5B, 5PB, 5P, 5RP) と等クロマ線 ($C=4, 8$) を xy 色度図上にプロットした．ある有彩色と白色を加法混色してできる色は xy 色度図上で直線となり，その直線上の色の色相は一定と考えられる．しかし，図 3.37 の等ヒュー線は曲線であり，加法混色から予想される色と矛盾する．図 3.34 の色名区分でも色相方向の境界線が曲線であったことも同様の問題点を指摘する．これはアブニー効果 (Abney effect) ともよばれ，最終的な色の見えが錐体反応値の線形関数になっていないことによる現象である．したがって，必ずしも XYZ 表色系の問題ではないのだが，混色から色を推測することの限界が示唆される．xy 色度は色ベクトルの方向を表現しており，明るさ以外の属性つまり色相や彩度を規定するはずである．しかし，マンセルクロマ $C=4, 8$ に対応する二つの同心円は $V=5$ と $V=8$ で大きくずれている．これは色度図上での白色からの

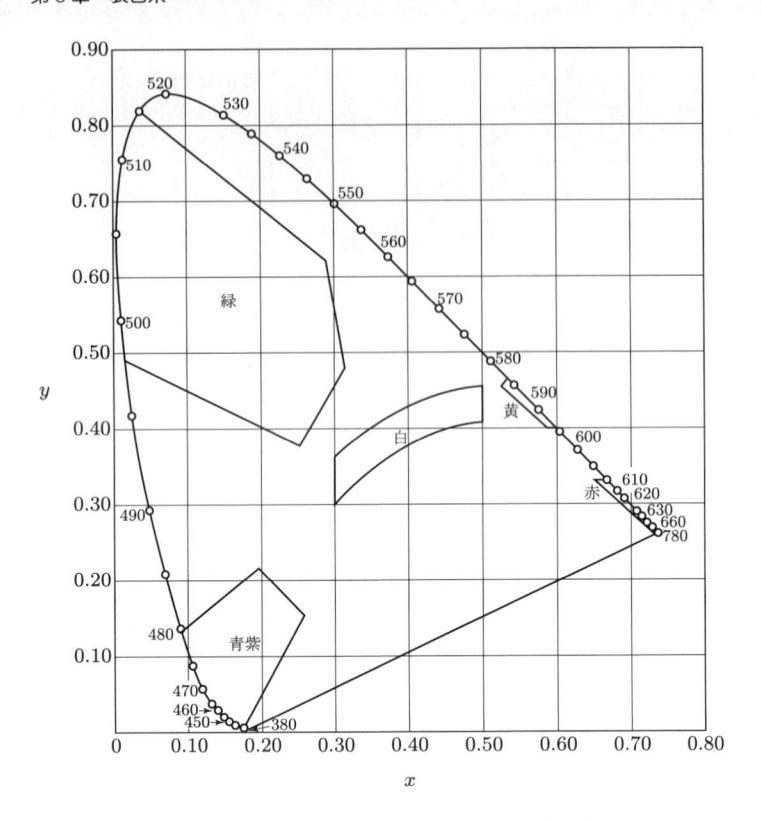

図 3.36 安全色彩の色度領域 (JIS Z9104 光源色)

距離はマンセルクロマに対応するのではなく，むしろ彩度(飽和度)に対応することを示す．XYZ表色系で色の見えを扱う場合には注意が必要である．

二つ目の問題点は図3.37からも示される．マンセル表色系の特徴は各属性の等歩度性にあるが，ヒュー方向にしてもクロマ方向にしても，xy色度図上では等間隔にならない．XYZ表色系では色空間の均等性が保証されないのである．色弁別閾値をXYZ表色系で評価するともっとよくわかる(図3.38，ただし楕円は実際の10倍の大きさ)．**色弁別閾値** (color discrimination threshold)とは二つの色の違いを見分けるために必要な最小の色差のことである．図中の楕円が色弁別閾値を与えるが，拡大図を図3.39に示す．ある色と C_1 を比べたときに，楕円の外の色は C_1 と区別でき，逆に楕円内の色は C_1 と区別がつかないことを示す．楕円になるということは，方向によって色弁別閾値が一定でないことを表し，たとえば図の場合では C_2 方向よりも C_3 方向のほうが，色弁別閾値が小さく変化がわかりやすいことを示す．さらに図3.38の楕円の大きさは一定でなく，色度によって色弁別閾値が異なる．直感的には，二つの色の違い，

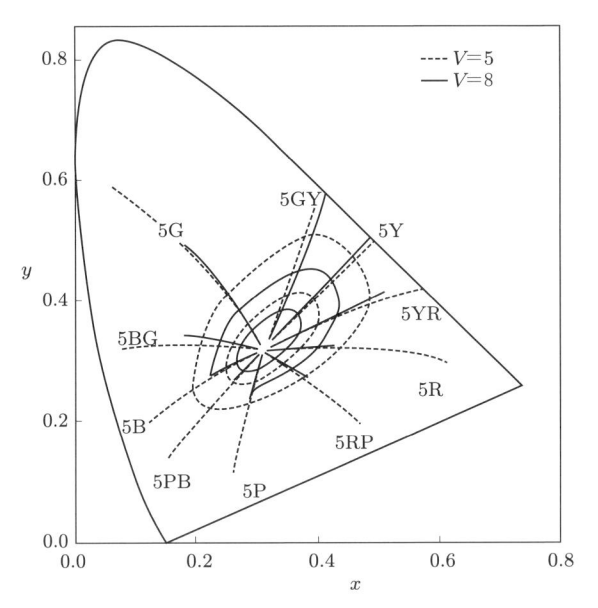

3.5 CIE 表色系 (等色実験にもとづく表色系)

図 3.37 マンセル表色系の等ヒュー線と等クロマ線 (CIE 標準 C 光源下)

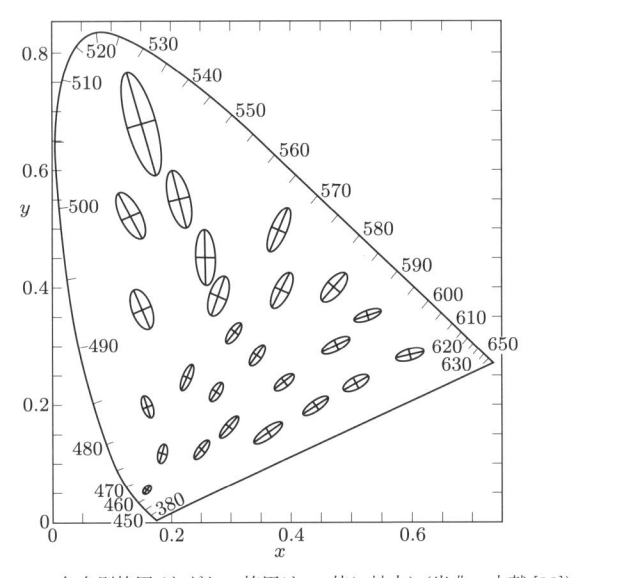

図 3.38 色弁別楕円 (ただし，楕円は 10 倍に拡大) (出典：文献 [33])

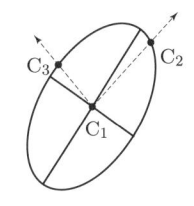

図 3.39 色弁別楕円

つまり色差は，点と点の直線距離で定義できると考えられる．しかし，図 3.38 の例が示すように，色度図上の距離は色差感覚に対応しない．つまり，ある二つの色の色度座標間の距離が同じでも，色度図上の位置によって，また方向によって，異なった色

差となる．このようにXYZ表色系の色空間が均等でないため，色差を評価できない．色差を扱うためには次節で述べる均等色空間が必要となる．

3.6 均等色空間(色差を扱うための表色系)

CIEXYZ表色系では色空間の均等性が保証されておらず，色差を扱うのに適さない．したがって色差を定量的に扱うための表色系が必要となる．これを**均等色空間** (uniform color space) とよび，CIELUV色空間やCIELAB色空間などがある．合わせて，u'v'均等色度図や，明るさの均等尺度である心理計測明度 L^* についても述べる．

■ 3.6.1 ■ CIEuv均等色度図

CIEは1960年に **uv均等色度図** (CIE1960UCS diagram, uniform chromaticity scale diagram) を勧告した．均等色度図では図3.38の色弁別楕円がどれも同じ大きさの真円になることが理想である．色度座標 (x, y) から色度座標 (u, v) への変換は次式の射影変換によってなされるが，変換後も弁別楕円の大きさは完全には一定にならない(図3.40)．

$$u = \frac{4x}{-2x + 12y + 3}, \quad v = \frac{6y}{-2x + 12y + 3} \quad (3.33)$$

現在，均等色度図としてはuv均等色度図はほとんど使われず，次に紹介する u'v' 色度図が使用される．光源の**相関色温度** (correlated color temperature) を決定する際に

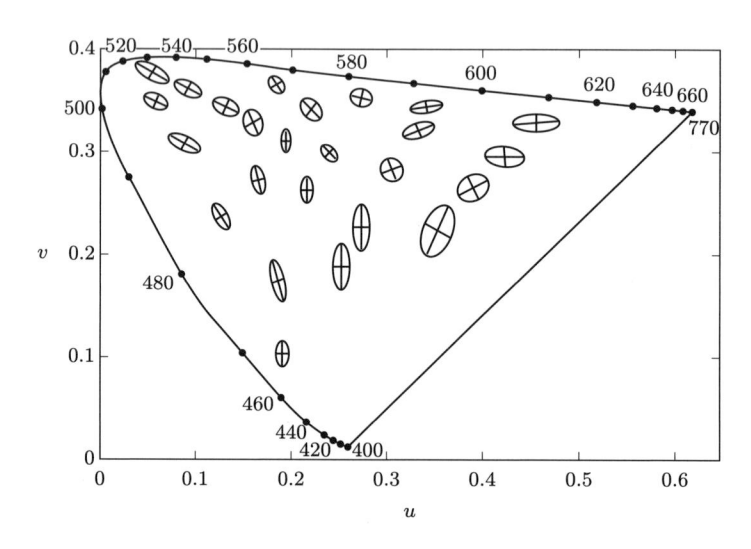

図 3.40 uv色度図上の色弁別楕円

uv色度図を用いるのが唯一の例外である．**色温度曲線**(**黒体軌跡**)上に載らない光源の場合は，uv色度図上でその色度から色温度曲線に垂線を下ろした交点により色温度を決定する(図3.41)．中央の太線が色温度曲線で，その曲線に直交する直線群が相関色温度を与える．ただし，図中では光源の**逆数色温度**(reciprocal color temperature, 10^6/色温度[K])で色温度を表示している．数値が均等に並んでいることからわかるように，色温度自体よりも逆数色温度のほうが感覚的な光源の色変化によく対応している．さらに図には黒体軌跡からの色度差を示すために，色温度曲線に平行する曲線も描かれている．光源の色温度については，5.1.3項において説明する．

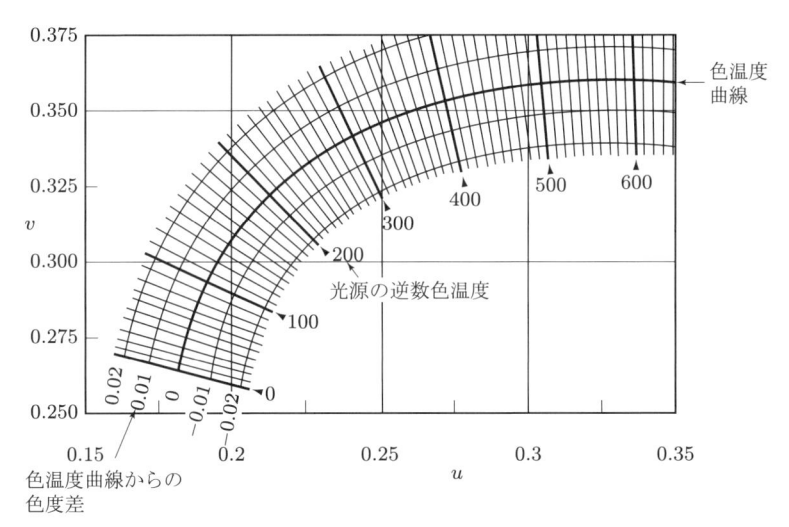

図 3.41 uv色度図における相関色温度の定義

3.6.2 CIE W*U*V*均等色空間

CIEは，1964年に以下に定義する明るさの均等尺度W^*と色度座標(u, v)によって定義されるU^*，V^*による均等色空間を提案した．

$$U^* = 13W^*(u - u_0)$$
$$V^* = 13W^*(v - v_0) \quad (3.34)$$
$$W^* = 25Y^{1/3} - 17$$

ただし，Yはルミナンスファクターで上限が100である．また，(u_0, v_0)は完全拡散反射面などの基準白色面をある照明で照らしたときの色度座標である．したがって，W*U*V*色空間は光源色には適用されない．色差は，次式のように，W*U*V*色空間における2点間のユークリッド距離で計算する．

$$\Delta E = \sqrt{(\Delta W^*)^2 + (\Delta U^*)^2 + (\Delta V^*)^2} \tag{3.35}$$

CIE1964W*U*V*均等色空間も現在ではほとんど使われない．後に CIELUV や CIELAB が勧告されたからである．唯一の例外は**演色評価数**の計算である．演色評価数は CIE1964W*U*V*色空間での色差を用いて計算する．演色評価数については 5.4 節で紹介する．

■ 3.6.3 ■ CIEu′v′ 均等色度図

現在では均等色度図としては **u′v′ 均等色度図**が使われる．xy 色度からの変換を次式に，

$$u' = \frac{4x}{-2x + 12y + 3}, \qquad v' = \frac{9y}{-2x + 12y + 3} \tag{3.36}$$

XYZ 三刺激値からの変換は次式

$$u' = \frac{4X}{X + 15Y + 3Z}, \qquad v' = \frac{9Y}{X + 15Y + 3Z} \tag{3.37}$$

に示す．この色度図は xy 色度図の射影変換であり，直線が直線に変換されるため，引き続き加法混色は直線で表現される．図 3.37 の等マンセルヒュー線と等マンセルクロマ線を u′v′ 色度図上にリプロットした (図 3.42)．等ヒュー線が比較的等間隔角度で並ぶ．等クロマ線も円に近い形状となり，間隔も色相によらずほぼ一定になる．ただ

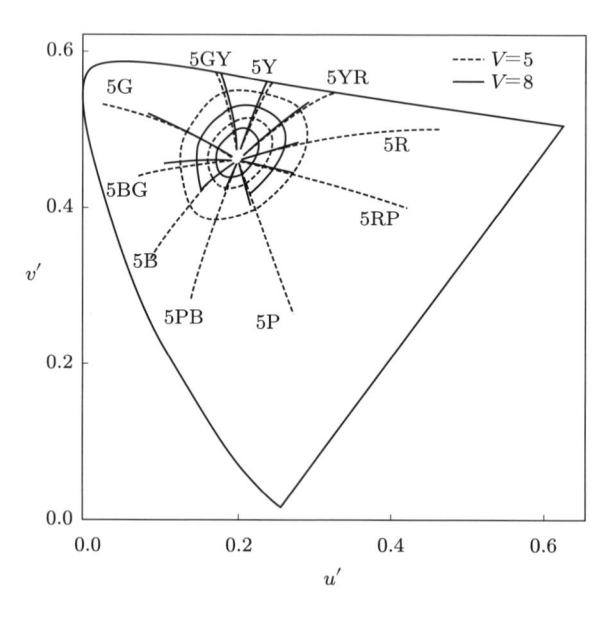

図 3.42 CIEu′v′ 色度図上の等マンセルヒュー線と等マンセルクロマ線

し，$V = 5$ と $V = 8$ の等クロマ線は一致しない．色度図上での白色点からの距離はクロマでなく，彩度 (飽和度) に対応することを示す．

例題 3.9 等エネルギー白色の u′v′ 色度座標を求めよ．

解 等エネルギー白色の xy 色度座標 (1/3, 1/3) を式 (3.36) に代入して，次の答を得る．

$$\left(\frac{4 \cdot 1/3}{-2 \cdot 1/3 + 12 \cdot 1/3 + 3}, \frac{9 \cdot 1/3}{-2 \cdot 1/3 + 12 \cdot 1/3 + 3} \right) \cong (0.211, \quad 0.474)$$

3.6.4 心理計測明度 L^*

3 次元の均等色空間を確立するために，次式で定義する**心理計測明度** (psychometric lightness) L^* を導入する．

$$L^* = \begin{cases} 116 \left(\dfrac{Y}{Y_0} \right)^{1/3} - 16 & \left(\dfrac{Y}{Y_0} > 0.008856 \right) \\ 903.29 \left(\dfrac{Y}{Y_0} \right) & \left(\dfrac{Y}{Y_0} \leq 0.008856 \right) \end{cases} \tag{3.38}$$

一般に，視覚のみならずさまざまな感覚量は，対応する物理量のべき乗で表せる．これを**スチーブンスの法則** (Stevens law) とよぶが，明るさの感覚ではその指数が約 1/3 となる．L^* は上限が 100 でマンセルバリューの 10 倍に対応する．

$$V \cong \frac{L^*}{10} \tag{3.39}$$

また，基準白色面の輝度 (またはルミナンスファクター) Y_0 に対する輝度 (ルミナンスファクター) Y の比は，マンセルバリュー V の 5 次式で近似できる．

$$100 \frac{Y}{Y_0} = 1.2219V - 0.23111V^2 + 0.23951V^3 - 0.021009V^4 + 0.0008404V^5 \tag{3.40}$$

Y と V の関係を実線で，Y と $\dfrac{L^*}{10}$ の関係を破線で図 3.43 に示す．

例題 3.10 マンセル色票 N10 を基準白色とし，そのルミナンスファクター Y_0 を 100 とするとき，マンセル色票 N5 の反射率 (%) を求めよ．

解 N5 色票のマンセルバリューは $V = 5$ なので，式 (3.39) より $L^* = 50$．式 (3.38) より，

$$\frac{Y}{Y_0} = \left(\frac{L^* + 16}{116} \right)^3 = \left(\frac{10V + 16}{116} \right)^3 = \left(\frac{50 + 16}{116} \right)^3 = 0.184$$

を得る．$Y_0 = 100$ を代入して $Y = 18.4$ と求まる．したがって，N5 色票の反射率は 18.4 % となる．

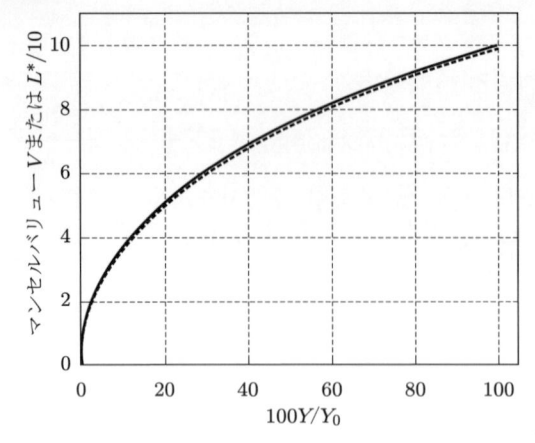

図 3.43　マンセルバリュー V，心理計測明度 L^* と Y の対応関係

3.6.5　CIELUV 均等色空間

　CIELUV 均等色空間は 1976 年に勧告された．成分を (L^*, u^*, v^*) とするため，**CIE1976L*u*v* 均等色空間**とよばれる．上記の CIEu′v′ 均等色度図に，式 (3.38) で定義する心理計測明度 (psychometric lightness) L^* の軸を加え，3 次元の均等色空間を構成する．u^*, v^* については次式によって定義する．

$$\begin{cases} u^* = 13L^*(u' - u'_0) \\ v^* = 13L^*(v' - v'_0) \end{cases} \tag{3.41}$$

ここで，Y_0, u'_0, v'_0 はそれぞれ基準白色面の輝度，色度座標 (u', v') であり，完全拡散反射面を基準白色面とすることが多い．したがって，CIELUV 均等色空間は，通常，物体色のみに適用される．しかし，自発光のディスプレイでも，画面上で最も明るい白を便宜的に基準白色面とするか，任意の白色で正規化することで，適用可能である．CIELUV は基準白色によって値が変わるため，何を基準白色としたかを明示することが必要である．式 (3.41) に L^* がかかっているのは，明るいほど色度差が大きくなることを意味する．

　定義によれば，照明光によらず，基準白色面の (u^*, v^*) はつねに原点 $(0, 0)$ となる．色度図上の原点からの距離により CIE1976uv クロマ C^*_{uv} が定義され，

$$C^*_{uv} = \sqrt{(u^*)^2 + (v^*)^2} = s_{uv} L^* \tag{3.42}$$

さらに C^*_{uv} と L^* の比として CIE1976uv 飽和度 s_{uv} が定義される．

$$s_{uv} = \frac{C^*_{uv}}{L^*} = 13\sqrt{(u' - u'_0)^2 + (v' - v'_0)^2} \tag{3.43}$$

また，円周方向の角度で CIE1976uv 色相角 (hue angle) h_{uv} が定義される．

$$h_{uv} = \tan^{-1}\left(\frac{v^*}{u^*}\right) \tag{3.44}$$

図 3.44 に図 3.37 のリプロットを示すが，$V=5$ と $V=8$ の等クロマ線がほぼ一致する．uv クロマ C_{uv}^* はマンセルクロマとほぼ同じ尺度であることを示す．

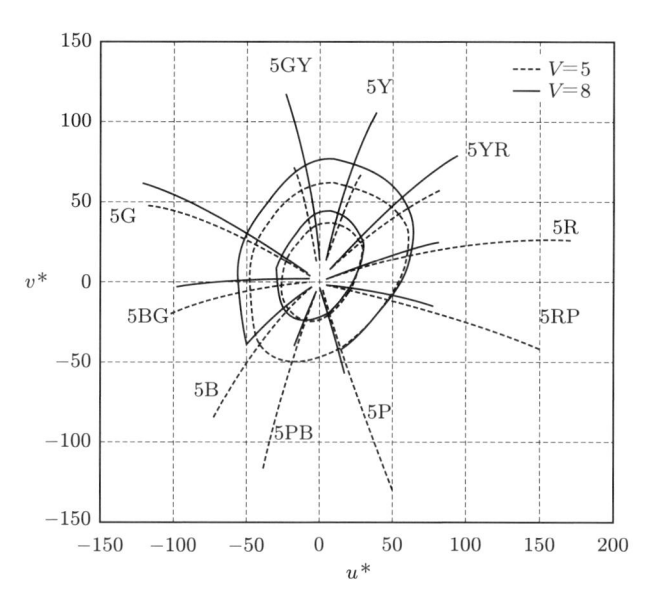

図 3.44 u^*v^* 色度図上の等ヒュー線，等クロマ線

u^*v^* 色度は xy 色度や $u'v'$ 色度と異なり，明るさ軸と独立でない．そのため加法混色が直線で表現されない．加法混色を考える場合は u^*v^* 色度よりも $u'v'$ 色度のほうが適している．

この $L^*u^*v^*$ 色空間のユークリッド距離が色差を与える．色差 ΔE_{uv}^* は，2 点のそれぞれの成分の差を ΔL^*，Δu^*，Δv^* とするとき以下の計算式で与えられる．

$$\Delta E_{uv}^* = \sqrt{(\Delta L^*)^2 + (\Delta u^*)^2 + (\Delta v^*)^2} \tag{3.45}$$

クロマ差 ΔC_{uv}^* と色相差 ΔH_{uv}^* を用いて色差を書き直すと次式になる．

$$\Delta E_{uv}^* = \sqrt{(\Delta L^*)^2 + (\Delta C_{uv}^*)^2 + (\Delta H_{uv}^*)^2} \tag{3.46}$$

ただし，色相差は h_{uv} の差ではなく次式により与えられる．

$$\Delta H_{uv}^* = \sqrt{(\Delta E_{uv}^*)^2 - (\Delta L^*)^2 - (\Delta C_{uv}^*)^2} \tag{3.47}$$

ただし，A 光源下のある色票と D_{65} 光源下のある色票の色差など，異なる照明間の色にまたがる色差を計算することはできない．

例題 3.11 基準白色面の三刺激値が, $(X_0, Y_0, Z_0) = (95.0, 100.0, 108.9)$ であるとする. $(X_1, Y_1, Z_1) = (20.0, 20.0, 20.0)$ と $(X_2, Y_2, Z_2) = (18.0, 18.5, 22.0)$ の間の明度差 ΔL^*, クロマ差 ΔC_{uv}^*, 色差 ΔE_{uv}^*, 色相差 ΔH_{uv}^* を計算せよ.

解 (X, Y, Z) から式 (3.37) を用いて (u', v') を, 式 (3.38) を用いて L^* を, さらに式 (3.41). により (u^*, v^*) を計算する. 次いで式 (3.42) から C_{uv}^* を求める. 得られた値から式 (3.46), 式 (3.47) を用いて ΔE_{uv}^*, ΔH_{uv}^* を得る.

$$\Delta E_{uv}^* = 11.7, \quad \Delta C_{uv}^* = 4.2, \quad \Delta L^* = 1.7, \quad \Delta H_{uv}^* = 10.8$$

■ 3.6.6 ■ CIELAB 均等色空間

CIELAB 均等色空間は, CIELUV と同じく 1976 年に勧告され, 成分を (L^*, a^*, b^*) とするため, **CIE1976L*a*b* 均等色空間**とよばれる. 心理計測明度 L^* は上と同様に式 (3.38) で与えられる. a^* と b^* は式 (3.48) により定義される. (X_0, Y_0, Z_0) は基準白色面の三刺激値 (X, Y, Z) である. したがって, この均等色空間も物体色のみに適用される. ただし, 自発光のディスプレイ上でも, 最も明るい白を基準白色とするか, 任意の白色で正規化することで, 適用可能となる. CIELAB も基準白色によって値が変わるため, 何を基準白色としたかを必ず明示する必要がある. a*b* 色度図上の色度差も輝度 Y に依存しており, 明るいほど色度差を大きく評価する空間となっている.

$$\begin{aligned} a^* &= 500 \left[\left(\frac{X}{X_0} \right)^{1/3} - \left(\frac{Y}{Y_0} \right)^{1/3} \right] \\ b^* &= 200 \left[\left(\frac{Y}{Y_0} \right)^{1/3} - \left(\frac{Z}{Z_0} \right)^{1/3} \right] \end{aligned} \tag{3.48}$$

この式からわかるように, u'v' 色度図を継承していない. アダムスの色差式をもとに確立された経緯をもつからである.

u*v* 色度図と同様につねに原点 (0, 0) に基準白色の色度が位置し, CIE1976 ab クロマ C_{ab}^* と CIE1976ab 色相角 h_{ab} が定義される.

$$C_{ab}^* = \sqrt{(a^*)^2 + (b^*)^2} \tag{3.49}$$

$$h_{ab} = \tan^{-1}\left(\frac{b^*}{a^*}\right) \tag{3.50}$$

マンセル色票の a*b* 色度図上のプロット (図 3.45) を見てわかるように, $V = 5$ と $V = 8$ の等マンセルクロマ線 ($C = 4, 8$) が a*b* 色度図上でほぼ真円で, 両者が重なっており, C_{ab}^* とマンセルクロマとの対応が非常によいことを示す. マンセルヒューと a^* 軸, b^* 軸の対応から, a^* 軸の正方向はおおよそ赤紫, a^* 軸負方向は緑, b^* の正方

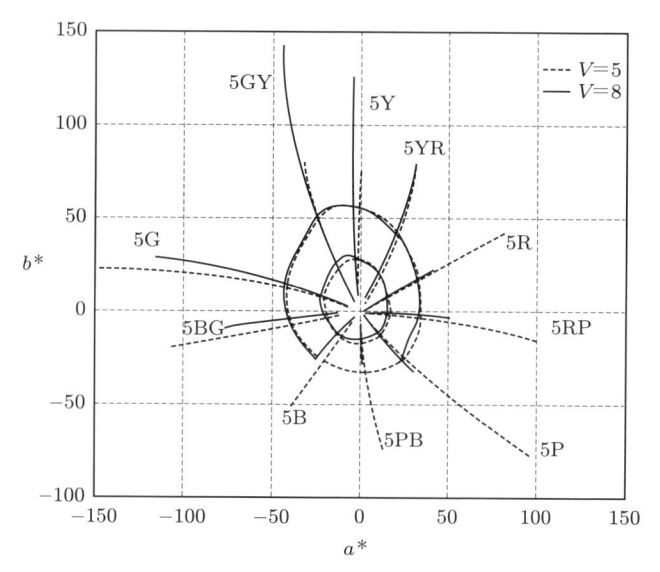

図 3.45 CIEa*b* 色度図上の等ヒュー線と等クロマ線

向が黄，負方向が青紫に対応する．u'v' 色度と同様に，a*b* 色度図も明るさ軸と独立でなく，加法混色が直線で表現されないため，加法混色を扱うのには適さない．

L*u*v* と同様に L*a*b* 色空間のユークリッド距離が色差を与える．

$$\Delta E^*_{ab} = \sqrt{(\Delta L^*)^2 + (\Delta a^*)^2 + (\Delta b^*)^2} \tag{3.51}$$

クロマ差 ΔC^*_{ab} と色相差 ΔH^*_{ab} を用いて色差を書き直すと次式になる．

$$\Delta E^*_{ab} = \sqrt{(\Delta L^*)^2 + (\Delta C^*_{ab})^2 + (\Delta H^*_{ab})^2} \tag{3.52}$$

ただし，色相差は h_{ab} の差ではなく次式により与えられる．

$$\Delta H^*_{ab} = \sqrt{(\Delta E^*_{ab})^2 - (\Delta L^*)^2 - (\Delta C^*_{ab})^2} \tag{3.53}$$

同一の照明下での色差のみを計算し，異なる照明の間の色差には対応しない．

> **例題 3.12** 基準白色面の三刺激値が，$(X_0, Y_0, Z_0) = (95.0, 100.0, 108.9)$ であるとする．$(X_1, Y_1, Z_1) = (20.0, 20.0, 20.0)$ と $(X_2, Y_2, Z_2) = (18.0, 18.5, 22.0)$ の間の明度差 ΔL^*，クロマ差 ΔC^*_{ab}，色差 ΔE^*_{ab}，色相差 ΔH^*_{ab} を計算せよ．
>
> **解** (X, Y, Z) から式 (3.48) を用いて (a^*, b^*) を，式 (3.38) を用いて L^* を，さらに式 (3.49) により C^*_{ab} を求める．得られた値から式 (3.51)，式 (3.53) を用いて ΔE^*_{ab}，ΔH^*_{ab} を得る．
>
> $$\Delta E^*_{uv} = 7.4, \quad \Delta C^*_{uv} = 1.9, \quad \Delta L^* = 1.7, \quad \Delta H^*_{uv} = 7.0$$

■ 3.6.7 ■ 色差式の補正

均等色空間も完全な均等性は確保できていない．したがって，座標値による均等性の補正が必要である．また，観察条件によっても色弁別閾が影響を受ける．色差計算も観察条件の影響も考慮する必要がある．そこで，CIE は 1994 年に CIELAB 色差式をもとにして以下の色差式を提案した．

$$\Delta E^*_{94} = \sqrt{\left(\frac{\Delta L^*}{k_L S_L}\right)^2 + \left(\frac{\Delta C^*_{ab}}{k_C S_C}\right)^2 + \left(\frac{\Delta H^*_{ab}}{k_H S_H}\right)^2} \tag{3.54}$$

$$S_L = 1 \tag{3.55}$$

$$S_C = 1 + 0.045 C^*_{ab} \tag{3.56}$$

$$S_H = 1 + 0.0145 C^*_{ab} \tag{3.57}$$

色空間の均等性の補正係数が S_L, S_C, S_H であり，観察条件の補正係数が k_L, k_C, k_H である．表 3.3 に CIE の推奨する観察条件や，色差式の適用対象についての条件をまとめる．この条件を満足するときは $k_L = k_C = k_H = 1$ とし，この条件から外れる場合には k_L, k_C, k_H を変えて補正することになる．

表 3.3　CIE94 色差式の推奨する観察条件

照明	CIE 標準光源 D_{65}
照度	1000 lx
観察者	正常三色型色覚者
背景	均一，無彩色，$L^* = 50$
モード	物体色モード
刺激サイズ	視角で 4°以上
刺激対の間隔	エッジ隣接
色差の大きさ	0～5CIELAB 色差
テクスチャー	なし，均一

演習問題

3-1 色の三属性をそれぞれ説明せよ．

3-2 物体表面の明るさを表す属性として 2 種類ある．それぞれの名称をあげ，説明せよ．

3-3 マンセル表色系の特徴を述べよ．

3-4 5PB 8/8 と 5PB 4/10 の色の違いを説明せよ．

3-5 NCS (表色系) の基礎となる色の定量化手法とは何か．さらにその方法を具体的に説明せよ．

3-6 オストワルト表色系の色空間と構造が似ている色空間をもつ表色系は何か．

3-7 色覚の三色性とは何か，説明せよ．

3-8 完全等色と条件等色の違いについて説明せよ．

3-9 等色式において負の符号は何を意味するか．

3-10 色度図や色度座標は何を表現するためのものか．

3-11 三刺激値の定義を述べよ．三刺激値の単位を制定するときに用いる白色刺激を何というか．また三刺激値の単位に輝度や放射輝度が使われない理由は何か．

3-12 等色関数とは何か．さらにどのように用いるか説明せよ．

3-13 CIE1931XYZ 表色系と CIE1964$X_{10}Y_{10}Z_{10}$ 表色系の違いは何か，どう使い分けるか．

3-14 CIEXYZ 表色系の長所と短所を述べよ．

3-15 補色の定義を述べよ．

3-16 純度が最大となる色はどのような色か．

3-17 色彩計で CRT ディスプレイ上の異なる 2 箇所の領域の色度と輝度を測定したところ，まったく等しい値が得られた．二つの色は人間が見て等しい色に見えるだろうか．

3-18 色彩計である物体の色度と輝度を測定した．同様に CRT ディスプレイ上の色度と輝度を測定したところ，物体のそれとまったく等しい値が得られた．この二つの色は人間にとって等しい色に見えるだろうか．

3-19 uv 色度図や u′v′ 色度図を何とよぶか．

3-20 現在では CIE1960uv 色度図と CIE1964 $W^*U^*V^*$ 均等色空間は，ある用途以外では使われることはない．それぞれが用いられるある用途とは何か．

3-21 xy 色度図，rg 色度図，u′v′ 色度図，u^*v^* 色度図，a^*b^* 色度図のそれぞれにおける，白色のおおよその色度座標を答えよ．

3-22 CIE1964$W^*U^*V^*$ 均等色空間，CIE1976$L^*u^*v^*$ 均等色空間，CIE1976$L^*a^*b^*$ 均等色空間が作られた目的は何か．

3-23 ある表面に着目して，照明光の強度を変えながら反射光の測色値を計測した場合，xy 色度はどのように変化するか．また，u^*v^* 色度や a^*b^* 色度ではどうか．

3-24 ルミナンスファクター Y と反射率の関係はどのようなものか．また，$Y=20$ のときの反射率はいくらか．

3-25 マンセルバリューと心理計測明度 L^* の関係はどのようなものか．また，$L^*=60$ のときのマンセルバリューはいくらか．

3-26 図 3.46 の xy 色度図の (ア)〜(オ) の領域の色名について，次の語群から最も適切なものを選んで解答欄に記入せよ．

語群：白色，青色，空色，緑色，黄色，橙色，赤色

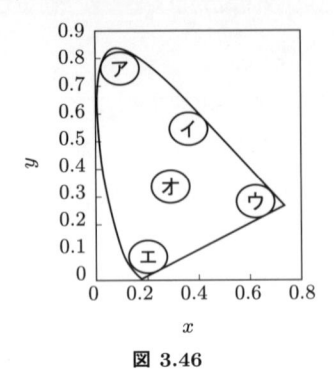

図 3.46

3-27 5 種類の光源 (a)〜(e) がある．これらの光源の分光強度分布は，図 3.47 左図の通りである．それぞれの光源の色度座標はおおよそいくらになるか．最も適切なものを右側の図の対応する座標の領域 (ア)〜(オ) から選べ．

図 3.47

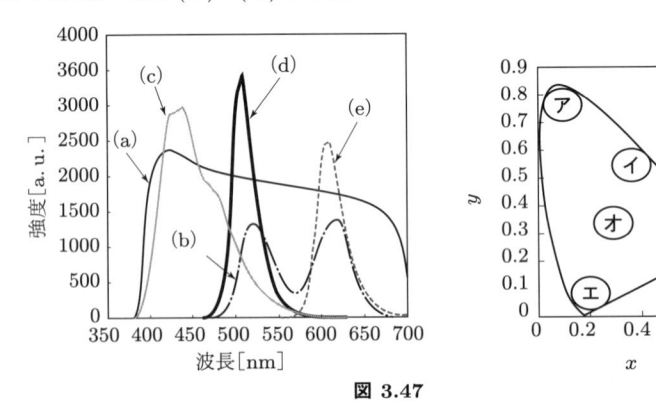

3-28 すべての色は xy 色度図上のスペクトル軌跡と赤紫線によって囲まれる領域に限定される．その理由を説明せよ．

3-29 工業製品の生産現場での色彩管理で用いられる表色系として適切なものは何か．

4 光と色の測定

前章までに，光と物体との作用，放射量と測光量の関係，数値化された色を体系的に取り扱う方法 (表色系)，などを解説した．それでは，実際に色を測定するためには，どのような手段を用いればよいのだろうか．また，測定時に留意すべき点は何か．

本章の前半では，光を検出するための素子 (光電変換素子) について解説する．フォトダイオード，カラーセンサ，分光器などの素子や機器の仕組みと動作原理を理解することは，光と色の測定の基礎である．また，これらの素子や機器は，第 6 章のカラー画像入力装置の要素技術である．

本章の後半では，照度，輝度，色の測定について順に解説する．これらの測定では，フォトダイオード，カラーセンサ，分光器などを用いる．これらの素子や機器の理解に加えて，照明の幾何学条件や対象物の表面の条件などが測定結果に影響を与えることを学ぶ．条件等色という現象を取り上げて，色の測定の際に留意すべき条件について理解を深める．

4.1 光の検出

4.1.1 光電変換素子

光電変換素子は，光センサ，受光素子ともよばれる．具体的には，光起電力効果を利用するフォトダイオード，光導電効果を利用するフォトトランジスタ，光電子放出を利用する装置などがあり，さまざまな分野で応用されている．これらの光検出の原理について，図 4.1 にまとめる．

光起電力効果とは，光がセンサ材料によって電荷に変換された結果，センサ材料に電位差 (起電力) が発生する現象のことである．フォトダイオードや太陽電池は，この効果を利用している．

光導電効果とは，光がセンサ材料に入射すると，材料の導電率が変化する現象で，フォトトランジスタはこれを利用している．もともと，通常のトランジスタは光に有感である．増幅回路などへの用途では，トランジスタが光に感度があると不都合なので，パッケージにより半導体に光が到達しないようにしている．フォトトランジスタ

```
検出原理 ─┬─ 光起電力効果   （フォトダイオード）
         ├─ 光導電効果     （フォトトランジスタ）
         └─ 光電子放出     （光電子増倍管，X線イメージ・インテンシファイア）
```

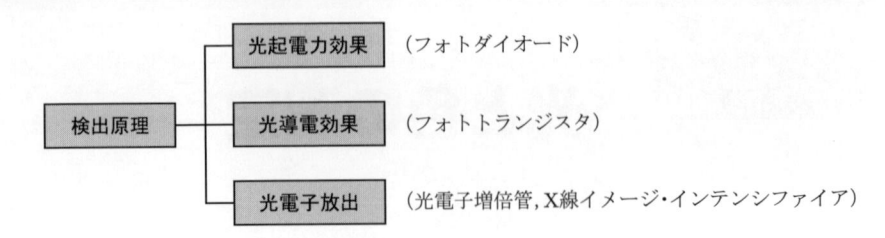

図 4.1 光電変換素子の検出原理

は，光への感度を積極的に利用するために，たとえば通常のバイポーラ・トランジスタのベースを大きくして構成される．

光電子放出とは，センサ材料に光が入射すると電子が放出される現象である．光電子増倍管やX線イメージ・インテンシファイアなどに利用されているが，放出された電子を検出するために一般に真空容器が必要である．したがって，小型，低コストが必要条件の民生機器への応用には，固体素子であるフォトダイオードやフォトトランジスタのほうが適している．

以下では，CCDやCMOSセンサの構成要素として実用化が進んでいるフォトダイオードと，その駆動方法を中心に解説する．

(1) フォトダイオード

フォトダイオード (photodiode) は，光起電力効果により光を電荷に変換する素子である．素子の構造，光電変換に用いる材料などにより，さまざまな種類に分類される．たとえば，素子構造には，p-n 接合，p-i-n 接合，ショットキー接合などを用いたものがある．材料には，結晶 Si，結晶 Ge，水素化アモルファス・シリコン (a-Si:H) などがある．さらに，高感度を必要とする特殊用途には，光によって生成された電子を素子の内部で増倍する機能をもつフォトダイオードもあり，これはアバランシェ・フォトダイオード (avalanche photodiode) とよばれる．

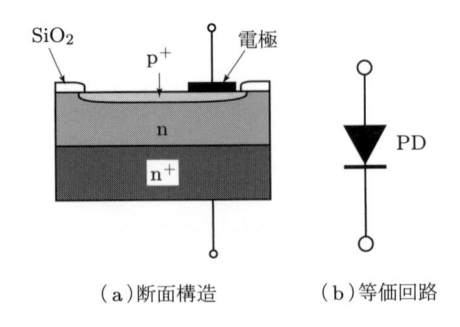

(a)断面構造　　(b)等価回路

図 4.2 結晶 Si フォトダイオードの構成と回路記号

結晶 Si を用いた一般的なフォトダイオードの構成を図 4.2 に示す．これは，n 型の Si 基板に低濃度の n 型領域と高濃度の p 型領域を積層した構成で，p-n 型フォトダイオードとよばれる．このような素子は，イオン注入 (ion implantation) により不純物元素を Si 基板に導入する工程，注入された不純物元素を Si ネットワークに取り込む (活性化) 工程，素子を分離するための酸化膜 (SiO_2) の形成工程，電極の形成などの一連の工程により形成される．低濃度の n 型領域の代わりに真性半導体 (i 層) を用いる素子は，p-i-n 型フォトダイオードとよばれる．

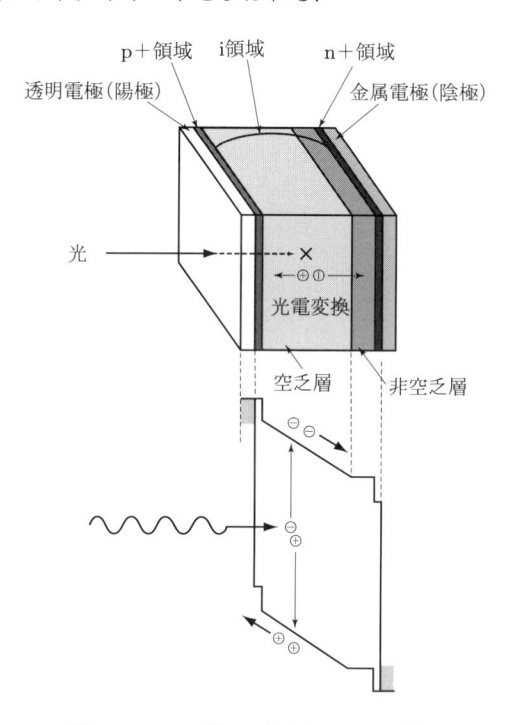

図 4.3 p-i-n 型フォトダイオードの動作

p-i-n 型フォトダイオードの動作を図 4.3 に示す．図 4.3 の下側の図は，フォトダイオードの深さ方向のエネルギーバンド図で，上側の図と対応している．エネルギーバンド図の縦軸は電子のエネルギー，横軸は素子の深さ方向の位置を表す．ここでは，n 型半導体側の電極の電位を p 型側の電極に対して高く設定する．このような電位の設定を逆バイアスとよび，電極から半導体への電荷の注入が抑えられた状態になる．この種の電極と半導体との接合は，半導体への電荷の注入を抑えるという意味で，ブロッキング・コンタクトとよばれる．このとき，フォトダイオードの内部に存在していた電子や正孔は，それぞれの極性に応じた電極に移動する．その結果，電子と正孔

が存在しない領域が出現する．この領域を**空乏層** (depletion layer) とよぶ．空乏層のエネルギーバンドは一定の値ではなく距離に依存して変化する．これは電界が存在することを示す．

光がフォトダイオードに入射すると，一部の光は空乏層で吸収されて，電子−正孔対が生成される．いい換えれば，電子が伝導帯，正孔が価電子帯へそれぞれ励起され，半導体中を移動できる状態になる．空乏層の電界により，伝導帯中の電子は半導体内でエネルギーが低くなる方向 (図では右側) へ移動する．価電子帯中の正孔は逆の方向へ移動する．このときの電子と正孔の速度 v_n, v_h [m/s] は，次式の通り，電界 E [V/m] に比例する．

$$v_n = \mu_n E, \qquad v_h = \mu_h E \tag{4.1}$$

ここで，比例定数 μ_n, μ_h はそれぞれ電子，正孔の**移動度** (mobility) とよばれる．これは，材料自体の特性[*1]であることに注意する．

例題 4.1 厚さ 1 μm の p-i-n 型 a-Si:H フォトダイオードに 5 V の逆バイアスを印加した．光がこのフォトダイオードの表面で吸収されて，電子が 1 μm の距離を移動する時間はいくらか．ただし，a-Si:H 層は完全空乏化されており，電界は一定とする．また，a-Si:H 層の電子の移動度は 1 cm^2/V·s である．

解 式 (4.1) より，電子の移動にかかる時間は，

$$t = \frac{d}{v} = \frac{d}{\mu E} = \frac{d}{\mu V/d} = \frac{d^2}{\mu V}$$

と変形される．これに値を代入すると，

$$t = \frac{10^{-4 \times 2}}{1 \times 5} = 2 \times 10^{-9} \text{ s}$$

したがって，2 ns．

なお，キャリアの移動時間は飛行時間 (time of flight) とよばれ，フォトダイオードの信号出力の応答を制限する．

量子効率 (quantum efficiency) は，光電変換素子の重要な特性である．量子効率 η は，入射した光子数 N_{ph} と出力される電子数 N_e との比として，次式のように定義される．

$$\eta = \frac{N_e}{N_{ph}} \tag{4.2}$$

フォトダイオードは，光によって生成した電荷をそのまま出力するため，量子効率が 1 を超えることは原理的に不可能である．量子効率が 1 よりも小さくなる原因は，表

[*1] これに対して，MOSFET (metal oxide semiconductor transistor) のチャネルを移動するキャリアの移動度は，FET 移動度とよばれ，半導体と絶縁体の界面の状態にも依存する複雑な量である．

面での光の反射，電極や不純物層での光の吸収，真性半導体での光の透過などである．

量子効率の波長依存性は，使用する半導体材料のバンド・ギャップ，分光吸収率，入射側の窓材料の分光透過率などによって決まる．いくつかの Si フォトダイオード製品の例を図 4.4 に，また，素子の写真を図 4.5 にそれぞれ示す．型名 S1087 のフォトダイオードは可視光検出用で，視感度フィルタ (p.140 参照) により人の目の感度に対応した量子効率を実現している．型名 S1227-BQ のフォトダイオードは，紫外光にも高い感度を有し，可視域から赤外領域までをカバーするが，赤外領域の感度はやや抑制している．型名 S5106 のフォトダイオードは，p-i-n 型 Si フォトダイオードで，赤外領域にも高い感度を有する．パッケージは，半田による表面実装に対応している．このように，検出したい波長領域や実装の形態に対応して，さまざまなフォトダイオードが実用化されている．

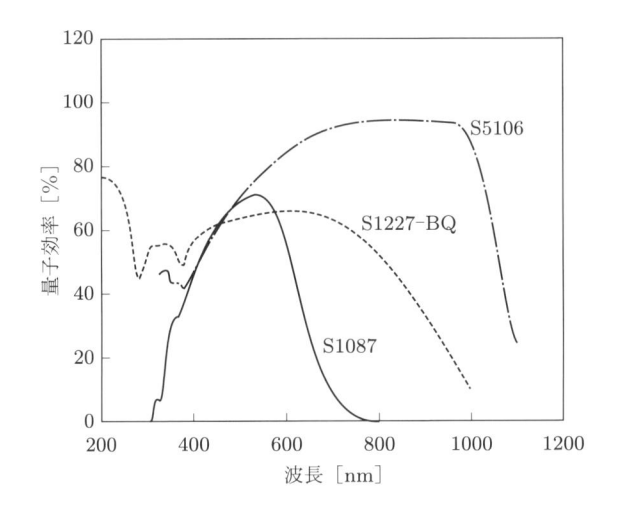

図 4.4 Si フォトダイオードの量子効率の波長依存性 (データ提供：浜松ホトニクス株式会社)

(a) Model: S1087　(b) Model: S1227-BQ　(c) Model: S5106

図 4.5 Si フォトダイオードの製品例 (写真提供：浜松ホトニクス株式会社)

一般に，長い波長の光に対する量子効率が小さくなる原因は，半導体での光の透過である．短波長側で量子効率が小さくなる原因は，入射光が表面で反射されるか，電極材料などに吸収されるためである．後者は窓吸収とよばれる．

> **例題 4.2** 波長 620 nm の単色光が Si フォトダイオードに入射し，3.2 pA の電流出力を得た．この波長におけるフォトダイオードの量子効率が 0.5 とすると，毎秒何個の光子がフォトダイオードに入射していたことになるか．
> （光の波長 λ [nm] とエネルギー E [eV] の間の関係式 E [eV] $= \dfrac{1240}{\lambda \text{ [nm]}}$ を用いよ．）
>
> **解** 波長 620 nm の光子のエネルギー：$1240/620 = 2.0$ eV
> 電流出力：3.2 pA $= 3.2 \times 10^{-12}$ C/s
> ∴ 単位時間あたり生成される電子の数：$3.2 \times 10^{-12} / 1.6 \times 10^{-19} = 2.0 \times 10^{+7}$ 個/s
> ∴ 単位時間あたり入射する光子の数：$2.0 \times 10^{+7} / 0.5 = 4.0 \times 10^{+7}$ 個/s

ところで，量子効率に類似の性能指標として，**感度** (sensitivity) が用いられることもある．これは，フォトダイオードの出力電流 (A) と，そのときフォトダイオードに入射した光のパワー（単位：W）との比として定義される．両者の間には次式の関係がある．ここで，感度 S と波長 λ の単位は，それぞれ A/W，nm である．

$$\eta = S \frac{1240}{\lambda} \tag{4.3}$$

なお，参考までに，太陽電池の構成は，基本的にフォトダイオードと同一である．したがって，太陽電池の分光感度もフォトダイオードと同様の波長依存性を示す．太陽電池の設計では，分光感度と太陽光スペクトルとの整合が重要である．

（2） 光導電型センサ

光導電型の光電変換素子は，光照射によって材料の抵抗が変化する現象を利用している．フォトダイオードと異なるのは，電極材料と半導体材料とのコンタクトである．フォトダイオードでは，逆バイアスの場合には両方の電極のいずれからも電荷の注入はない．一方，光導電型素子では，たとえば n-i-n 構成とすることにより，電極から電荷が注入される．したがって，光照射によって光電変換材料に電子・正孔ペアが形成されて抵抗が減少すると，電極から電荷が注入される．その結果，直接に光によって生成された電荷量よりも信号電荷の量は大きくなる．これにより，外付けの増幅回路が簡単なものでよいという利点はある．しかし，光が入射しない状態でも電極から電荷が注入されて暗電流となるため，信号・雑音比の点で不利である．

（3） 信号の読み出し

光電変換素子の駆動方法として，図 4.6 に示すように，光によって生成された電流を直接外部へ出力する方法と，一定の時間だけ光電流を蓄積して電荷として出力する

> **コラム** フォトダイオードの内部での信号生成過程を
> もう少し詳しく見てみよう
>
> 　光によって生成された電荷がフォトダイオード内部の空間を輸送されると，両方の電極に電流が誘導される．この誘導電流を，たとえば積分アンプを用いて積分して，電荷信号として出力する．空乏層では，格子振動 (熱) により電子が価電子帯から伝導帯へ励起されても，キャリアが生成される．光が入射しないときに素子に流れる電流は**暗電流**とよばれ，本来の信号である光電流と区別することはできない．暗電流は，温度が高いほど大きく，また，用いる半導体材料のバンド・ギャップが小さいほど大きい．このため，結晶 Ge などを用いた赤外線センサや放射線センサは，キャリアの熱励起に起因する暗電流を低減するために，素子を冷却した状態で動作させる．
>
> 　フォトダイオードのほぼ全領域が空乏層になることを**完全空乏化** (full depletion) とよび，完全空乏層 (fully-depleted layer) が形成される．電極との接合部の高濃度不純物領域や，印加電圧が不足して空乏化されない領域では，光によって生成された電子と正孔は，一部は拡散により移動するが，残りは再結合により失われる．このように，電荷収集効率が 1 よりも小さい場合には，電気信号の生成量が減少する．
>
> 　完全空乏化されたフォトダイオードでも，入射したすべての光が電気信号の生成に寄与するわけではない．一部の光は，フォトダイオードの表面で反射される．また，一部の光は，真性半導体材料に吸収されずに透過する．さらに，入射側の p 型半導体材料で吸収され，空乏層まで到達しない光もある．微弱な光の検出には，これらの現象を低減する，あるいは，生成された電荷をなんらかの方法により増倍することが求められる．

方法とがある．

　光の強度が十分に大きい場合，最も簡便なのは，光電変換素子に直列に電流計を接続し，光電流を直接に検出する方法である．あるいは，図 4.6(a) のように負荷抵抗 R_L

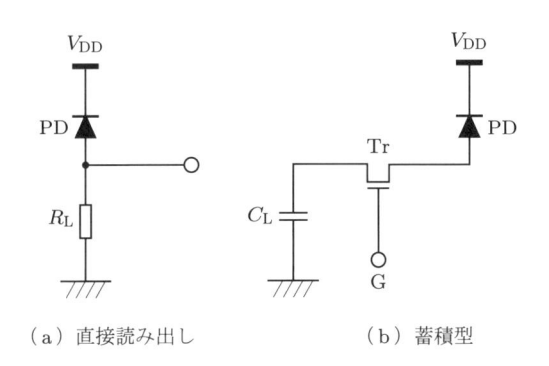

　　　　（a）直接読み出し　　　　　　　（b）蓄積型

図 4.6 光電変換素子からの信号読み出し方法

を挿入して，この両端の電圧を計測してもよい．電源 V_{DD} は，フォトダイオード PD に逆バイアスを印加して，十分に空乏化するためのものである．この回路に流れる電流 I_{out} は，フォトダイオードの両端の等価的な抵抗を R_{PD} として，次式で表される．

$$I_{out} = \frac{V_{DD}}{R_{PD} + R_L} \tag{4.4}$$

ここで，R_{PD} が光の強度を反映している．

第2の信号読み出し方法では，図 4.6(b) に示すように，トランジスタ Tr を介してフォトダイオード PD を静電容量 C_L に接続する．読み出しの手順は次の通りである．

まず，トランジスタを導通させると，フォトダイオードには一定の電荷 $Q_o = C_{PD} V_{DD}$ が蓄積される．これが初期値である．ただし，C_{PD} はフォトダイオードの静電容量である．次に，このトランジスタを非導通状態にすると，フォトダイオードに蓄積された電荷は，光によって生成された電荷によって部分的に相殺される．したがって，フォトダイオードの両端の電位差は時間とともに減少する．ある一定の時間が経過した後にトランジスタをふたたび導通状態にすると，フォトダイオードの電荷量が初期値に戻る．このときに流れ込む電荷の量が，光によって生成された電荷の量に等しくなる．いい換えれば，トランジスタが非導通の間は，フォトダイオードは光によって生成された電荷を蓄積していることになる．この時間を**蓄積時間**とよぶ．

また，蓄積型の読み出しの信号出力の過程は，トランジスタを介した静電容量の充放電にほかならない．したがって，電荷の移動の過渡現象は，簡単な解析により次式で記述できる．

$$Q(t) = Q_i \left[1 - \exp\left(-\frac{t}{\tau}\right) \right] \tag{4.5}$$

ただし，Q_i は光によって生成された電荷量，$Q(t)$ はトランジスタを導通させてから時間 t だけ経過したときに静電容量 C_L に蓄積されている電荷量である．時定数 τ は，導通状態のトランジスタの抵抗値を R_{ON} とすると，次式で与えられる．

$$\tau = R_{ON} \frac{C_{PD} C_L}{C_{PD} + C_L} \tag{4.6}$$

とくに，複数の光電変換素子を並べて形成されるイメージセンサでは，個々の光電変換素子から順番に信号を出力させる必要がある．そこで，個々の光電変換素子で光電流を蓄積し，順番に外部へ読み出す方法が一般的である．

例題 4.3 図 4.6(b) の回路を用いてフォトダイオードから外部のコンデンサに信号を読み出す．1 μs の時間で 99.9% の電荷を読み出すには，導通時のトランジスタの抵抗をいくらにする必要があるか．ただし，フォトダイオードとコンデンサの静電容量は，それぞれ 1 pF，100 nF とする．

解 転送された電荷の割合が 99.9% なので,式 (4.5) より,

$$1 - \exp\left(-\frac{t}{\tau}\right) = 0.999$$

$$\therefore -\frac{t}{\tau} = \ln 0.001 = -6.907 \qquad \therefore \tau = \frac{1}{6.907} = 0.1447 \, \mu s$$

式 (4.6) より,

$$R_{\mathrm{ON}} = \tau \frac{C_{\mathrm{PD}} + C_{\mathrm{L}}}{C_{\mathrm{PD}} C_{\mathrm{L}}} \approx 0.1447 \times 10^{-6} \times \frac{1}{1 \times 10^{-12}} = 0.1447 \times 10^{6}$$

したがって,145 kΩ.

蓄積型の読み出しでは,$Q_o = C_{\mathrm{PD}} V_{\mathrm{DD}}$ 以上の電荷を検出することは不可能であり,これを**飽和電荷量**とよぶ.これにより,検出可能な最大の光パワーが決まる.一方,暗電流の蓄積,スイッチ素子の駆動に伴う電荷の投入,読み出し回路の増幅素子の熱雑音などのさまざまな原因により,フォトダイオードが検出可能な最小の光パワーが決まる.これは,**雑音等価パワー** (noise equivalent power, NEP) とよばれる.

検出可能な最大の光パワーと,雑音等価パワーとの比は,**信号–雑音比** (signal-to-noise ratio, S/N 比) とよばれ,光センサの重要な特性のひとつである.**ダイナミック・レンジ** (dynamic range) という用語も信号–雑音比と同義だが,dB で表示される場合が多い.デジタル信号のダイナミック・レンジはビット数で表現される場合もある.たとえば,8 ビットのダイナミック・レンジといえば,出力信号が 0 から 255 までの 2^8 通りの値を取り得るという意味である.

フォトダイオードの近傍に増幅回路を配置して出力信号を増幅すると,その後に重畳される雑音の影響が低減される.すなわち,信号源にできるだけ近い場所で信号を増幅することにより,出力用の配線に重畳される電磁波などの外乱の影響を相対的に軽減することができる.この考えは,アクティブ・ピクセル (active pixel) 型イメージセンサ[34] として,CMOS カメラの実用化に大いに貢献している.これについては,第 6 章のイメージセンサの項で解説する.

■ 4.1.2 ■ カラーセンサ

カラーセンサは,一般には,光電変換素子にカラーフィルタを積層して構成される.カラーフィルタの分光透過率の例を図 4.7 に示す.図では,一般的な 3 種のカラーフィルタ 2 組の透過率を実線と破線で表している.また,a-Si フォトダイオードの量子効率の例もともに示されている.カラーセンサの量子効率は,光電変換素子の量子効率とカラーフィルタの透過率の積になる.これらのカラーフィルタと光電変換素子との組み合わせにより,約 450 nm, 550 nm, 600 nm に感度のピークをもつカラーセンサ

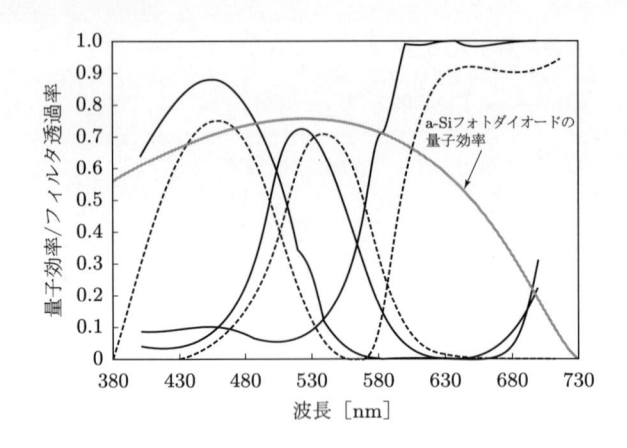

図 4.7 カラーフィルタの透過率と a-Si フォトダイオードの量子効率の例

が実現される．

図 4.7 において，フィルタの透過率が近赤外領域でゼロにならない点に注意すべきである．a-Si フォトダイオードの量子効率は，人の目に近い波長依存性を示すが，結晶 Si フォトダイオードでは，近赤外領域にも感度をもつ．このため，可視光のみを検出したい用途では，3 種のカラーフィルタに加えて，近赤外光を遮断するフィルタを使用する必要がある．

カラーセンサの出力である光電流 i [pA] は，波長 λ の単位を [nm] とすると，センサ面での単位波長あたりの放射照度 $F(\lambda)$ [μW/nm·cm^2]，カラーフィルタの透過率 $T(\lambda)$，有感領域の面積 A [cm^2]，量子効率 $\eta(\lambda)$ を用いて次式で与えられる．

$$i = K \int F(\lambda) T(\lambda) A \eta(\lambda) \frac{\lambda}{1240} d\lambda \tag{4.7}$$

ここで，K は単位合わせのための定数で，以上の場合では $K = 10^6$ である．

光電流をそのまま出力する場合もあるが，次項のイメージセンサに応用する場合などでは，光電流を一定の時間だけ蓄積して，電荷として出力することが多い．一般に，光電流が時間 t の関数であるとすると，信号量 Q [pC] は，蓄積時間を t_s [s] として次式で表される．

$$Q = \int_0^{t_s} i(t) \, dt \tag{4.8}$$

例題 4.4 単波長 λ_0 の光が，一定の放射照度でフォトダイオードに入射するとき，光電流はどのように表せるか．また，これを蓄積時間 t_s [s] だけ蓄積して出力するときの電荷量はいくらになるか．

解 式 (4.7) において，放射照度を $F(\lambda) = F(\lambda)\delta(\lambda_0)$ とすると，光電流 i_0 [pA] は次式

で表される.

$$i_0 = K \int F(\lambda)\delta(\lambda_0)T(\lambda)A\eta(\lambda)\frac{\lambda}{1240}d\lambda$$
$$= KF(\lambda_0)T(\lambda_0)A\eta(\lambda_0)\frac{\lambda_0}{1240}$$

これを時間 t_s [s] だけ蓄積すると,電荷量は次のとおりである.

$$Q_0 = KF(\lambda_0)T(\lambda_0)A\eta(\lambda_0)\frac{\lambda_0}{1240}t_s$$

コラム　縦方向に集積したカラーセンサ

　青色の光は半導体材料中の浅い領域で吸収されるが,赤色の光は深い領域まで侵入して吸収される.したがって,縦方向に光電変換素子を積層すると,おのおのの光電変換素子の分光感度特性は異なる.この現象を利用して,光電変換素子の上にモザイク状にカラーフィルタを並べるのではなく,3種の波長範囲に有感な光電変換素子を縦方向に集積する構成のカラーセンサおよびイメージセンサ[35, 36]も提案されている.

　すでにデジタルカメラに搭載された例として Foveon X3 sensor がある.図に示すように,これは,Si 基板に三つの pn 接合からなるフォトダイオードを積層した構造である.最も上の層の材料は,青色の光を吸収するので青色の光用のセンサとして機能する.それと同時に青色を吸収するカラーフィルタとしても機能するため,緑と赤色の光のみがそれより奥に入り込む.このようにして,三つの pn 接合は,上から順に青,緑,赤のセンサとして機能する.

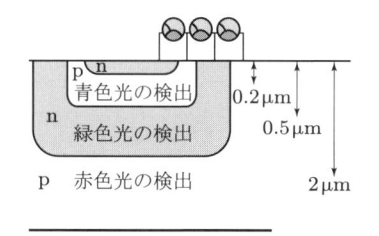

4.1.3　分光器

　波長ごとの光の強度分布,すなわち,スペクトルに関する情報を得ることは,色を定量化するうえで有用である.しかし,人の目は,分光情報を直接に得ることはできない.プリズムや回折格子は,光の進路を波長ごとに分離する機能をもつ.プリズムの波長分散については,図 2.4 に示されている.ガラスのような一般に用いられる透

明材料では，長波長の光ほど屈折率が小さいので，赤い光のほうが青色の光よりも屈折角が大きくなる．

例題 4.5 波長 λ の光が入射角 θ_i でプリズムに入射するとき，この光がプリズムから出るときの屈折角 $\theta_o(\lambda)$ を表す式を書け．ただし，プリズムの屈折率は $n(\lambda)$ と表記せよ．

解 屈折率 $n(\lambda)$ の媒質に入射角 θ_i で入射する光を考える．屈折角を $\theta_t(\lambda)$ とすると，スネルの法則により，関係式 $\sin\theta_i = n(\lambda)\sin\theta_t(\lambda)$ が成り立つ．

下図の通りに屈折角 $\theta_{p1}(\lambda)$, $\theta_{p2}(\lambda)$ を定義し，両方の斜面での屈折にこの関係式を適用すると，

$$\sin\theta_i = n(\lambda)\sin\theta_{p1}(\lambda) \qquad \therefore\ \theta_{p1}(\lambda) = \sin^{-1}\left(\frac{\sin\theta_i}{n(\lambda)}\right) \qquad ①$$

$$n(\lambda)\sin\theta_{p2}(\lambda) = \sin\theta_o(\lambda) \qquad \therefore\ \theta_{p2}(\lambda) = \sin^{-1}\left(\frac{\sin\theta_o(\lambda)}{n(\lambda)}\right) \qquad ②$$

下図の幾何において，角度 α を両方の斜面で表現すると，

$$\alpha = \frac{\pi}{2} - \phi - \theta_{p1} = \phi + \theta_{p2} - \frac{\pi}{2} \qquad \therefore\ \theta_{p1} + \theta_{p1} = \pi - 2\phi \qquad ③$$

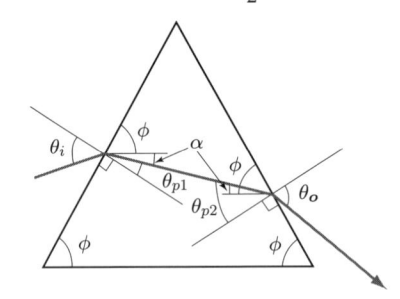

①と②を③に代入して，

$$\sin^{-1}\left(\frac{\sin\theta_i}{n(\lambda)}\right) + \sin^{-1}\left(\frac{\sin\theta_o(\lambda)}{n(\lambda)}\right) = \pi - 2\phi$$

$$\therefore\ \theta_o(\lambda) = \sin^{-1}\left\{n(\lambda)\sin\left[\pi - 2\phi - \sin^{-1}\left(\frac{\sin\theta_i}{n(\lambda)}\right)\right]\right\} \qquad ④$$

例題 4.6 次に，波長 435.8 nm と 643.9 nm の光が同じ入射角 45° でプリズムに入射するものとする．このとき，出力されるときの角度の差はいくらになるか．ただし，プリズムの断面は正三角形である．また，材料はガラス BK7 で，それぞれの波長での屈折率は波長 435.8 nm では 1.52622，643.9 nm では 1.51425 である．

解 与えられた数値を例題 4.5 の式④に代入すると，

$$\therefore\ \theta_o(435.8) = \sin^{-1}\left\{1.52622\sin\left[\frac{\pi}{3} - \sin^{-1}\left(\frac{\sin(\pi/4)}{1.52622}\right)\right]\right\} = 54.8626°$$

$$\therefore \quad \theta_o(643.9) = \sin^{-1}\left\{1.51425\sin\left[\frac{\pi}{3} - \sin^{-1}\left(\frac{\sin(\pi/4)}{1.51425}\right)\right]\right\} = 53.7132°$$

したがって，両者の差は 1.1°となる．

分光器は，異なる波長の光の進路を分離する機能をもつ素子を用いて，光のスペクトルを計測する器具である．**回折格子** (diffraction grating) を用いた分光器の例を図 4.8 に示す．光 A は，入射スリット S を透過し，コリメートミラー C によって平行光になって回折格子 G に入射する．ここで，各波長の光は，回折公式で決まる角度の方向へ出力され，ミラー M を経て，1 次元イメージセンサの別々の画素に至る．イメージセンサの各画素の出力を記録することにより，入射した光の分光強度分布が得られる．このようにイメージセンサを使用すると，機械的な走査をすることなく短時間で分光データを記録できる．

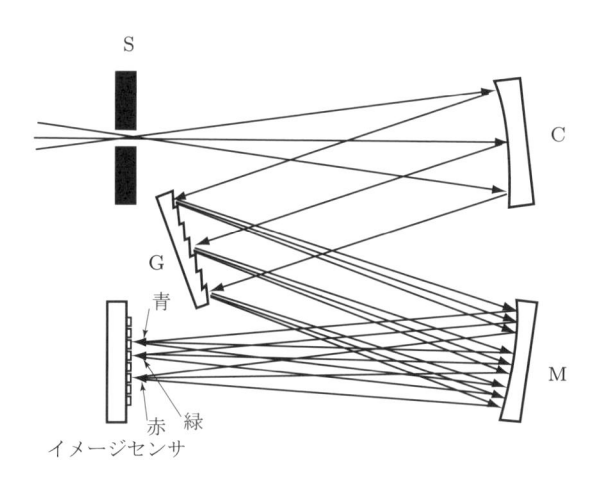

図 4.8 1 次元イメージセンサを利用した分光器の構造

プリズムは，回折格子に比べて波長分離の機能が低く，分光器としての波長分解能が劣る．また，回折格子では，簡単な幾何学的計算により波長を求められるが，プリズムでは，屈折角が材料の物性 (屈折率) に依存するので，波長の計算が単純ではない．そのため，特殊用途の分光器を除き，一般には回折格子が使われる．

4.2 照度，輝度の測定

一般に，カラーセンサは，ある分光透過率特性をもつフィルタを光電変換素子に装着して構成される．照度計や輝度計は，カラーセンサの分光感度が視感度に等しくな

るように設計したものである．これは，フィルタの分光透過率を調整することで実現される．このとき装着するフィルタを**視感度フィルタ**とよぶ．

■ 4.2.1 ■ 照　度

測定面に照度計を置いて，照明光を当てれば，その面の照度が測定される．点光源から放射される放射束は一定なので，図 4.9 に示すように，光が照射される面において，単位面積あたりの光の強度，すなわち，放射照度は，点光源からの距離の 2 乗に比例して減少する．したがって，測光量である照度も，測定面と点光源からの距離の 2 乗に反比例する．

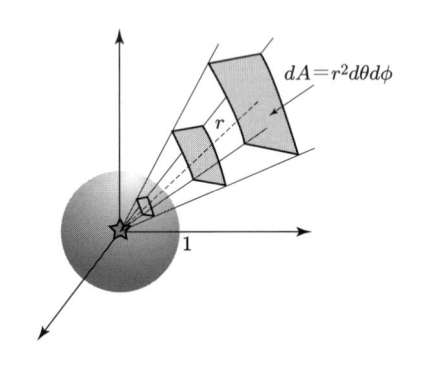

図 4.9　点光源と照度

> **例題 4.7**　点光源から放射された光が，距離 1 m だけ離れた地点の面積 $10\ \mathrm{cm}^2$ の平面に到達している．この平面に有感面積 $1.0\ \mathrm{cm}^2$ のパワーメータを置いたところ，出力は 1.6 mW であった．このときの放射照度はいくらになるか．また，距離 2 m の地点にパワーメータを移動すると，その出力はいくらになるか．
>
> **解**　面積 $10\ \mathrm{cm}^2$ の平面内で放射強度は一様と考える．放射照度は，単位面積あたりの放射束なので，
>
> $$\therefore\ 1.6\ \mathrm{mW}/1.0\ \mathrm{cm}^2 = 1.6 \times 10^{-3}\ \mathrm{W}/1.0 \times 10^{-4}\ \mathrm{m}^2 = 16\ \mathrm{W/m^2}$$
>
> 距離が 2 倍になるとパワーメータに入射する放射束は 1/4 になるので，出力は 0.40 mW になる．

■ 4.2.2 ■ 輝　度

放射輝度は，放射面の面積で放射強度を除した値として定義される．これに対応した測光量が輝度である．輝度計は，視感度フィルタを装着した光電変換素子に，レンズなどの光学系を組み合せて構成される．輝度計の光学系により，被測定物 (放射面)

を見込む角度 (視野) が決まるので，光電変換素子に入射する光のエネルギーは，輝度計と被測定物との間の距離に依存せず，一定になる．したがって，図 4.10 に示すように，輝度計が見込む領域が一様に光エネルギーを放射しているかぎり，輝度計の出力値は，被測定物との間の距離に依存しない．

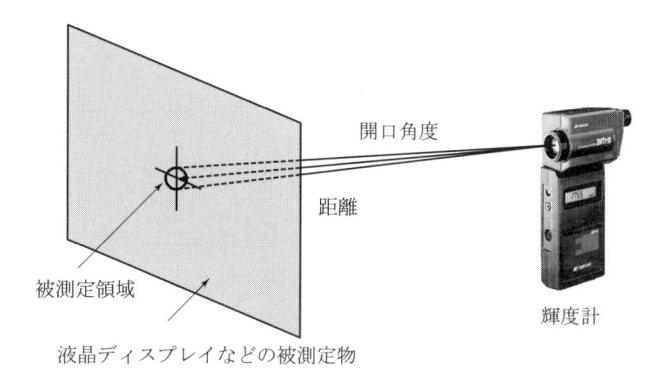

図 4.10 輝度計を用いたスポット測光

例題 4.8 17 型液晶ディスプレイの全面に白色を表示し，輝度計を用いて輝度を測定した．距離 50 cm の場合に輝度計の出力は 100 cd/m^2 を示した．この距離を 1 m にすると，輝度計の出力はいくらになるか．

解 被測定領域が輝度形の開口角度の中で一様であるかぎり，輝度形の出力は距離に依存しない．題意よりこの条件は満たされると考えられるので，出力は 100 cd/m^2 になる．

4.3 色の測定

■ 4.3.1 ■ 測色の原理

測色は，カラー印刷，染物，塗料の製造，食物，などの産業で広く利用されている．測色の原理は，分光測色と三刺激値直読とに大別される．分光器は前者に，光電色彩計 (または色差計) は後者にもとづいている．

分光測色は分光器によりスペクトルを得る方法で，物理的により正確である．物体や光源からの光を分光器に入力すると，分光器は物体の反射光や光源のスペクトルを出力する．標準的な人の感度である等色関数を用いて，これを三刺激値に変換する．三刺激値 XYZ への変換式は式 (3.29) で与えられる．

一方，**三刺激値直読**は，3 種類のフィルタを装着した光センサ (カラーセンサ，あ

るいは，光電色彩計) により，三刺激値を直接に測定する方法である．三刺激値直読による測色値が正確であるためには，3種のカラーセンサの分光感度が**ルーター条件** (Luther condition) を満足する必要がある．ルーター条件とは，3種のカラーセンサの分光感度が，等色関数の線形結合で表されるというものである．すなわち，ルーター条件を数式で表現すると次のようになる．ただし，3種のカラーセンサの分光感度を $R(\lambda),\ G(\lambda),\ B(\lambda)$，等色関数を $\bar{x}(\lambda),\ \bar{y}(\lambda),\ \bar{z}(\lambda)$ と表している．

$$\begin{pmatrix} R(\lambda) \\ G(\lambda) \\ B(\lambda) \end{pmatrix} = \begin{pmatrix} a & b & c \\ d & e & f \\ g & h & i \end{pmatrix} \begin{pmatrix} \bar{x}(\lambda) \\ \bar{y}(\lambda) \\ \bar{z}(\lambda) \end{pmatrix} \tag{4.9}$$

現実には，高い精度でルーター条件を満足する3種のカラーセンサを実現することは困難である．測色は，分光測色と三刺激値直読のいずれの場合でも，標準的な観察者が知覚する刺激という等色関数にもとづいている．この点につねに留意しておく必要がある．

■ 4.3.2 ■ 測色の幾何学条件

ここで改めて，光が物体で反射されるときの状況を考えてみよう．物体の表面での反射に正反射と拡散反射があることは，写真の印画紙の光沢 (gloss) とマット (matt) を思い出せばよい．表面が鏡のように平らな場合は，光は一定の方向へ反射される．正反射する確率はフレネルの公式で決まり，光の入射角度，偏光状態，媒質の屈折率に依存する．表面に凹凸がある場合の反射角を求めるには，入射点の法線方向を考慮すればよい．実際の物体の表面は，鏡面から完全な拡散面までの状態が存在することになる．この様子を図 4.11 に模式的に示す．矢印の長さが光の強度を表す．

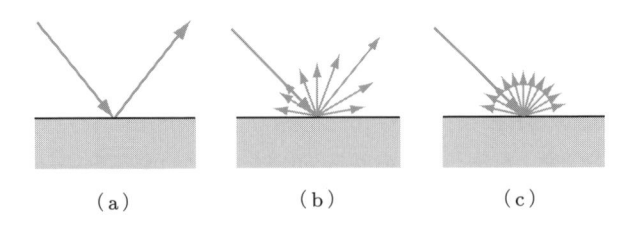

図 4.11 鏡面反射 (a) から完全拡散反射 (c) まで

実際には，物体での光の反射は複雑である．図 4.12 に示すように，物体の表面で正反射あるいは拡散反射される場合や，物体の内部に侵入して内部で拡散され，ふたたび表面から放射される場合がある．

内部拡散は，物体の材質がやや透明なために起こる．カラー印刷は，数種類のイン

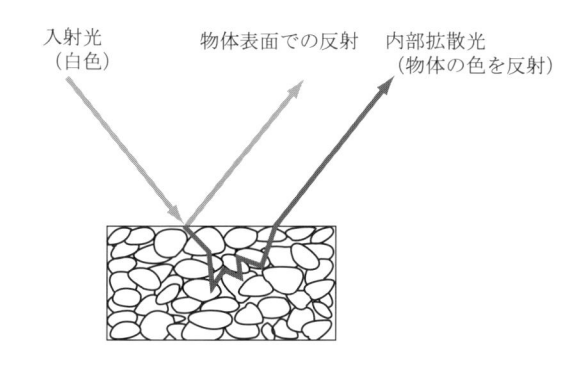

図 4.12 物体の表面で反射される光と内部で拡散された後に表面から放射される光

クを重ねて，内部拡散光の割合を変化させることにより，色を合成している．紙などの媒体の表面の一点に光を入射させると，その周囲の領域から光が放射されるという事実は，**ユール・ニールセン (Yule-Nielsen) 効果**として知られている．また，緊張して赤面するのは，皮膚がやや透明なため，内部の血液の色を反映している．この現象も，光の内部拡散の例である．

測色には，正反射光ではなく，拡散光のみを検出する必要がある．ところが，前述の通り，正反射，拡散反射，内部拡散の割合は，物体の表面の状態だけでなく，照明と受光器の方向にも依存する．したがって，照明と受光との幾何学条件が重要になる．二つの例を図 4.13 に示す．(a) は 45°の角度で照明し，法線方向で検出する例である．(b) は両者を入れ替えた例である．

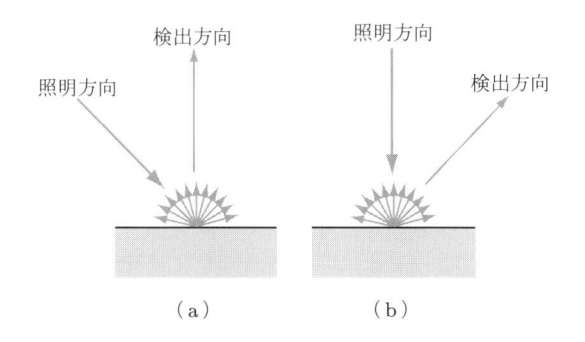

図 4.13 照明方向と検出方向の例

図 4.13 のいずれの場合でも正反射光の検出は回避できるが，物体の表面の組成，模様などの状態 (texture) に依存して，偏光依存性がある場合があり，注意を要する．この課題への対応策は，物体を多くの方向から照明することである．それには，積分球

を用いて，たとえば図 4.14 のとおりに照明すればよい．積分球とは，内壁に硫酸バリウムなどの材料を塗布した球である．光源から放射された光は，積分球の内側で何回か拡散反射された後に測定対象を照明する．積分球の内側に設けられた遮光板は，測定対象 (試料) が直接に照明されないようにするためのものである．なお，測色に関わる幾何学条件については，JIS Z8722 で細かく規定されている．

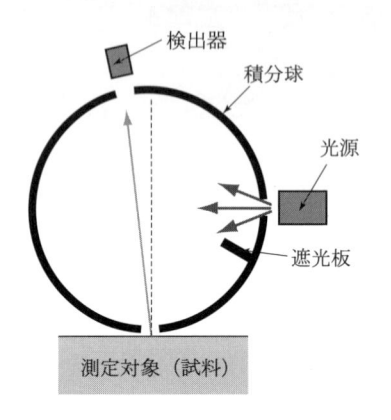

図 4.14 積分球を用いた測色

また，測定対象が蛍光材料を含む場合には，さらなる注意が必要である．蛍光材料は，短波長の光を吸収して長波長の光を放出するので，色の測定に影響を与える．したがって，試料が蛍光物質を含むかどうかをあらかじめ調査する必要がある．これは，試料を紫外光で照明するなどして確認できる．

■ 4.3.3 ■ 条件等色

物体の色 (三刺激値) は，式 (3.29) に示すとおり，さまざまな要因に依存する．たとえば，同じ分光反射率をもつ物体でも，照明光や観察条件が異なると，一般には異なる色に見える．逆に，ある観察条件の下で異なる色の物体でも，別の条件の下では同じ色に見えることがある．このように，物体の分光反射率が異なっていても等色が起こりうることを条件等色ということは 3.5.6 項で述べた．

条件等色は，数式で表現するとわかりやすい．物体が同じ色に見えるということは，三刺激値が等しいということである．今，異なる分光反射率 $\rho_1(\lambda)$, $\rho_2(\lambda)$ をもつ二つの物体があり，分光強度分布 $S(\lambda)$ の光源で照明されたときに，同じ色に見えるとする．このとき，二つの物体を観察したときの三刺激値について次式が成り立つ．

$$X = k \int_{380}^{780} S(\lambda)\rho_1(\lambda)\bar{x}(\lambda)d\lambda = k \int_{380}^{780} S(\lambda)\rho_2(\lambda)\bar{x}(\lambda)d\lambda$$

$$Y = k \int_{380}^{780} S(\lambda)\rho_1(\lambda)\bar{y}(\lambda)d\lambda = k \int_{380}^{780} S(\lambda)\rho_2(\lambda)\bar{y}(\lambda)d\lambda \quad (4.10)$$

$$Z = k \int_{380}^{780} S(\lambda)\rho_1(\lambda)\bar{z}(\lambda)d\lambda = k \int_{380}^{780} S(\lambda)\rho_2(\lambda)\bar{z}(\lambda)d\lambda$$

ある条件の下では二つの積分の結果が等しくなるが，その条件が変わると，もはや等式は成り立たない．たとえば，照明の分光強度分布が $S'(\lambda) \neq S(\lambda)$ になった場合，物体の分光反射率が $\rho_1'(\lambda) \neq \rho_1(\lambda)$ となった場合などである．したがって，条件等色にはいくつか種類がある．

おそらく最も身近なのは，**照明光メタメリズム** (illuminant metamerism) であろう．これは，ある照明条件で同じ色に見える二つの物体が，別の照明条件では異なる色に見えるという現象である．すなわち，$S'(\lambda) \neq S(\lambda)$ となる場合である．

例題 4.9 式 (4.10) が成り立つとき，これらの物体を波長 λ_0 の単色光で照明したときに得られる三刺激値は等しくなるか．

解 波長 λ_0 の単色光で照明するときの三刺激値は，$S(\lambda) = S_0\delta(\lambda_0)$ を式 (4.10) に代入して求められる．すなわち，物体 1 の三刺激値は，

$$X_1 = kS_0\rho_1(\lambda_0)\bar{x}(\lambda_0), \quad Y_1 = kS_0\rho_1(\lambda_0)\bar{y}(\lambda_0), \quad Z_1 = kS_0\rho_1(\lambda_0)\bar{z}(\lambda_0)$$

物体 2 の三刺激値も同様にして，

$$X_2 = kS_0\rho_2(\lambda_0)\bar{x}(\lambda_0), \quad Y_2 = kS_0\rho_2(\lambda_0)\bar{y}(\lambda_0), \quad Z_2 = kS_0\rho_2(\lambda_0)\bar{z}(\lambda_0)$$

題意より $\rho_1(\lambda) \neq \rho_2(\lambda)$ なので，$X_1 \neq X_2$ などとなる．

幾何学的メタメリズム (geometric metamerism) は，ある方向から見ると同じ色に見える二つの物体が，別の角度では異なる色になるという現象である．これは，物体の分光反射率が角度依存性を持つことが原因である．これは，$\rho_1'(\lambda) \neq \rho_1(\lambda)$ などとなる場合である．

観測者メタメリズム (observer metamerism) は，照明条件と分光反射率が同じでも，人によって感じる色が異なるというもので，錐体の分光感度が人によって異なることによる．**視野メタメリズム** (field-size metamerism) は，網膜上の錐体の分布の差により引き起こされる．たとえば，小さな物体は，網膜の中央部のみに結像されるかもしれず，そこでは短波長に感度を持つ錐体が存在しない．同じ照明条件下で同じ物体を近くから見ると，物体からの光は網膜上の広い領域に結像されて，短波長に感度のある錐体も入射した光を感じることができる．この二つは，等色関数が人や視野により異なるという場合である．

演習問題

4-1 瞳孔の直径変化が 3～6 mm の人では，瞳孔による光量調節の機能は何倍か．

4-2 人の目は，高感度銀塩フィルムよりも感度が高いか．最新のデジタルカメラと比べるとどうか．光検出器(目，フィルム，センサ)の感度を決定する要因を挙げよ．

4-3 対角 1/3 インチ，100 万画素のイメージセンサは，$1\ mm^2$ あたり何個の光電変換素子をもつか．また，光電変換素子の一辺の長さはいくらか．ただし，イメージセンサと光電変換素子の形状はともに正方形とする．

4-4 量子効率が 0.70 のフォトダイオードを用いて，放射束 1 μW の光を検出したい．光が波長 550 nm の単一波長であるとすると，フォトダイオードに入射している光子数は毎秒何個になるか．また，このフォトダイオードが出力する光電流はいくらか．

4-5 波長 550 nm の単色光と，620 nm の単色光が，それぞれ Si フォトダイオードに入射し，ともに 1 pA の電流出力を得た．フォトダイオードの量子効率が 550 nm では 0.9，620 nm では 0.6 とすると，放射束はどちらの波長の光が大きいか．

4-6 次の文章の空欄に適切な語句，数値，または記号を入れよ．ただし，数値の有効数字は 2 桁で答えよ．
   a. 波長 620 nm の光子のエネルギーは，(ア) eV である．
   b. 波長 620 nm の光子が，毎秒 10^{+9} 個の割合で通過している．このときの放射束は，(イ) W である．
   c. 放射強度は，単位立体角あたりの放射束として定義される．点光源から等方的に 3.14 mW の放射束が出力されているとき，放射強度は (ウ) mW/sr になる．
   d. 波長 620 nm の光子が，面積 $1\ mm^2$ の領域を毎秒 $4.0 \times 10^{+9}$ 個の割合で通過している．面積が十分に大きなフォトダイオードを用いてこの光を検出すると，毎秒 (エ) C の電荷が得られる．ただし，波長 620 nm におけるフォトダイオードの量子効率は 0.75 である．

4-7 17 型液晶ディスプレイの全面に白色を表示し，輝度計を用いて輝度を測定した．輝度計とディスプレイとの距離が 50 cm の場合に，輝度計の出力は $200\ cd/m^2$ を示した．次の文章の空欄に適切な語句，数値，または記号を記入せよ．ただし，すべての実験は暗室の中で行い，ディスプレイ以外の光源はないものとする．
   a. この距離を 1 m にすると，輝度計の出力は (ア) cd/m^2 になる．
   b. 輝度計をパワーメータで置き換えたところ，50 cm の距離では 40 μW の出力を示した．
   c. パワーメータの有感領域の面積は $1.0\ cm^2$ である．1 m の距離ではパワーメータの出力は (イ) μW になる．
   d. このパワーメータの検出部を，有感領域の面積が $5.0\ cm^2$ のもので置き換えた．このとき，50 cm の距離では出力は (ウ) μW になる．
   e. この距離を 1 m にすると，パワーメータの出力は (エ) μW になる．

4-8 色の理解や定量化には分光情報が重要である．分光情報を得るために一般に分光器が用いられる．分光器の構成と動作原理について，図を示しながら説明せよ．

5 光源

物体の色の測定には,物体を照明するための光源が必要である.定量化された色の情報は,光源の発光スペクトルに直接に依存している.たとえば,三刺激値 (X, Y, Z) は,式 (3.29) に示すように,物体の分光反射率 $\rho(\lambda)$ と,光源の分光強度分布 $S(\lambda)$ と,等色関数との積を波長で積分して与えられる.照明光は,**自然光 (昼光)** と人工光とに大別される.昼光は時間や場所により変化するし,白熱電球のような人工光源の特性もさまざまである.そこで,物体の色の測定のために,ある決まった分光強度分布をもつ光 (標準の光) を定めると便利である.また,光源が物体の色をいかに豊かに表現できるかを評価する指標として,演色性という概念がある.

一方,ディスプレイやスキャナなどの機器は,人とコンピュータの間に位置するヒューマン・インターフェイスとして,豊かな情報の伝達を実現している.ここで,色彩は重要な情報のひとつである.これらの機器に搭載される人工光源は,色彩情報を取り扱うための重要な構成要素である.その中でもとくに発光ダイオードは,今後その重要性がさらに高まると期待されている.

そこで,本章の前半では,自然の光源,人工光源,標準の光,演色性について解説する.後半では,人工光源の中でもとくに発光ダイオードについて解説する.

5.1 自然の光源

5.1.1 昼 光

太陽光のスペクトルは,天候,時刻,場所などの条件に強く依存する.これらの変化は,分光器を用いて簡単に測定できる.図 5.1 は,ある曇りの日の午後に,立命館大学のキャンパスから北側 (琵琶湖方面) の空を分光器で観察して得られた結果である.縦軸の単位の a.u. は "arbitrary unit" の略で,相対的な大小関係のみを表すものである.12 時 35 分と 14 時 35 分のデータを比較すると,光量 (スペクトルの面積に対応) は減少するが,スペクトルの形状はほとんど変化しない.16 時 35 分になると,赤色領域の光の成分が相対的に増加している.また,これらのスペクトルの赤色から近赤外の領域では,大気中の水分や酸素による吸収が確認できる.

第5章 光源

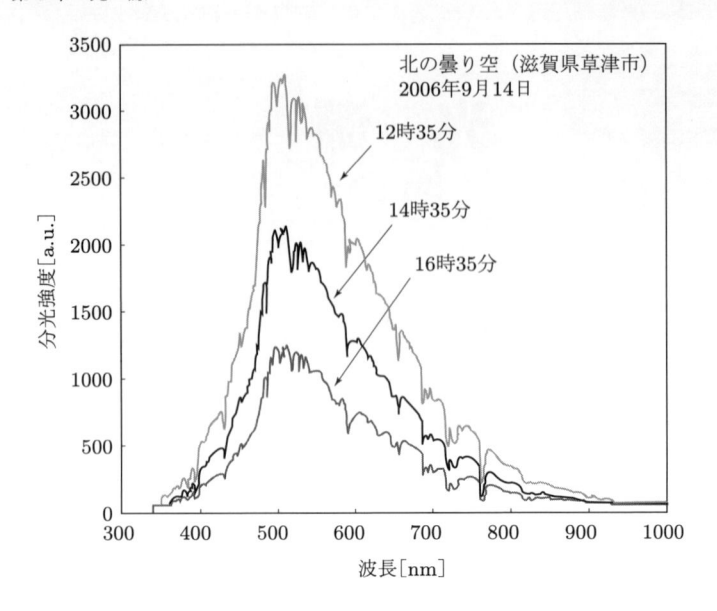

図 5.1 時刻に依存した昼光スペクトルの変化

CIE は，多くの太陽光の分光スペクトルの測定結果を解析して，xy 色度図上にプロットした．この軌跡は**昼光軌跡** (daylight locus) とよばれ，次の2次曲線でよく近似される．

$$y = -3.000x^2 + 2.870x - 0.275 \tag{5.1}$$

■ 5.1.2 ■ 黒体放射

不燃性の物体を加熱すると光が放射され，その色は温度の上昇とともに赤，黄，白色へと変化する．プランク (Max Planck) はこの現象を解析し，プランクの放射則としてまとめた．この法則に完全に従う仮想的な物体を黒体 (black body) とよぶ．それによると，黒体が放射する光のエネルギーは絶対温度 T のみの関数で，分光強度分布 $S(\lambda)$ は，次式に示すとおりになる．

$$S(\lambda) = \frac{2\pi hc^2}{\lambda^5} \cdot \frac{1}{\exp\left(\dfrac{hc}{\lambda kT}\right) - 1} \tag{5.2}$$

ここで，c, h, k はそれぞれ光速，プランクの定数，ボルツマン定数で，$c = 2.998 \times 10^8$ m/s，$h = 6.626 \times 10^{-34}$ J·s，$k = 1.381 \times 10^{-23}$ J/K である．図 5.2 は，いくつかの温度について式 (5.2) を計算した結果である．

黒体が放射する光を黒体放射といい，それの xy 色度図上の軌跡を，**黒体軌跡**

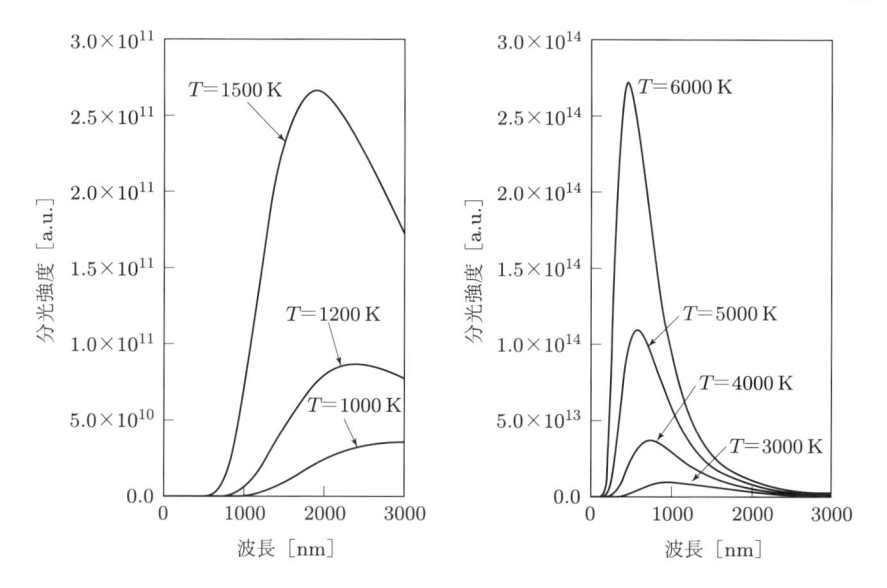

図 5.2 黒体放射

(Planckian locus) とよぶ．CIE 昼光軌跡と黒体軌跡は，ほぼ一致する．

■ 5.1.3 ■ 色温度

光源の色度座標が黒体軌跡の上にある場合，その光源の分光強度分布は，**色温度** (color temperature) で表される．しかし，実際の物体は必ずしもプランクの放射則に従わない．たとえば，白熱電球は黒体に近いが，蛍光灯はそうではない．光源の色度座標が黒体軌跡の上にない場合には，最も近似の黒体放射の温度を，その光源の**相関色温度** (correlated color temperature) という．これは，CIEuv 均等色度図の上で，その光源の色度座標から黒体軌跡に垂線を下ろしたときの交点に対応している．当然ながら，光源がこの温度で加熱されているというわけではない．

白色光 (white light) とは，分光強度分布がほぼ可視光域のすべてに広がっている光である．白色光の色度座標が黒体軌跡上にある場合には，その白色光は色温度で表される．黒体軌跡上にない場合には，相関色温度で表される．

身近な光の色温度の例を表 5.1 に示す．色温度の上昇とともに，物体の色は赤から黄，白，青へと変化する．一方，たとえば，炎は赤くて熱い，水は青くて冷たい，というように，われわれが身近な事例から受ける色の印象は，色温度の高低とは逆になっている．英語で "red hot" という表現があるが，実は青色のほうが色温度は高い．

表 5.1　色温度の例

色温度	例
1200 K	ろうそく
2800 K	タングステンランプ，夜明け，日暮れ
3000 K	写真用スタジオ照明
5000 K	一般的な昼光
6000 K	明るい正午
8000 K	曇りの空

5.2　人工光源

■ 5.2.1 ■　発光原理

　人工光源の発光原理は多岐に渡る．ここでは，燃焼や化学反応による発光ではなく，電流を源とする人工光源について考える．図5.5に示すように，人工光源の発光原理は，温度放射，放電発光，電界発光の3種に分類できる．

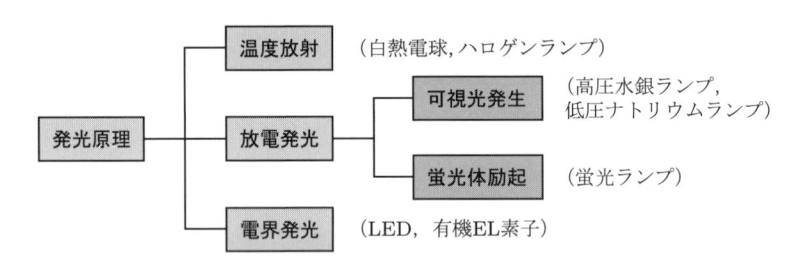

発光原理
- 温度放射　（白熱電球, ハロゲンランプ）
- 放電発光
  - 可視光発生　（高圧水銀ランプ，低圧ナトリウムランプ）
  - 蛍光体励起　（蛍光ランプ）
- 電界発光　（LED，有機EL素子）

図 5.3　発光原理による人工光源の分類

（1）温度放射

　代表的な光源は，**白熱電球** (incandescent lamp) である．細いフィラメント (filament) に電流を流すと，フィラメントが加熱されて光を発する．このように，温度放射は，物体を過熱したときに放射される光を利用する．白熱電球は，数Vから数百Vまで広い範囲の電圧用のものが存在する．典型的な寿命は1000時間程度である．

　ハロゲンランプ (halogen lamp，または tungsten-halogen lamp) は，白熱電球の短い寿命の問題を解決するために発明された．タングステン製のフィラメントが小さい容器に封入され，その中にはヨウ素や臭素などのハロゲンガスが満たされている．タングステンが加熱されて蒸発すると，ハロゲンガスとの化学反応によって，ふたたびタングステンが過熱された場所に堆積する．この反応により長寿命化が実現される．あるいは，通常の白熱電球では短期間で寿命が尽きるような温度での動作が可能にな

るため,強力な光源として利用される.容器の材料としては,合成石英などの高温用ガラスが用いられる.白熱電球では,投入された電力の約95%は熱に変換され,光として出力されるのは5%程度である.高品質のハロゲンランプでは9%程度である.タングステンランプ,ハロゲンランプと称して市販されている製品2種の発光スペクトルの例を図5.4に示す.

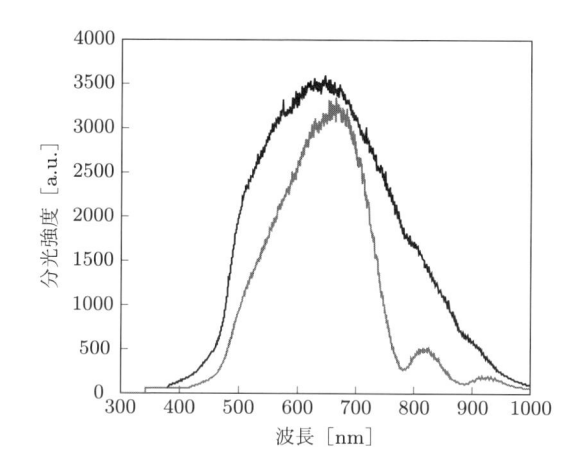

図 5.4 ハロゲンランプ2種の発光スペクトル

温度放射を利用する光源は,寿命が短く,発光効率が低いために,蛍光灯やLEDなどの他の光源によって代替されつつある.

(2) 放電発光

放電発光では,気体を封入した空間で放電を発生させ,励起された原子が基底状態に戻るときにエネルギーを光として放射する.この光が可視光のときは,直接に光源として利用できる.ネオン灯,低圧ナトリウムランプ,キセノンランプなどの例がある.これらは,道路やトンネルの照明,公園や広場の照明などに用いられている.

たとえば,**低圧ナトリウムランプ** (low pressure sodium lamp, LPS) は,D線 (589 nm) を高効率で出力する.このような単色光の光源の下では,物体の色はまったくわからない.この事実は,高速道路のトンネル内で体験できる.

公園や広場の照明では事情が異なり,たとえば,夕日のような色温度の照明により,落ち着きのある空間を演出したい.このためには,メタルハライドランプ,水銀ランプなどが用いられる.立命館大学のキャンパスに設置された街灯の例を図5.5に示す.

放電発光による光を直接に用いるのではなく,蛍光体を利用する方法もある.すなわち,放電によって励起された原子が紫外光や青色の光を放射し,これらが蛍光体を

第5章 光源

(a) 点灯中のランプ　　　　(b) 照明されたキャンパス

図 5.5　放電発光によるランプの例

照射する．励起状態となった蛍光体が基底状態に戻るときに，可視光が放射される．さまざまな蛍光体材料により，さまざまな分光スペクトルの可視光が得られる．**蛍光灯** (fluorescent lamp) は，水銀の蒸気を含むアルゴンガスやネオンガスの中で放電を起こし，このときに発生される紫外光 (253.7 nm, 185 nm) が蛍光体を励起する．蛍光灯の色は，蛍光体材料により決まる．有害な紫外光は，ガラスの容器に吸収されて外部に漏れ出ることはない．放電発光を利用する光源に比べ，蛍光灯の発光効率 (5.2.2 項参照) は 3〜4 倍と高く，寿命も 10〜20 倍と長い．卓上用電気スタンドと天井灯に用いられている 2 種類の蛍光灯の発光スペクトルを測定した結果を図 5.6 に示す．白熱電球のスペクトルは連続的だが，蛍光灯には鋭い発光ピークが存在する．また，赤外領域の光は，蛍光灯ではほとんど存在しないことが確認できる．

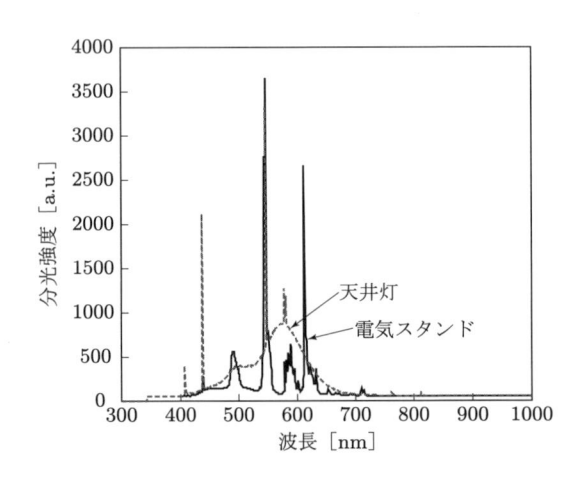

図 5.6　2 種類の蛍光灯の発光スペクトル

（3） 電界発光

第3の発光原理は，電界発光である．これは，固体素子に電流を流すことで材料 (多くの場合は半導体) の中に電子と正孔のペアを生成して励起状態にし，これらが再結合するときに発生する光を利用する．固体素子としては，**発光ダイオード** (light-emitting diode, **LED**), **有機 EL 素子** (organic light-emitting diode, **OLED**) がある．とくに，LED については，今後の応用展開として重要であり，後に詳しく解説する．

発光現象に関わる材料と原理を考えると，① 加熱，② 気体中の放電と蛍光体，③ 固体中での電界発光，という順に，材料や素子の技術が進歩してきたことがわかる．これは，電子回路の基本であるスイッチ素子，あるいは，放射線検出に用いられる材料・素子技術と共通している点が興味深い．いずれの場合も，気体を利用した素子から固体素子へと進化することで，素子や機器の高性能化 (高効率化，小型化，長寿命化など) が実現されている．

■ 5.2.2 ■ 発光効率

発光効率 (luminous efficacy) は，光源に投入した単位電力あたりの光束として定義される．したがって，その単位は lm/W, 最大値は 683 lm/W である．また，最大値との比を%で表示したものも**発光効率** (luminous efficiency) とよばれる．これらは，投入したエネルギーから光エネルギーへの変換効率ではなく，視感度を考慮した値である点に注意する．

さまざまな人工光源の発光効率を表 5.2 にまとめる．いずれの光源も，開発当初には発光効率が大きく伸び，時間とともに飽和する．その中で，比較的に歴史の浅い発光ダイオードは，今後の効率向上が期待される．

表 5.2　発光効率の比較

発光原理	人工光源	発光効率 [lm/W]	発光効率 [%]
燃焼	ろうそく	0.3	0.04
温度放射	タングステンランプ	12〜17	1.9〜2.6
	ハロゲンランプ	16〜24	2.3〜3.5
放電発光 (直接)	キセノンランプ	30〜150	4.4〜22
	低圧 Na ランプ	180	27
放電発光 (蛍光)	蛍光灯	65〜80	8.2
電界発光	白色 LED	26〜130	3.8〜19

5.3 CIE 標準の光

CIE は，物体の色の測定のために，数種類の分光強度分布をもつ光を定めた．これを **CIE 標準の光** (CIE standard illuminant) とよぶ．白熱電球と昼光は，日常生活によく用いられる照明光で，CIE は，これらを代表するものとして，それぞれ標準の光 A，D_{65} を定めた．図 5.7 は，これらの CIE 標準の光の分光強度分布である．相関色温度は，それぞれ 2856 K，6504 K である．この他にも，CIE 標準の光 C，補助標準の光 D_{50}，D_{55}，D_{75}，B がある．これら CIE 標準の光の色度座標と色温度について，表 5.3 に示す．

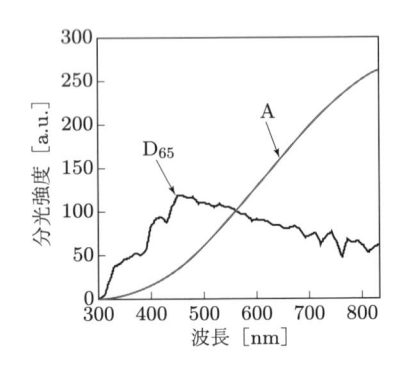

図 5.7 CIE 標準の光

表 5.3 CIE 標準の光

CIE 標準の光	色温度 [K]	色度座標 (2°視野)		色度座標 (10°視野)	
		x	y	x	y
A	2856	0.4476	0.4074	0.4512	0.4059
B	4874	0.3484	0.3516	0.3498	0.3527
C	6774	0.3101	0.3162	0.3104	0.3191
D_{55}	5503	0.3324	0.3475	0.3341	0.3487
D_{65}	6504	0.3127	0.3290	0.3138	0.3310

CIE 標準の光を実現する人工光源を，**CIE 標準光源** (CIE standard source) とよぶ．標準の光 A のための標準光源は，タングステン電球である．標準の光 D_{65} のための標準光源は，まだ開発されていない．そのため，これを近似するものとして，フィルタを加えた構成のキセノンランプなどを**常用光源** (daylight simulator) として用いる．

5.4 演色性

物体を照明するとき，人が物体の色をどのくらい自然に知覚できるかは，照明に用いる光源の重要な特性のひとつである．この特性のことを，光源の**演色性** (color rendering capability) という．以下の例題から明らかなように，色彩情報を正確に扱うには，演色性の高い光源を用いる必要がある．

例題 5.1　次の問いに答えよ．
  (a) 赤いトマトを緑色の LED で照明した場合，トマトは何色に見えるか．
  (b) 青いバナナを黄色の LED で照明した場合，バナナは何色に見えるか．
  (c) 青果店や精肉店が商品の見栄えをよくするには，どのような照明が望ましいか．

解
  (a) 緑色
  (b) 黄色
  (c) 青果店は緑色，精肉店は赤色の照明を用いることが望ましい．

■ 5.4.1 ■　演色評価数

光源の色温度は，その光源による照明の下で，物体が暖かく見えるか，冷たく見えるかを表現しているが，その演色性はわからない．それでは，光源の演色性をどのように定量化すればいいのだろうか．

この問いに対する解答は，なんらかの原理をもとにして演繹的に求まるものではない．「評価用の指数をこのように決めると，多くの人に受け入れられる」ことを目指して，人が決めるものである．こうして，**演色評価数** (color rendering index, CRI) が定義されている．詳細な方法は，日本工業規格 (JIS)「光源の演色性評価方法」(Z8726-1990) に記載されている．これを簡単に表現すれば，

　「評価対象の光源 (試料光源とよぶ) と基準の光を用いて，標準的な色のサンプルをそれぞれ照明して色度座標を求め，色順応効果の補正を施した後に，色度座標の距離 (色差) を求める」

ということになる．ここで，基準の光と色のサンプルは，すべて規格に定められている．以下に，この手順を紹介する．

まず，標準の 15 種の色票を用意する．色票 No.1〜8 は，中程度の彩度で，多くの物体の平均的な色である．色票 No.9〜12 は，それぞれ，赤，黄，緑，青の高彩度の色である．色票 No.13 は白人の肌の色，色票 No.14 は葉の緑，色票 No.15 は日本人女性の平均的な顔の色である．これらの分光反射率は JIS に記載されている．

これらの色票を試料光源により照明して測色し，得られた三刺激値を1964W*U*V*均等色空間で表す．これを $(W_{ki}^*, U_{ki}^*, V_{ki}^*)$ とする．ここで，添え字 i は色票の番号 $(i = 1, 2, \cdots, 15)$，添え字 k は試料光源であることを表す．また，同じ色票を標準光源で照明したときに得られる三刺激値を $(W_{ri}^*, U_{ri}^*, V_{ri}^*)$ とする．基準 (reference) という意味で，添え字 r を用いている．

次に，試料光源による照明で得られた三刺激値 $(W_{ki}^*, U_{ki}^*, V_{ki}^*)$ に色順応効果の補正を施す．具体的には，三刺激値 $(W_{ki}^*, U_{ki}^*, V_{ki}^*)$ から色度座標 (u_{ki}, v_{ki}) を求め，次の補正式を用いて補正後の色度座標 (u'_{ki}, v'_{ki}) を求める．

$$u'_{ki} = \frac{10.872 + 0.414 c_r c_{ki}/c_k - 4 d_r d_{ki}/d_k}{16.518 + 1.481 c_r c_{ki}/c_k - d_r d_{ki}/d_k}$$
$$v'_{ki} = \frac{5.520}{16.518 + 1.481 c_r c_{ki}/c_k - d_r d_{ki}/d_k} \tag{5.3}$$

ここで，c_r, d_r, c_k, d_k, c_{ki}, d_{ki} は，次式で定義される係数 c, d で，それぞれの添え字の光源や色票に対応している．

$$c = \frac{4.0 - u - 10.0v}{v}$$
$$d = \frac{1.708v + 0.404 - 1.481u}{v} \tag{5.4}$$

補正後の色度座標 (u'_{ki}, v'_{ki}) をふたたび三刺激値 $(W_{ki}^*, U_{ki}^*, V_{ki}^*)$ に変換する．色差 ΔE_i は，色順応効果の補正後の三刺激値 $(W_{ki}^*, U_{ki}^*, V_{ki}^*)$ と，基準の光で得られた三刺激値 $(W_{ri}^*, U_{ri}^*, V_{ri}^*)$ との間の距離として，次式で表される．

$$\Delta E_i = \sqrt{(W_{ri}^* - W_{ki}^*)^2 + (Ur_i^* - U_{ki}^*)^2 + (V_{ri}^* - V_{ki}^*)^2} \tag{5.5}$$

ここで，15種の色票の個々について，**特殊演色評価数** R_i が次式で定義される．

$$R_i = 100 - 4.6 \Delta E_i$$

さらに，色票 No.1〜8 の特殊演色評価数の平均値を**平均演色評価数** (general color rendering index) とよび，記号 R_a で表す．すなわち，

$$R_a = \frac{\sum_{i=1}^{8} R_i}{8} \tag{5.6}$$

例題 5.2 平均演色評価数 R_a の最大値はいくらか．

解 式 (5.6) において $\Delta E_i = 0$ のとき，$R_a = 100$ が最大値である．これは演色性が完全な場合であり，演色性が劣る光源ほど R_a は 100 よりも小さい値になる．

演色評価数は，このように客観的に定義されたものだが，最近は，その妥当性が疑問視されている．とくに，現在の蛍光灯や白色 LED のような発光スペクトルに鋭いピークを含む光源では，演色評価数が，現実の色の「見え」に対する主観的な評価と必ずしも一致しないという批判があり，CIE は新たな評価指数の開発を検討している．

■ 5.4.2 ■ 条件等色指数

演色評価数は，基準の光源と評価対象の光源を用いて，特定の色票を照明したときの 1964W*U*V*均等色空間での色差にもとづいて定義された．しかし，条件等色の評価のためには，光源の発光スペクトルの一致の度合いを定量化することが望まれる．そこで，CIE は，常用光源を基準として，紫外部と可視部とで，条件等色を評価するための指数を定めた．これは，**条件等色指数** MI (metamerism index) とよばれる．

ここで，ある照明条件の下で三刺激値が等しくなる色刺激の組み合わせ，すなわち，**条件等色対** (metameric pair) を用意する．可視部での指数，すなわち，可視条件等色指数 MI_{vis} は，評価対象の光源と常用光源が 5 組の条件等色対を照明したときの色差の平均として定義される．

$$MI_{vis} = \frac{\sum_{i=1}^{5} \Delta E_i}{5} \tag{5.7}$$

ここで，ΔE_i は i 番目の条件等色対を基準の光源 (添字 r) と評価対象の光源 (添字 t) で照明したときの L*a*b*色空間での色差であり，次式で与えられる．

$$\Delta E_i = \sqrt{(\Delta L_{ri}^* - \Delta L_{ti}^*)^2 + (\Delta a_{ri}^* - \Delta a_{ti}^*)^2 + (\Delta b_{ri}^* - \Delta b_{ti}^*)^2} \tag{5.8}$$

> **例題 5.3** 可視条件等色指数の最小値はいくらか．
>
> **解** 式 (5.7) において $\Delta E_i = 0$ のとき，$MI_{vis} = 0$ が最小値である．これは演色性が完全な場合であり，演色性が劣る光源ほど MI_{vis} は 0 よりも大きい値になる．

■ 5.4.3 ■ 演色性の評価の例

実際に白色光源をいくつか選択し，仕様書の発光スペクトルをもとにして演色性を評価した例を示す．条件等色対の分光反射率として文献 [37] のデータを用いて，いくつかの光源の演色性を評価した．その結果，表 5.4 に示すように，平均演色評価数 R_a が 100 に近いほど，また，可視条件等色指数 MI_{vis} が小さいほど，演色性が優れており，これら二つの指数には相関があることが確認できる．

また，ピーク波長の異なる複数の LED の出力光を加法混色することにより，CIE

表 5.4　さまざまな光源の演色性

品名	型名	製造元	R_a	MI_{vis}
D_{65} 蛍光ランプ	FL40SD-EDL-D65	島津ジーエルシー	98	0.26
人工太陽照明灯	XC100A	セリック	90	0.72
白色 LED	E1S40-1W0C6-01	豊田合成	86	1.11

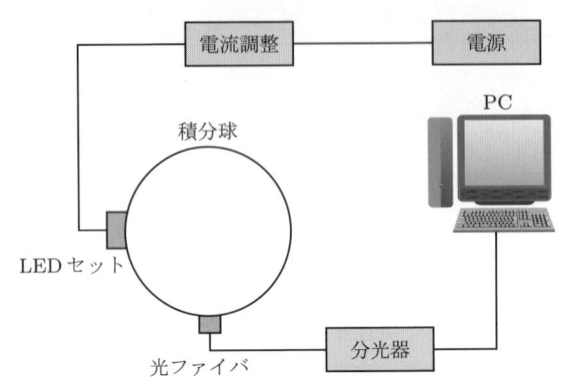

図 5.8　LED を用いた標準光源の作成

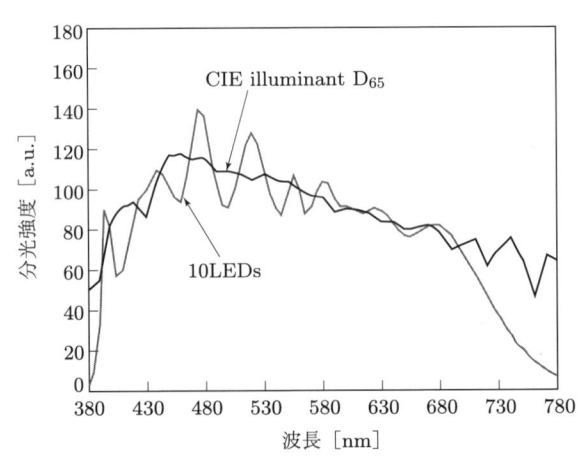

図 5.9　複数の LED の出力光を加算して得られた発光スペクトルと CIE 標準の光 D_{65} との比較

標準の光をどこまで再現できるかを試みた例が報告されている[38]．図 5.8 に示すように，積分球を用いて個々の LED の出力光を均一化し，光ファイバで出力光を分光器に導く．たとえば，10 種類の LED を用い，各 LED に直列に可変抵抗器を接続し，これらの設定値を変化させることにより，個々の LED の出力光強度を調整する．分光器の出力が CIE 標準の光 D_{65} の分光強度分布にできるだけ一致するように調整した

例を図 5.9 に示す．この LED 光源の演色性を，前述の 5 組の条件等色対を用いて評価すると，$MI_{vis} = 0.09$ が得られ，また，平均演色評価数は 98.41 となる．さらに，これら 10 種類の LED の出力光強度を変更すれば，他の CIE 標準の光 (A, C) と補助標準の光 (B, D_{50}, D_{55}, D_{75}) も近似的に作製することができる．

5.5 発光ダイオード

5.5.1 応用

発光ダイオードは，すでに至る所で利用されている．たとえば，携帯電話のボタンキーや液晶ディスプレイのバックライト，家電製品のリモコン，交通信号機，自動車や自転車用のランプ，植物の栽培などである．いくつかの例を図 5.10，図 5.11，図 5.12 に示す．たとえば，植物の発芽には遠赤外，光合成には青色，赤色の波長範囲の光が有効とされていて，それぞれの波長範囲の LED で照明することにより，高効率に野菜を栽培する方法も実用化されている．また，保守作業が危険な交通信号機への応用では，LED の長寿命という特長が生かされている．

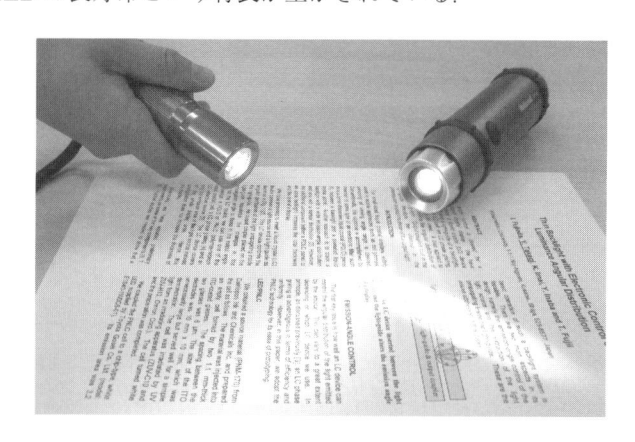

図 5.10 LED を利用したライト

無機半導体を用いた赤色 LED の歴史は長い．1990 年代に登場した無機半導体の青色 LED は，急速に発光効率が向上している．また，有機半導体材料を用いた OLED には，低分子系と高分子系の 2 系統の材料があり，これらの発光効率の伸びも大きい．LED の発光効率は，現時点ではナトリウム灯，蛍光灯などにおよばないが，高演色性，小型，長寿命などの利点を生かして，今後の応用開発が進展するものと思われる．

とくに，高パワーの白色 LED は，一般の照明機器を代替することが予想される．既

図 5.11 LEDによる植物栽培 (写真提供：株式会社ランドマーク) ➡ 口絵18

図 5.12 交通信号機

存の人工光源に比べて，導入コストは高くても，電力から光へ変化する効率が高ければ，将来の電気代を節約できるからである．一般にLEDの寿命は長いので，節約は長期間に渡ることになる．導入コストと電気代を合わせてCOO (cost of ownership) を定義し，環境対策としてのエネルギー節約について定量的な議論がなされている．中でも，米国エネルギー省 (DOE, Department of Energy) は，"Solid State Lighting program"として，有機EL素子を含む白色LEDの研究開発を支援している[39]．一般の照明機器を代替するために，継続して発光効率を向上させる必要があり，2006年発行の白書では2012年に150 lm/W，2020年に200 lm/W，という目標を掲げている．

5.5.2 動作原理

LEDの材料には実にさまざまな種類があり，その発光スペクトルもさまざまである．さまざまな色の光を放射するLEDの例を表5.5に示す．共通しているのは，素子構造が少なくとも2種の半導体を接合させた構成であり，ダイオード (2端子素子) の両端に電圧を印加して電流を流すと，投入されたエネルギーの一部が光として外部

表 5.5　LED の材料と発光ピーク波長の例

色	材料	ピーク波長	接合構造
青	InGaN	450	量子井戸
緑	ZnCdSe	489	ダブルヘテロ
緑	ZnTeSe	512	ダブルヘテロ
緑	GaP	555	ホモ
黄	AGaInP	570	ダブルヘテロ
黄	InGaN	590	量子井戸
赤	AlGaAs	660	ダブルヘテロ
赤	GaP(ZnO)	700	ホモ
赤外	GaAs(Si)	980	ホモ
赤外	InGaAsP	1300	量子井戸

へ放射される，という動作原理である．一般に，LED の発光スペクトルは鋭いピークをもつ．

表 5.5 に示すように，LED の材料は，2 種から 4 種類の材料を化合した化合物半導体である．その組み合わせは無数にあるが，異種の結晶を組み合わせるときには，結晶の欠陥密度を低くするために，格子定数 (lattice constant) を整合させることが重要である．また，素子が高い効率で発光するためには，バンド・ギャップ (bandgap energy) の設計が重要になる．具体的には，周期律表の III 族と IV 族の元素からなる化合物半導体が用いられる．半導体材料の接合方式にもいくつかの種類がある．同種の半導体で n 型と p 型とを接合させたのがホモ接合，たとえば GaAs と AlGaAs のように，異種の半導体を接合させたものがヘテロ接合である．

代表的な LED の構造を図 5.13 に示す．LED 素子そのものは，導電性の半導体基板の上に，複数の半導体材料が積層されて構成される．半導体層は，バンド・ギャップの大きい半導体材料で，それより小さいバンド・ギャップの半導体層を挟んだ構成である．通常は，複雑な半導体工程により，多数の LED 素子を 1 枚の基板 (wafer) に同時に形成した後に，基板を切断して個々の素子を分離する．分離された素子は LED

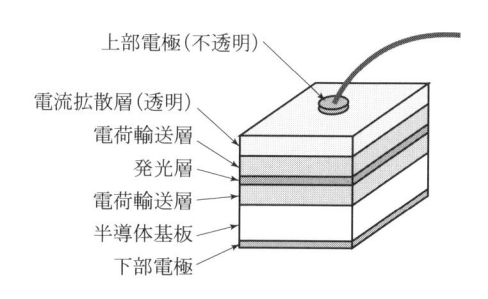

図 5.13　LED の素子構造

チップ，あるいは，一般の集積回路素子と同様にダイ (die) とよばれ，一辺は 300 μm 程度の大きさである．LED チップの上面と下面には，上部電極と下部電極が設けられている．上部電極はワイヤ・ボンディング (wire-bonding) により，下部電極は導電性ペーストにより，それぞれ外部の端子に接続される．上部電極は 100 μm 程度の大きさである．

二つの電極の間に電圧を印加すると，素子に電流が流れ，中央の層で電子と正孔が再結合して発光する．光は，上部の半導体層を透過して外部へ放射される．一般に，上部電極は不透明なので，上部電極の真下で生成された光を外部へ取り出すことは困難である．電流拡散層の効果については後述する．

ここで，LED とフォトダイオードとを比較すると，いずれも 2 端子素子だが，外部から印加する電圧の極性が逆であることがわかる．これにより，フォトダイオードでは光から電荷へ，LED では電荷から光へ，というように，光電変換の機能が逆になっている．

■ 5.5.3 ■ 量子効率

LED の効率は，電力をどれだけ素子に投入して，どの程度の光のパワーが得られるかという概念である．まず，LED の**パワー効率** (power efficiency) は，投入した電力パワーに対する出力光のパワーの比として定義される．すなわち，素子から外部へ取り出される光のパワーを P，LED に流れる電流を I，LED の両端の電位差を V として，次式で与えられる．

$$\eta_{\text{power}} = \frac{P}{IV} \tag{5.9}$$

LED の効率は，さまざまな LED の応用の可能性を決める重要な要素なので，さらに厳密に定義して議論する必要がある．以下の定義では，フォトダイオードの場合と同様に，電子，光子，という量子の概念にもとづくので，量子効率という用語が用いられる．

第一に，LED の**内部量子効率** (internal quantum efficiency) は，素子の内部で生成される光子の数と，素子へ投入する電子の数の比として定義される．これら二つの数を単位時間あたりに換算すると，素子の内部で生成される光子数は $P_{\text{int}}/h\nu$，投入する電子数は I/e と表される．ただし，P_{int} は光のパワー，$h\nu$ は光子のエネルギー，I は素子に流れる電流，e は電気素量 (elementary electric charge) で，$e = 1.6022 \times 10^{-19}$ [C] である．したがって，内部量子効率 η_{int} は次式で定義される．

$$\eta_{\text{int}} = \frac{P_{\text{int}}/h\nu}{I/e} \tag{5.10}$$

> **コラム** LED 素子内部での発光の過程について，もう少し詳しく見てみよう
>
> 下図は，図 5.13 の素子構造に対応したエネルギーバンドの構造である．中央の領域のバンド・ギャップは，近接する領域のバンド・ギャップよりも小さい．このため，電子が伝導帯を移動してこの領域に到達すると，ポテンシャル障壁の存在により，外へ出ることが困難になる．正孔についても同様である．このように，ポテンシャル障壁によりキャリアの移動方向が束縛された場所のことを量子井戸とよぶ．量子井戸により，電子と正孔が限られた狭い領域に存在することになり，再結合による発光現象が起こりやすくなる．この領域は，素子の積層方向に垂直な 2 次元平面と見なせるので，閉じ込められた電子のことを 2 次元電子ガス (two-dimensional electron gas) とよぶこともある．
>
> 電子と正孔の閉じ込めの効果をさらに上げるために，薄い半導体材料を交互に積層することもある．このようにして多数の量子井戸を形成した素子構成を，多重量子井戸 (multi-quantum well, MQW) とよび，高輝度 LED の構造として利用されている[40]．

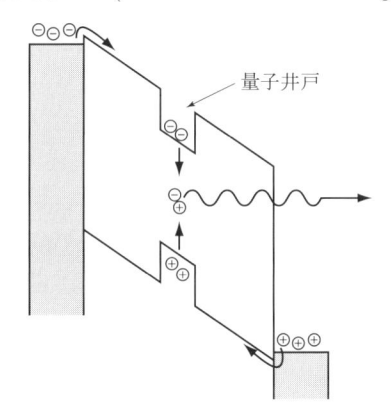

第二に，LED の**外部量子効率** (external quantum efficiency) は，素子から外部へ取り出される光子の数と，素子へ投入する電子の数の比として定義される．同様にして，単位時間あたりの量に換算すると，前者は $P/h\nu$，後者は I/e となる．したがって，外部量子効率 η_{ext} は次式で定義される．

$$\eta_{\text{ext}} = \frac{P/h\nu}{I/e} \tag{5.11}$$

理想的には，LED の素子の内部 (発光層) で生成されたすべての光を外部へ取り出せること，すなわち $\eta_{\text{ext}} = 1$ であることが望まれる．しかし，現実の LED では，いくつかの光の損失のメカニズムが存在するため，生成された光を 100%外部へ取り出す

ことは困難である．たとえば，生成された光の一部は，基板などの半導体材料自体や，上部電極によって吸収される．また，素子と外界との界面での**全反射** (total internal reflection) により，素子の内部に閉じ込められる光もある．これについては図 5.17 で後述する．

そこで，生成された光子が外部へ取り出される確率を，**光取り出し効率** (light extraction efficiency) $\eta_{\text{extraction}}$ とよび，次式で定義する．

$$\eta_{\text{extraction}} = \frac{\eta_{\text{ext}}}{\eta_{\text{int}}} \tag{5.12}$$

したがって，LED の外部量子効率を向上させる方法は，内部量子効率を改善する方法と，光取り出し効率を改善する方法の二つに分類できる．これらは，素子構造や実装方法の工夫により達成される．具体的な方法は，素子自体の構造に関するものと，素子を実装するものとに分類できる．以下では，素子構造，実装方法について順に解説する．

例題 5.4 閾値電圧が 2.0 V の LED に電流 20 mA を流して発光させたとき，LED の抵抗は 15 Ω であった．この LED から出力される光のパワーは 5.0 mW と測定された．この LED のパワー効率，外部量子効率，内部量子効率をそれぞれ求めよ．

ただし，LED の順方向の電流–電圧 (IV) 特性は，閾値電圧を V_{th}，動作点での LED の抵抗を R_{s} とすると，$V = V_{\text{th}} + R_{\text{s}} I$ で与えられると仮定せよ．また，出力光は 620 nm の単一波長で，LED の光取り出し効率は 50 % と仮定せよ．

解 LED へ投入した電力は，

$$P = I(V_{\text{th}} + R_{\text{s}} I) = 0.020 \times (2.0 + 15 \times 0.020) = 0.046 \text{ W}$$

したがって，パワー効率は

$$\eta_{\text{power}} = \frac{0.005}{0.046} \simeq 0.11$$

次に，外部量子効率は，

$$\eta_{\text{ext}} = \frac{P/h\nu}{I/e} = \frac{5.0/(2.0 \times e)}{20/e} = 0.125$$

内部量子効率は，

$$\eta_{\text{int}} = \frac{\eta_{\text{ext}}}{\eta_{\text{extraction}}} = \frac{0.125}{0.50} = 0.25$$

■ 5.5.4 ■ 素子構造

図 5.13 において，不透明な上部電極の真下で生成された光を外部へ取り出すことは困難である．ここで，図 5.13 の断面を図 5.14 に示し，**電流拡散層** (current spreading layer) の機能を考える．電流拡散層がない場合には，図 5.14(a) に示すように，上部電

極から下部電極へ向かって電流が流れる．その結果，発光層の中央の領域のみで発光する．しかし，上部電極がこれらの光を遮るため，外部へ取り出せる光は限られる．図 5.14(b) では，電流拡散層が電流を周辺の領域に拡散させるため，発光層の中で2次元電子ガスの占める領域が広がる．その結果，発光領域が広くなり，より多くの光を外部へ取り出すことができる．このように，電流拡散層には，不透明な上部電極の存在による光の損失を緩和するという効果がある．

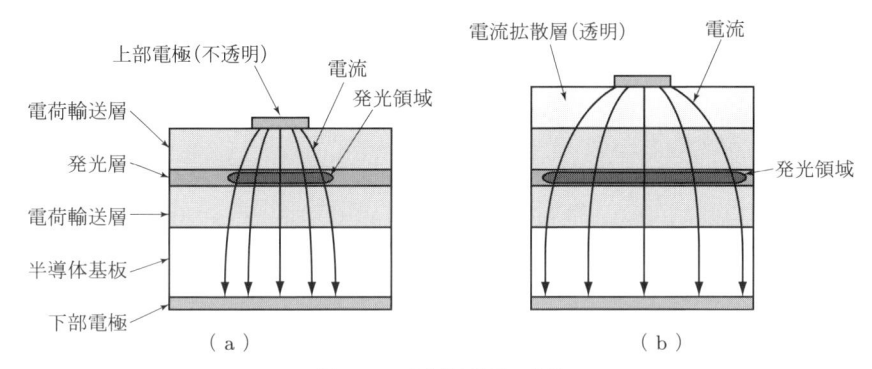

図 5.14 電流拡散層の効果

電流拡散層は，薄膜半導体の成長技術のひとつであるエピタキシャル成長を用いて形成される．この層が厚すぎると材料による光の吸収の問題が生じ，薄すぎると電流を周囲の領域へ拡散させる機能が十分ではなくなる．このトレード・オフを緩和するために，上部電極の形状を工夫する方法が知られている．

図 5.15 は，素子を上面から見た図である．図 5.15(a) は，工夫前のもので，一辺 300 μm の素子に対して約 100 μm の直径の上部電極が形成される．この直径は，ワイヤ・ボンディングによる接続の信頼性を保つために必要である．図 5.15(b), (c) では，クロスやメッシュのパターンの追加により，電流拡散層の電位分布が一様化される．これにより，電流拡散の機能は向上するが，その反面，不透明な上部電極の面積が増加して，光の取り出しを妨げるという逆の効果もある．

電流拡散層は，光を取り出しやすい場所に発光領域を広げるという考えにもとづい

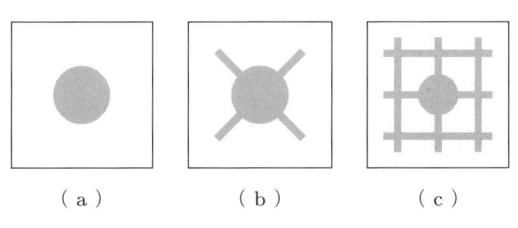

図 5.15 上部電極のパターン

ている．しかし，上部電極の下部の領域からは光を取り出しにくいため，この領域に投入される電力は浪費される．そこで，上部電極の下部には電流を流さない構造が望まれる．これは，図 5.16 に示すように，上部電極と同程度の大きさの**電流ブロック層** (current blocking layer) を形成することで達成される．電流ブロック層は，上側の電荷輸送層が p 型半導体だとすると，この上に n 型半導体をエピタキシャル成長させ，フォトリソグラフィ工程を用いて整形することにより形成される．したがって，製造コストが高いという課題があり，用途が限られる[41]．

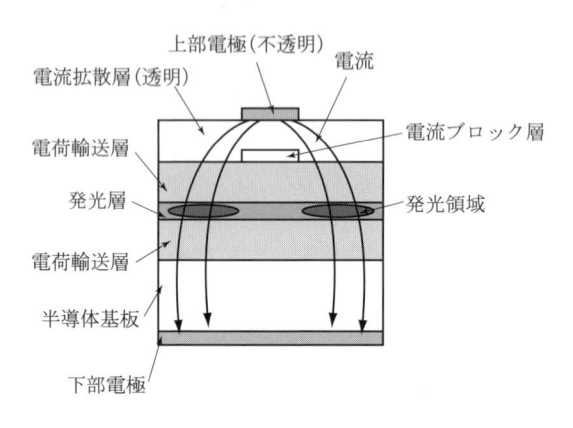

図 5.16 上部電極の下部の領域で電流をブロックする構成

次に，光を半導体から外界 (空気層) へ取り出す過程について考えよう．図 5.17(a) に示すように，発光層の中の 1 点から放射された光は，半導体層と空気の界面に到達する．界面への入射角が小さいときは，一部の光は屈折して空気層へ伝搬する．屈折角は，スネルの法則によって決まる．一部の光は界面で反射して半導体層に残る．屈折または反射する確率は，フレネルの法則で決まる．LED に用いられる半導体の屈折率は，GaAs では 3.4，GaN では 2.5 などと，空気の屈折率 (1.0) に比べて非常に大きい．屈折率の大きい媒質から小さい媒質へ光が伝搬するときには，ある角度 (**臨界角**) より大きな角度で入射する光は，界面で 100 ％の確率で反射する．これが全反射の現象である．全反射した光は，半導体層を伝搬している間に吸収される．なお，図 5.17(a) では異種の半導体層の界面でも屈折するが，屈折率の差は比較的小さいので，これらの屈折は無視している．

以上より，媒質を伝搬する光を空気層へ取り出せるか否かは，全反射の臨界角によって決まる．すなわち，臨界角よりも小さな角度で界面に入射した光は，空気層へ取り出される確率が高い．ある点から放射されて，臨界角よりも小さい角度で界面に到達する光は，図 5.17(b) に示すように，頂角を臨界角 θ_c とする円錐の内部に含まれ

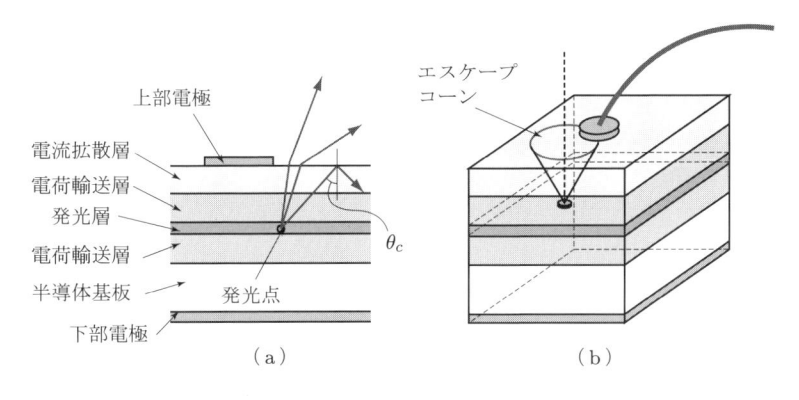

図 5.17 全反射により半導体層に光が閉じ込められる過程

る．この円錐は，**エスケープ・コーン** (light escape cone) とよばれる．

例題 5.5 GaAs から空気層へ光が伝搬するとき，臨界角 θ_c を求めよ．

解 スネルの法則 $n_1 \sin\theta_1 = n_2 \sin\theta_2$（式 (2.1) 参照）に，GaAs の屈折率 $n_1 = 3.4$，空気の屈折率 $n_2 = 1$，臨界角になる条件 $\sin\theta_2 = 1$ を代入すると，$\theta_c = \sin^{-1}\dfrac{1}{3.4} = 17.1°$

例題 5.6 無限に広い GaAs 基板の内部に点光源を仮定する．この点光源から放射された光が，GaAs 基板の上面から空気層に脱出する確率を求めよ．ただし，基板の下面での反射は無視する．

解 光は点光源から均等に放射されるので，頂角を臨界角とする円錐の内部に光が放射される確率は，下図に示すように，半径 r の球の表面積と，極角を臨界角までとする球の一部の表面積の比に等しい．

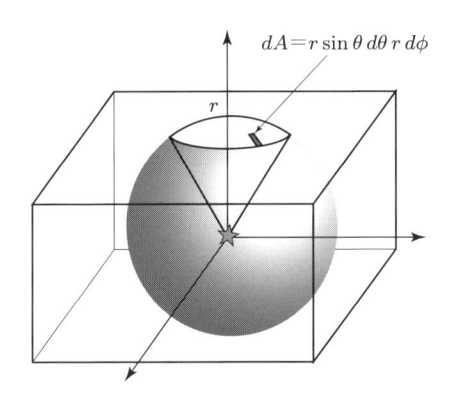

$dA = r\sin\theta\, d\theta\, r\, d\phi$

> これを式で表すと，次のとおりである．
>
> $$\eta = \frac{\int_0^{2\pi} \int_0^{\theta_c} r\sin\theta d\theta r d\varphi}{4\pi r^2} = \frac{1}{2}(1-\cos\theta_c)$$
>
> 前の例題より，$\theta_c = 17.1°$ なので，これを上式に代入して，$\eta = 0.022$ となる．
> なお，GaN について同様に計算すると，屈折率 2.5 より臨界角は 23.6° となり，確率は 0.0418 となる．

このように，光は全反射により素子内部に閉じ込められる可能性が高い．このような光を，できるだけ多く外部に取り出すにはどうしたらよいか．以下では，それを実現するための素子構造について解説する．

図 5.17(b) では素子の上面へ放射される光を示しているが，図 5.18(a) に示すように，直方体の素子の側面からも光は素子から外部へ脱出できる．側面には不透明な電極は存在しないため，光が吸収されることはない．ここで，図 5.18(b) に示すように，基板を含む半導体の積層部を円筒状にすると，円筒の側面のすべてから光が脱出できるようになり，光取り出し効率が向上する．あるいは，図 5.18(c) に示すように，メサ構造にすることにより，発光領域から半導体と空気の界面までの距離が短縮されて，吸収による光の損失を低減することができる．

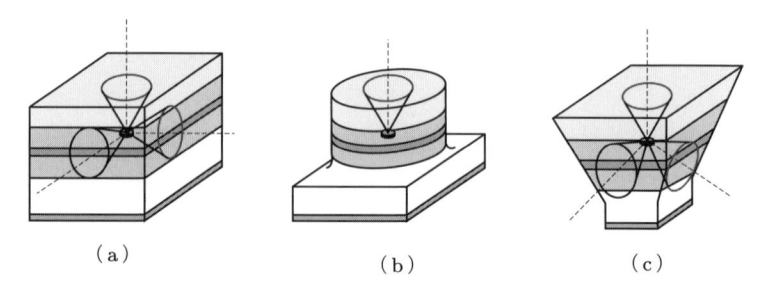

図 5.18 光取り出し効率を向上させるための素子構造の例

また，半導体と空気層との界面での全反射を防ぐために，半導体を粗面化する方法もある．すなわち，表面が粗いと光は拡散散乱されて，もはや全反射は起こらない．その結果，素子の外部へ取り出される確率が高くなる．しかし，実装方法を工夫することで，粗面化による光取り出し効率の向上はほとんどなくなる．これについては，実装方法の項で解説する．

以上は，ワイヤ・ボンディングの側から光を取り出す構成の素子に関する技術だが，この他の素子構造も開発されている．具体的には，透明基板を通して光を取り出す構成である．したがって，電極により光が遮られることがない．これには，不透明な基板から透明基板へ素子を転写する技術と，フリップ実装の技術とがある．

転写技術は，半導体材料 $(Al_xGa_{1-x})_{0.5}In_{0.5}P$ による緑色〜赤色 (560〜660 nm) LED に用いられる．この材料の成長には，格子定数が整合した GaAs 基板を用いる．GaAs のエネルギー・ギャップは 1.424 eV で，870 nm より短波長の光を吸収する．そこで，GaAs 基板上に成長した AlGaInP を GaAs 基板から GaP 基板へ転写する．GaP は，エネルギー・ギャップが 2.24 eV なので，554 nm より長波長の光を透過する．

フリップ実装では，半田バンプによる接続技術 (solder-bump bonding) を用いる．すなわち，図 5.19 に示すように，LED チップの上下を反転 (フリップ) し，Si 基板へ半田バンプを介して固定すると同時に電気的に接続する．ここで，半導体材料 GaInN/GaN を用いた LED は，サファイア (Al_2O_3) 基板の上に形成され，素子の片側の表面に二つの端子が形成されている．端子には，半導体材料との接合がオーミックコンタクトになる材料を用いる．

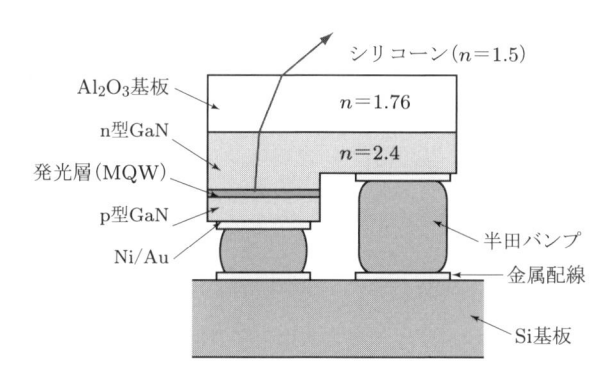

図 5.19 GaN/GaInN による LED 素子のフリップ実験

図 5.19 の構成では，発光層 (GaInN/GaN の多重量子井戸) で生成された光は，Al_2O_3 基板を透過して外部へ放射される．ただし，材料の屈折率は図の通りで，光が外部に脱出するためには，屈折率の高い材料から低い材料へ光が伝搬しなければならない．したがって，光取出し効率を高くするためには，封入材料として用いられるシリコーンやレンズ材料と空気層との界面で全反射に注意する必要がある．

フリップ実装は，通常のワイア・ボンディングを用いる実装方法に比べて高価だが，高い光取り出し効率が得られるので，車のヘッドライト，プロジェクタの光源，蛍光灯の代替を目的とした照明用の高出力 LED に採用されている．

■ 5.5.5 ■ 実装方法

図 5.20 に典型的な LED の外観を示す．これは**砲弾型**とよばれる実装形態である．砲弾型の実装方法について，図 5.21 に示す．LED チップは，導電性エポキシ (銀ペー

スト) により，一方の電極に固定されるとともに電気的に接続される．この電極には，光を上方へ反射するための反射鏡が設けられている．上部電極の電気接続は，ワイア・ボンディングによる．半球状のエポキシ樹脂で素子を固めることは，いくつかの目的がある．まず，ワイアが保護され，リード線の機械的な強度を増加させる．次に，LED チップから放射された光がエポキシ樹脂と空気の界面に達するとき，入射方向が法線方向と一致するので，全反射が起こらない．

図 5.20 色々な砲弾型 LED ➡ 口絵 19

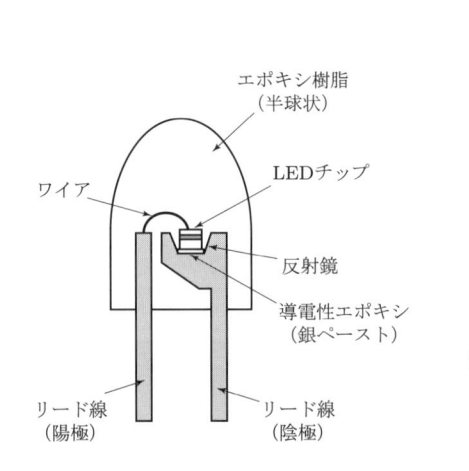

図 5.21 砲弾型 LED の実装形態

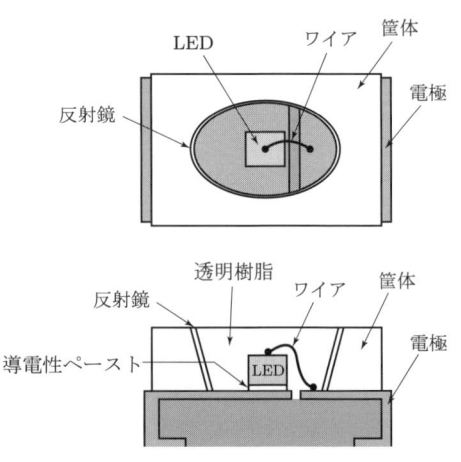

図 5.22 チップ型 LED の実装形態

携帯電話のボタン用の照明のような単純な表示器としての応用には，小型化を重視とした**チップ型**とよばれる実装方法がある．図 5.22 の上部がパッケージを上から見た図 (平面図)，下部が側面からの断面図である．直方体の形状に切り離された素子の上下の電極を，それぞれ，ワイア・ボンディング，導電性ペーストにより，周囲の端子へ接続する．素子の周囲には，光を上部へ効率よく導くための反射構造が設けられ，エポキシ樹脂により封止される．発光に寄与しない電力は熱になる．素子の温度上昇は，半導体材料のエネルギー・ギャップに影響をおよぼし，発光特性が変化する．そ

のため，放熱対策として，端子の材料，構造などに工夫が施される．

また，LED のパッケージングには，光の取り出し効率を向上させる工夫がなされることがある．たとえば，図 5.23 に示すように，素子の樹脂材料と空気の界面で全反射される光を，反射板を用いて上方へ反射させることにより，素子の外部へ取り出すことができる．

最後に，透明基板から光を放射する構成の LED のフリップ実装の形態について，図 5.24 に示す．これは，高出力 LED に用いられるもので，LED チップで発生した熱が，熱伝導のよい Si 基板を介してヒートシンクに拡散するように配慮されている．ヒートシンクの材料には，Al や Cu が用いられる．

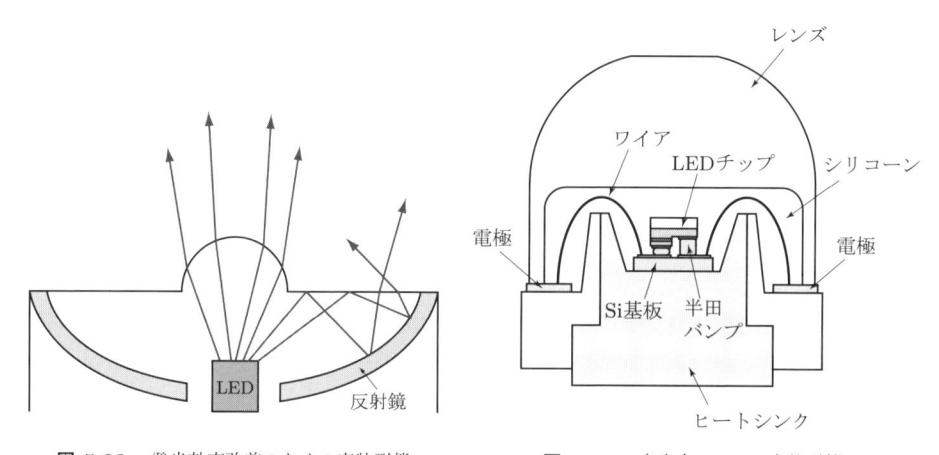

図 5.23 発光効率改善のための実装形態

図 5.24 高出力 LED の実装形態

■ 5.5.6 ■ 白色 LED

白色 LED は，蛍光灯などの照明器具を代替する光源として，大きな期待を集めている．白色光を放射するための素子構成には，三原色の LED の出力を加え合せる構成と，青色または紫外光を出力する LED と蛍光体を組み合せる構成の 2 通りがある．

三原色の LED の出力を加え合せる構成の白色 LED は，各 LED の出力を調整することで，色温度を可変とすることが可能である．限られた空間で加法混色するのためにさまざまな光学系が考案され，たとえば液晶ディスプレイのバックライトとして用いられている．また，発光ピーク波長の異なる LED の出力を加法混色することにより，CIE 標準の光を高い精度で近似できることは，演色性の評価の例として解説した．

一方，蛍光体と青色 LED または紫外 LED を組み合せる構成は，ps-LED (phosphor-conversion LED) とよばれる．これは，図 5.25 に示すように，LED チップを実装す

るときに，樹脂に蛍光体を混入することで実現される．樹脂に混入された蛍光体は，図 5.25(a) に概念的に示すように，ほぼ均一に分布する．図 5.25(b) は，蛍光体を意図的に LED チップから分離して配置する構成で，蛍光体が放出する光が LED 材料に吸収される確率を低減することを意図している．

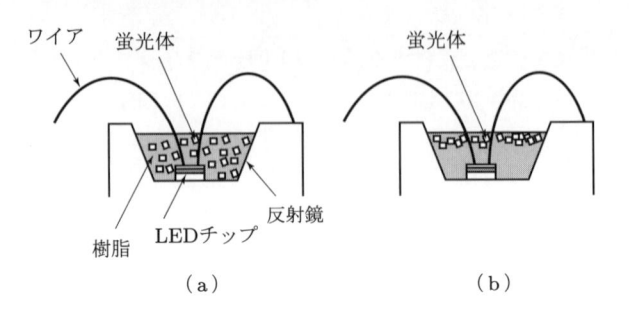

図 5.25 白色 LED の構造

図 5.25 の LED チップに電流を流すと，青色の光が放射され，一部が蛍光体に吸収される．蛍光体は，光を吸収して励起状態となる．これが，元の状態に戻るときに，吸収した光よりも波長の長い，黄色から赤色の光を放射する．これらの光が加法混色されて白色となる．すなわち，蛍光体は波長変換の機能を果たしている．

白色 LED の発光スペクトルの例を図 5.26 に示す．460 nm を中心とする鋭い発光ピークと，蛍光体によって発生される連続的なスペクトルをもつことが確認できる．この発光スペクトルと式 (3.26) と式 (3.27) を用いて色度座標 (x, y) を計算すると，$(x, y) = (0.357, 0.416)$ となる．

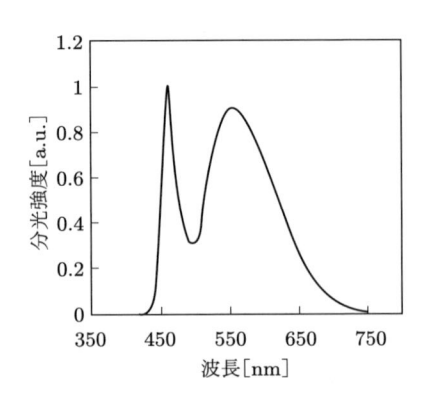

図 5.26 白色 LED の発光スペクトルの例

演習問題

5-1 次の文章の空欄に適切な語句を入れよ．

最も身近な光は太陽光で，そのスペクトルは，天候，時刻，場所などの条件に強く依存する．CIE は，多くの太陽光の分光スペクトルの測定結果を解析して，色度座標 (x, y) 上にプロットした．この軌跡は（ ア ）とよばれる．

一方，不燃性の物体を加熱すると光が放射され，その色は温度の上昇とともに赤，黄，白色へと変化する．（ イ ）はこの現象を解析し，（ イ ）の放射則としてまとめた．この法則に完全に従う仮想的な物体を（ ウ ）とよぶ．（ ウ ）が放射する光の色度図上の軌跡を，（ エ ）とよぶ．実際の物体は必ずしも（ イ ）の放射則に従わない．光源の色度座標が（ エ ）の上にない場合，最も近似の（ ウ ）放射の温度を，その光源の（ オ ）という．

5-2 次の文章の空欄に適切な語句を入れよ．

CIE は，物体の色の測定のために，数種類の照明光の分光分布をもつ光を定めた．これを CIE(ア)とよぶ．(イ)と(ウ)は，日常生活によく用いられる照明光で，CIE は，これらを代表するものとして，それぞれ（ ア ）A，D_{65} を定めた．この他にも，（ ア ）C，補助（ ア ）D_{50}, D_{55}, D_{75}, B がある．

CIE 標準の光を実現する人工光源を，CIE(エ)とよぶ．（ ア ）A のための（ エ ）は，タングステン電球である．（ ア ）D_{65} のための（ エ ）は，まだ開発されていない．そのため，これを近似するものとして，フィルタを加えた構成のキセノンランプなどを（ オ ）として用いる．

5-3 昼光軌跡の近似曲線を xy 色度図上に描け．

5-4 LED の発光スペクトルと等色関数を入力して，色度座標 (x, y) を求めるためのプログラムを作成せよ．

5-5 LED の発光スペクトルと等色関数を入力して，xy 色度図上において，3 種の LED の発光スペクトルを用いて再現できる色の領域の面積を求めるためのプログラムを作成せよ．

6 カラー画像入出力装置と色管理

　コンピュータは情報を処理するための装置で，情報技術産業の核となる．コンピュータにカラー画像を入力するには，デジタルカメラ，スキャナなどが使用される．また，コンピュータで処理された情報を出力するための装置として，ディスプレイ，プリンタなどがある．このようなカラー画像の入出力には，実に多様な技術が用いられている．

　そこで，本章の前半では，これらの装置の概要を解説する．くわしくは「画像入出力デバイスの基礎」(森北出版刊)[42]を参照されたい．後半では，これらの装置が入出力できる色の範囲(色域)を示し，さまざまな装置の間で色の情報を適切に取り扱うための色管理の手法について解説する．

6.1　カラー画像入力装置

　デジタルカメラ，スキャナ，ファクシミリ，X線画像入力装置，サーモグラフィなど，実に多様な画像入力装置が存在する．情報の流れに注目すると，これらの装置の動作を統一して理解することができる．すなわち，まず，風景や人物などの画像情報が，可視光の強度パターンとして装置に入射する．この情報は，レンズなどの光学技術によりイメージセンサに導かれる．イメージセンサはこの情報をデジタルデータに変換し，外部へ出力する．

　X線や赤外線などのように，非可視光を利用する場合もある．X線画像診断装置では，物体を透過するX線のパターンを最終的に電気信号に変換する．このために，蛍光体を用いて可視光に変換してから可視光を電気信号に変換する方法と，特殊な半導体材料を用いてX線を直接に電荷に変換する方法とがある．

　サーモグラフィでは，赤外線を電荷に変換するためにさまざまな材料や構成を利用する．ここでも，赤外線を直接に電荷に変換する方法や，赤外線をまず熱に変換してから電荷に変換する方法がある．これらの非可視光によって運ばれた情報にも，視認性の向上を目的として，画像に擬似的な色がつけられることがある．

　以下では，最も一般的な画像入力装置の鍵となるイメージセンサ技術について簡単に紹介する．さらに，カラー画像を入力するためのカラーイメージセンサについて解説する．

■ 6.1.1 ■ イメージセンサ

イメージセンサには，図 6.1 に示すように，複数の光電変換素子が配列されている．これらの光電変換素子で生成された信号は，個々の画素に電荷として蓄積される．蓄積された電荷の情報を外部へ読み出すための手段として，電荷の転送路を素子に作り込んでおく．画素の周辺には駆動回路が配置され，画素で生成された信号を順に外部へ出力する．イメージセンサは，電荷を外部に取り出す方法によって，**MOS** (metal oxide semiconductor) 型イメージセンサと **CCD** (charge coupled device) とに分類される．MOS 型イメージセンサでは，金属材料で配線を形成して電荷の転送路とする．画素に増幅機能を含むか含まないかにより，それぞれ active pixel 型，passive pixel 型とよばれる．一方，CCD では，電荷の転送路は，半導体材料自体で形成される．

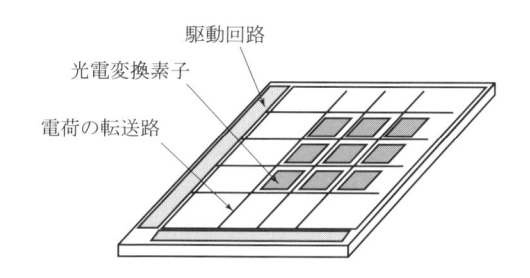

図 6.1 イメージセンサの構成要素

■ 6.1.2 ■ カラーイメージセンサ

一般に，カラーイメージセンサは，3 種のカラーフィルタをイメージセンサ上にモザイク状に並べて構成される．カラーフィルタの配列方法として，コダック社の Bryce Bayer が考案した**ベイヤーフィルタ** (Bayer filter)[43] の例を図 6.2 に示す．これは，正方形の光電変換素子の上に，赤 (R)，緑 (G)，青色 (B) の光を透過するカラーフィルタを図のように配列するもので，デジタルカメラに最も一般的に採用されている．それぞれの面積比は，R：G：B＝1：2：1 となるので，この配列は RGBG，GRGB 配列ともよばれる．緑のフィルタの数が多いのは，人の目の緑色に対する感度が高いことを反映させるためである．

ベイヤーフィルタの他に，CYGM フィルタ (cyan, yellow, green, magenta) もある．また，ソニーは，G フィルタのひとつを E (emerald) で置き換えた RGBE フィルタを開発し，自社のデジタルカメラに搭載した．いずれの場合も，個々の光電変換素子は，三つの中のひとつの色の情報のみを記録するため，2/3 の色の情報は入力されない．この入力されない情報を補うために，さまざまな内挿のアルゴリズム (demosaicing algorithm)[44] が考案されている．

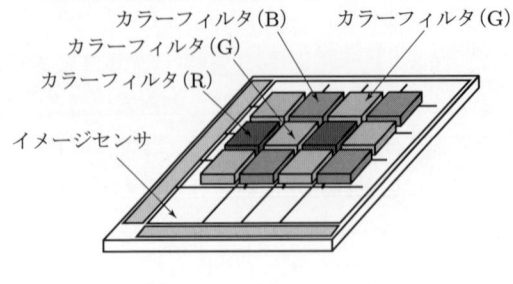

図 6.2　ベイヤーフィルタ

6.2 カラー画像出力装置

　CRT，液晶ディスプレイ，プラズマディスプレイ，プロジェクタ，電子ペーパーなどのように，カラー画像出力装置も多岐にわたる．これらの装置の動作を整理すると，入力装置の場合と比べて，情報の流れが逆になっている．すなわち，コンピュータにデジタルデータとして蓄えられている画像情報を，可視光の強度パターンに変換する．多くのディスプレイでは，液晶や発光材料，蛍光材料，などの材料技術と，半導体デバイス・回路技術とを組み合わせて，これを実現している．われわれは，光の強度パターンを直接に観察するか，投写光学系を用いてスクリーンに投写して観察する．前者が直視型ディスプレイ，後者がプロジェクタである．

　ここでも，光学材料と半導体回路から構成される画素を多数配列した素子が大きな役割を果たしている．画素の配列が表示の精細度を決める．精細度には特別な略語を用いて表現することが多く，これらを表 6.1 にまとめる．

表 6.1　ディスプレイの精細度を表現する用語

略称	正式名称	精細度 [画素]
VGA	Video Graphics Array	640×RGB×480
SVGA	Super Video Graphics Array	800×RGB×600
XGA	eXtended Graphics Array	1,024×RGB×768
SXGA	Super eXtended Graphics Array	1,280×RGB×1,024
SXGA+	Super eXtended Graphics Array+	1,400×RGB×1,050
UXGA	Ultra eXtended Graphics Array	1,600×RGB×1,200

　以下では，代表的なカラー出力機器として CRT と液晶ディスプレイの例を挙げ，その構成と動作原理について解説する．

■ 6.2.1 ■ CRT

CRTは1922年に実用化された．その構造を図6.3に示す．三つの電子銃から発射された電子ビームは，シャドウマスクの小さな穴を通過し，ガラスに塗られた蛍光体を照射する．電子ビームが蛍光体を照射すると，そのエネルギーが蛍光体によって可視光に変換される．蛍光体の材料を適切に選択して，赤，緑，青のそれぞれの光を発するようにする．これにより，3種の光の強度を自由に設定できる．3種類の蛍光体は，人の目が分解できない程度に近接して配置されるので，カラー画像表示が実現される．これは，**併置加法混色**とよばれる．

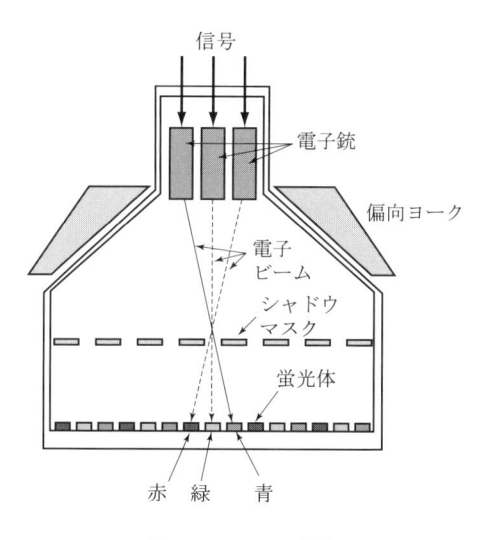

図 6.3 CRTの構造

■ 6.2.2 ■ 液晶ディスプレイ

一般的な液晶ディスプレイ (liquid crystal display, LCD) は，液晶パネルと平面状の光源 (バックライト) とを積層して構成される．液晶パネルは，2枚のガラス基板が液晶層を挟み，それぞれのガラス基板の外側に偏光板を配置して構成される．一方の基板は対向基板とよばれ，液晶側の表面にカラーフィルタや一様な透明電極を形成したものである．もう一方の基板はTFT基板とよばれ，画素電極，画素のスイッチとして機能するTFT，配線などが表面に形成される．TFT基板の周辺には，画素を制御するための駆動回路が実装される．

図6.4に示すように，対向基板の表面にはブラックマトリクス，カラーフィルタ，透明電極が順に形成される．上下の基板の外側には，偏光板が配置される．TFT基板の表面には，透明導電材料からなる画素電極，TFT，それらを駆動するための配線

(ゲート線, データ線) が形成される. 一般的な LCD では, 赤, 緑, 青の光を透過する 3 種類のカラーフィルタをストライプ状に配列し, これらの三つをセットにしてひとつの画素を形成する. この場合, 個々の画素をサブ画素とよぶこともある.

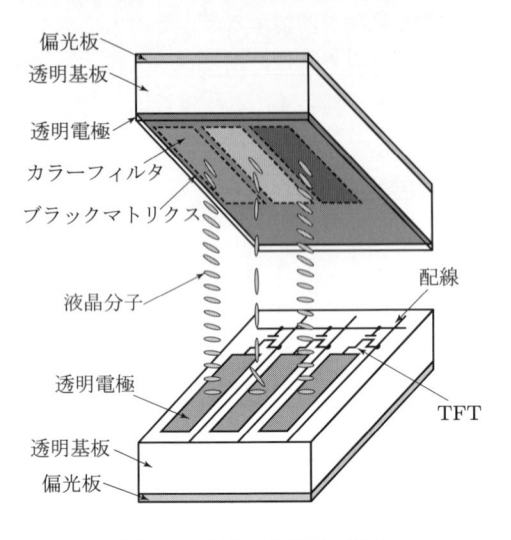

図 6.4 LCD の画素部の構成

　液晶を基板に対してどのように配向させるかにより, 多くの種類の液晶表示技術が存在する. **ねじれネマティック液晶** (twisted nematic liquid crystal) は最も一般的な液晶セルで, TN 型液晶セル, TN セルなどとよばれ, 液晶ディスプレイに広く採用されている. ここでは, 図 6.4 に示すように, 透明電極に電圧を印加しない場合に, 液晶分子の配列方向が二つの基板の表面でたがいに直交するようにする. 下から上に移動するに従い, 液晶分子の配列方向が回転する. 上下基板の偏光板の透過軸は, たがいに直交している. この状態の TN セルに直線偏光が入射すると, その偏光面は液晶分子の配列方向のねじれとともに回転し, 上側の配向膜を通過するときには 90°回転した状態になる. バックライトの出力光は無偏光だが, 液晶パネルの入射側の偏光板により一方の直線偏光成分のみが液晶層に入射する. 電圧無印加時には, 液晶層を透過した直線偏光は, その偏光面が 90°回転して出力側の偏光板に至る. ここで, この偏光面が偏光板の透過軸と一致しているため, 光は外部へ透過する. 仮にこの画素に赤色のカラーフィルタが配置されていれば, この画素は赤色を表示する. 一方, 電圧印加時には, 液晶分子が電界に沿って配列するため, 偏光面は回転せず, 出力側の偏光板によって吸収される.

　このように, 印加電圧に依存して透過する光量が変化するため, 強度変調が実現さ

れる．このときの混色は，網膜の近接した箇所に同時に色の刺激を与えることにより生じる．以上の原理により，加法混色によるカラー表示が実現される．3種類のカラーフィルタは，人の目が分解できない程度に近接して配置されるので，これも併置加法混色を利用している．

これに対して，カラーフィルタを用いず，バックライトの出力を高速に赤，緑，青に切り換え，これに同期して液晶パネルの画像情報を書き換えるという方法もある．この方式は，**フィールド・シークエンシャル方式**とよばれる．時間的に色刺激を切り替えて加え合わせる**継時加法混色**である．

以上に説明したLCDは，バックライトの光を透過するか否かを制御する方式なので，**透過型LCD**とよばれる．このほかにも，**反射型LCD**と**半透過型LCD**がある．反射型LCDは，画素電極が光を反射する材質で形成され，外光を反射することにより画像を表示する．したがって，バックライトはもたない．半透過型LCDの画素電極には，ある確率で外光を反射し，バックライトの光を部分的に透過する材料を用いる．明るいところでは反射型，暗いところでは透過型として動作する．透過型LCDは主に液晶テレビやパソコンのモニタに，半透過型LCDは携帯電話に，反射型LCDは時計や電子辞書などに採用されている．

■ 6.2.3 ■ 三原色のサブ画素配列

カラー画像出力装置のR，G，Bのサブ画素の配列方法には，図6.5に示すように，ストライプ，三角形，対角などがある．どの配列方法が望ましいかは，何を主に表示するかに依存する．たとえば，ストライプ配列は，コンピュータ用表示装置のように，長方形や線図からなる静止画像を主に表示するための装置に採用される．一方，三角形配列や対角配列は，テレビやビデオ・モニタのように，動画を主に表示するための装置に用いる．

図6.5の例では，R，G，Bのサブ画素の面積比は1:1:1である．一方，人の目の感度を考慮して，表示装置にもベイヤー配列を適用できる．すなわち，図6.6(a)のべ

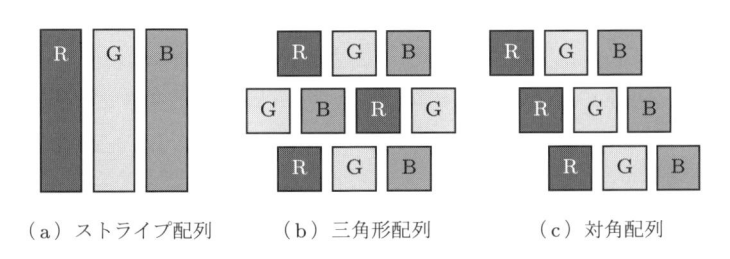

（a）ストライプ配列　　（b）三角形配列　　（c）対角配列

図 6.5　三原色のサブ画素の配列方法(その1)

イヤー配列では，サブ画素の面積比は 1：2：1 になっている．あるいは，図 6.6(b) に示すように，白色のサブ画素 W を加えても，より明るく感じる表示装置を実現できる．さらに，図 6.6(c) に示すように緑のサブ画素の面積を小さくして，色ずれのない高分解能のカラー画像を表示する試みもある．

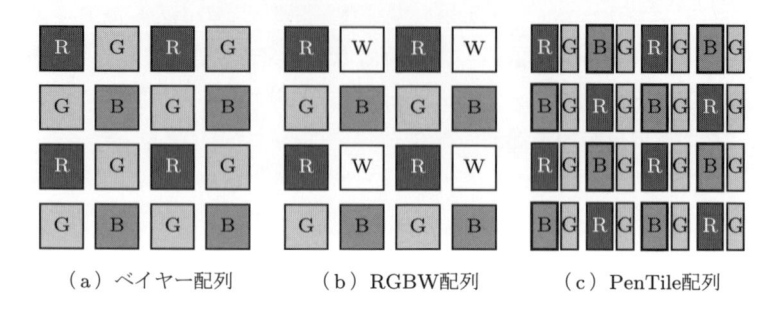

（a）ベイヤー配列　　　（b）RGBW配列　　　（c）PenTile配列

図 6.6　三原色のサブ画素の配列方法 (その 2)

6.3　色　域

ディスプレイやプリンタなどのカラー画像出力装置が再現できる色の範囲を**色域** (gamut) とよぶ．色域は，出力機器の動作原理，材料，設計に応じて決まるので，個々の機器に固有の特徴である．材料の選択，大きさ，量，形状などの設計事項は別にして，カラー画像出力装置に共通しているのは，複数の原色を利用し，加法混色または減法混色により色を再現するという原理である．ここで重要なのは，原色の色度座標と色域との関係である．すでに 3.5.15 項で言及したように，結論を述べると，

　「色域は，複数の原色の色度座標を頂点とする多角形の周囲および内部の領域である」

ということになる．

これについて次項で詳述する前に，ひとつの例として，典型的な CRT と LCD の色域を図 6.7 に比較する．CRT では蛍光体の発光スペクトルにより色度座標上の 3 点が決まり，これらを頂点とする三角形の周囲および内部の領域が色域となる．LCD では，バックライトの発光スペクトルとカラーフィルタの透過率と液晶パネルの透過率の積により，同様の三角形が決定される．バックライトに LED を用いる場合には，LED の色度座標を適切に選択することで，表示可能な色域が決定される．現在では，R，G，B の 3 種類の LED を用いたバックライトが一般的だが，この数を増やすことにより色域を広げる LCD が開発されている．

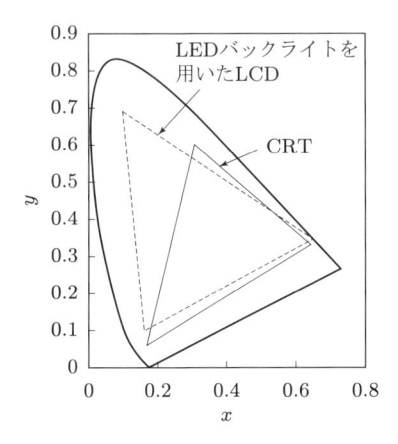

図 6.7 LED バックライトを用いた LCD と CRT の色域

なお，LCD の色域は，ディスプレイを観察する方向に依存する点に注意すべきである．とくに，TN 方式の液晶配向を用いた初期の LCD では，液晶層の透過率が光の伝搬方向と液晶層の法線方向との間の角度に大きく依存する．このため，ディスプレイの正面方向と斜め方向では，色域が大きく異なる．現在では，さまざまな液晶制御技術を用いて，このような視野角に依存する表示性能の劣化を低減している．

デジタルカメラやスキャナの検出可能な波長範囲は，可視領域より広い．しかし，そのままでは他のコンピュータ機器で扱えないため，後述の sRGB や AdobeRGB に変換して画像データを書き出している．

■ 6.3.1 ■ 色域の形成

ここでは，

「色域は，複数の原色の色度座標を頂点とする多角形の内部の領域である」

ことを示す．そのための準備として，まず，二つの光源を合成した発光スペクトルの色度座標について考える．図 6.8 に示すように，第 1，第 2 の色度座標を (x_1, y_1)，(x_2, y_2) とする．さらに，これらの光源の発光スペクトルをそれぞれ $S_1(\lambda)$，$S_2(\lambda)$ とする．ただし，これらはピーク波長の強度で規格化されているものとする．

光源が放射する光を直接に観察するときには，式 (3.29) において $\rho(\lambda) = 1$ とすればよい．したがって，光源の色度座標について，次式が成り立つ．

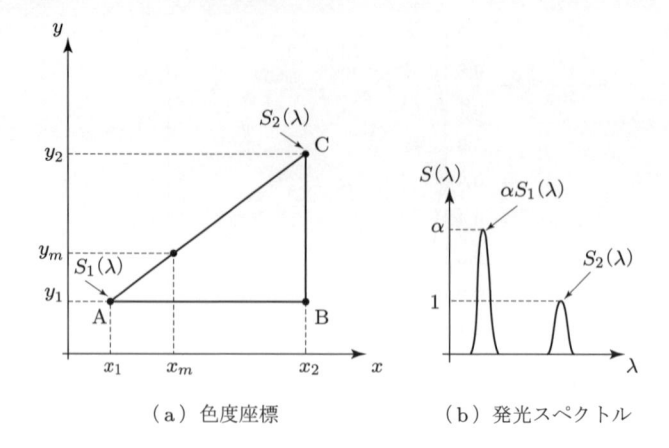

第6章 カラー画像入出力装置と色管理

(a) 色度座標　　　　　(b) 発光スペクトル

図 6.8　2 種の光源

$$(x_1, y_1) = \frac{100}{\int S_1(\lambda)\bar{y}(\lambda)d\lambda} \left(\int S_1(\lambda)\bar{x}(\lambda)d\lambda, \int S_1(\lambda)\bar{y}(\lambda)d\lambda \right)$$
$$(x_2, y_2) = \frac{100}{\int S_2(\lambda)\bar{y}(\lambda)d\lambda} \left(\int S_2(\lambda)\bar{x}(\lambda)d\lambda, \int S_2(\lambda)\bar{y}(\lambda)d\lambda \right) \tag{6.1}$$

次に，これらの光源から放射される光を加え合わせて合成される発光スペクトル $S_m(\lambda)$ を次式で表す．ただし，α は任意の正の実数である．

$$S_m(\lambda) = \alpha S_1(\lambda) + S_2(\lambda) \tag{6.2}$$

こうして合成された光源の色度座標を (x_m, y_m) とすると，たとえば x 座標 x_m は，次のとおり書き下して変形することができる．

$$\begin{aligned}
x_m &= \frac{100 \int S_m(\lambda)\bar{x}(\lambda)d\lambda}{\int S_m(\lambda)\bar{y}(\lambda)d\lambda} \\
&= \frac{100 \int (\alpha S_1(\lambda) + S_2(\lambda))\bar{x}(\lambda)d\lambda}{\int (\alpha S_1(\lambda) + S_2(\lambda))\bar{y}(\lambda)d\lambda} \\
&= \frac{100 \left(\alpha \int S_1(\lambda)\bar{x}(\lambda)d\lambda + \int S_2(\lambda)\bar{x}(\lambda)d\lambda \right)}{\alpha \int S_1(\lambda)\bar{y}(\lambda)d\lambda + \int S_2(\lambda)\bar{y}(\lambda)d\lambda}
\end{aligned}$$

式 (6.1) を用いて上式を変形すると，

$$x_m = \frac{\alpha x_1 p + x_2 q}{q + \alpha p} \tag{6.3}$$

ただし，

$$p = \int S_1(\lambda)\bar{y}(\lambda)d\lambda, \quad q = \int S_2(\lambda)\bar{y}(\lambda)d\lambda \tag{6.4}$$

y 座標についても同様に変形すると，合成された光源の色度座標は次のとおり求められる．

$$(x_m, y_m) = \left(\frac{\alpha x_1 p + x_2 q}{q + \alpha p}, \frac{\alpha y_1 p + y_2 q}{q + \alpha p} \right) \tag{6.5}$$

式 (6.5) は，図 6.8 において，点 (x_m, y_m) が線分 AC を $q : \alpha p$ に内分する点であることを示している．たとえば，式 (6.5) においてパラメータ α をゼロにすると，点 (x_m, y_m) は点 C に一致する．これは，光源の発光スペクトルが $S_2(\lambda)$ に等しい場合である．また，α を無限大にすると，$(x_m, y_m) = (x_1, y_1)$ となり，点 A に一致する．これは光源の発光スペクトルが $S_1(\lambda)$ に等しい場合である．ここで，線分 AC を内分するときの比は，パラメータ α によって自由に設定できる．したがって，点 (x_m, y_m) は，線分 AC 上のすべての点を表すことができる．

以上は二つの光源の発光スペクトルの大小関係を調整して加え合わせる場合である．三つの光源を合成する場合にも，同様の議論が成り立つ．この事情について，図 6.9 を参照しながら説明する．

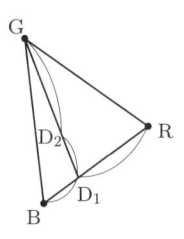

図 6.9 三角形の周囲と内部の全ての点は，線分 GD_1 の内分点として表すことができる

まず，二つの光源 B，R から合成される光源の色度座標は，図 6.9 の線分 BR の内分点 D_1 である．光源 B と光源 R の発光スペクトルの大小関係を調整すれば，内分点 D_1 は線分 BR 上のすべての点を表すことができる．次に，これに第 3 の光源 G を加えることを考える．合成された光源の色度座標は，図 6.9 の線分 GD_1 の内分点 D_2 の座標である．光源 G の発光スペクトルと，先に合成された光源の発光スペクトルとの大小関係を調整することにより，点 D_2 は線分 GD_1 上のすべての点を表すことができ

る．以上より，三つの光源から合成される光源の色度座標は，三つの光源の色度座標を頂点とする三角形の周囲と内部のすべての点を表すことができる．四つ以上の光源を合成する場合にも同様の議論が成り立つ．

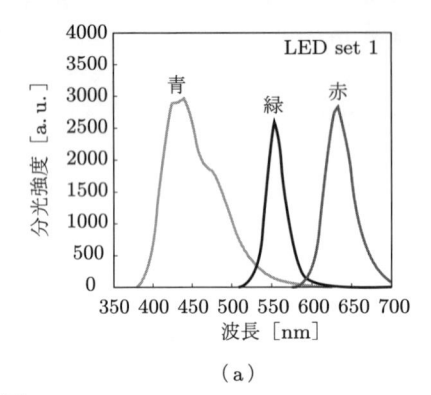

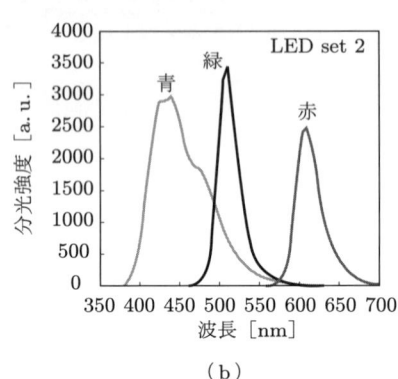

例題 6.1 下図に示すように，3種の LED の組み合せ2通り (LED set 1, 2 とよぶ) が与えられたとき，CIExy 色度図上で両者の色域をそれぞれ比較せよ．

解 光源の放出する光を直接に観察するときには，式 (3.29) において $\rho(\lambda) = 1$ とすればよい．LED set 1, 2 の各 LED の色度座標をそれぞれ計算し，それらを頂点とする三角形を求めた結果を下図に示す．

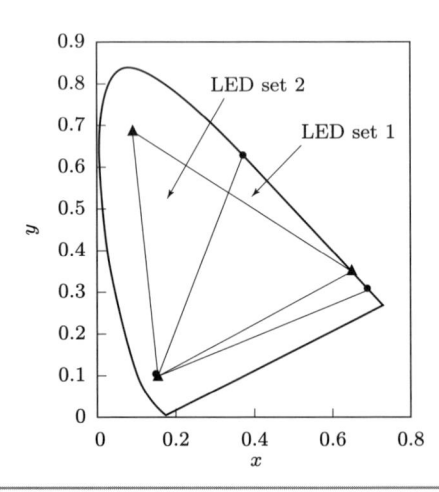

■ 6.3.2 ■ 標準の色域

前述のように，カラー画像出力装置の色域は，デバイスに固有の特徴である．各種のデバイスの色域をたがいに比較するときや，後述のカラーマネジメントシステムを

構築するときには，なんらかの標準的な色域が必要である．とくに，ディスプレイ技術の研究開発の過程では，新しいディスプレイの色の再現性を議論するとき，比較の対象となる標準があると便利である．このために，いくつかの"標準の色域"が用いられている．代表的なものとして，以下の NTSC，sRGB，AdobeRGB などがある．これらの三原色の色度座標と基準の白色光源について表 6.2 に示す．また，図 6.10 は，CIE xy 色度図上でこれらの色域を比較したものである．三つの原刺激によって形成される三角形は，人の感じる色域よりもかなり小さい．これは，カラー画像出力装置では表現できない色が多いことを意味している．

表 6.2　標準の色域の色度座標

	NTSC		sRGB		AdobeRGB	
	x	y	x	y	x	y
原色 B	0.15	0.07	0.15	0.06	0.15	0.06
原色 G	0.28	0.6	0.3	0.6	0.21	0.71
原色 R	0.68	0.32	0.64	0.33	0.64	0.33
基準の白色	C		D_{65}		D_{65}	

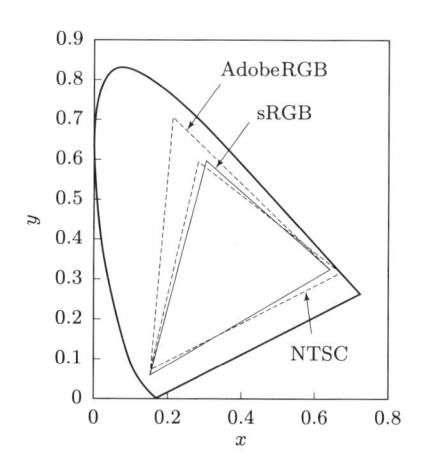

図 6.10　標準の色域の比較

（1）　NTSC

NTSC (National Television System Committee) が定めた色域が最もよく用いられている．標準的な CRT の色域は，NTSC に比べて約 70 % である．さらに，米国映画テレビ技術者協会が 1974 年に定めた色域も，SMPTE (Society of Motion Picture and Television Engineers) として知られている．

(2) sRGB

sRGB (standard RGB) は，Hewlett-Packard と Microsoft が協力して作成し，多くの企業により支持された標準の色域である．一般的なモニタはこの規格に準拠しており，Windows や MacOS などの OS レベルで sRGB がサポートされている．たとえば，ワープロや表計算などの一般のアプリケーションソフトは，sRGB 領域で画像を扱う．デジタルカメラやスキャナは，sRGB 色域のデータを書き出すことができる．出力機器では，モニタやプリンタで sRGB 色域の表示や印刷ができる．

ほとんどの画像を扱うソフトウェアは，画像ファイルの中で R，G，B の原刺激のそれぞれを 8 ビット ($2^8 = 256$ 色) で表現している．したがって，表現できる色の総数は，24 ビット，すなわち，$256 \times 256 \times 256 = 16,777,216$ 色になる．

sRGB では，原刺激の光の強度と，実際にパソコンの記憶装置などに記録される値との間の変換式を定義している．両者の関係は非線形で，CRT のガンマ特性によく似ている．これは，1996 年の時点で標準的なディスプレイであった CRT の特性を反映したものである．その後の LCD 技術の革新により LCD の色域が拡張され，2000 年頃には CRT と遜色がなくなった．sRGB に準拠するモニタ間では忠実な色再現が可能となり，sRGB はモニタの規格として広く受け入れられている．

LCD やデジタルカメラのような最近の (CRT 以外の) 入出力デバイスの特性は，sRGB のような非線形なものではないが，互換性を保つために，機器の内部で補正回路やソフトウェアによる変換式を備えている．このため，多くの 8 ビットの画像ファイルは，sRGB 値と見なすことができる．もっとも，性能を追求した高級機になると，必ずしもそうではないことがある．

sRGB 値から三刺激値 X，Y，Z への変換[45]は，① 0〜255 の値をもつ sRGB 値から 0〜1 の値に規格化，② ガンマ変換，③ 3×3 行列による 1 次変換の三つのステップにより行う．変換式は次のとおりに表される．

$$\begin{pmatrix} X \\ Y \\ Z \end{pmatrix} = \begin{pmatrix} 0.412424 & 0.357579 & 0.180464 \\ 0.212656 & 0.715158 & 0.072186 \\ 0.019332 & 0.119193 & 0.950444 \end{pmatrix} \begin{pmatrix} f(R/255) \\ f(G/255) \\ f(B/255) \end{pmatrix} \quad (6.6)$$

ただし，

$$f(t) = \begin{cases} \left(\dfrac{t + 0.055}{1.055} \right)^{2.4} & (t > 0.04045) \\ \dfrac{t}{12.92} & (t \leq 0.04045) \end{cases} \quad (6.7)$$

逆に，三刺激値 X，Y，Z から sRGB 値への変換は，以上の 3 ステップを逆に実行する．すなわち，式 (6.6) の逆変換により，

$$\begin{pmatrix} R' \\ G' \\ B' \end{pmatrix} = \begin{pmatrix} 3.2406 & -1.5372 & -0.4986 \\ -0.9689 & 1.8758 & 0.0415 \\ 0.0557 & -0.2040 & 1.0570 \end{pmatrix} \begin{pmatrix} X \\ Y \\ Z \end{pmatrix} \tag{6.8}$$

次に，ガンマ変換の逆変換を施す．すなわち，$C' = R', G', B'$ として，

$$C'' = \begin{cases} 1.055(C')^{1/2.4} - 0.055 & (C' > 0.0031308) \\ 12.92 C' & (C' \leq 0.0031308) \end{cases} \tag{6.9}$$

最後に，0〜255 の間の値になるように規格化する．すなわち，$C = R, G, B$ として，

$$C = \mathrm{round}(255 C'') \tag{6.10}$$

ここで，round(A) は引数 A に最も近い整数を返す関数である．

なお，sRGB は，標準化のための団体，国際電気標準会議 (IEC：the International Electrotechnical Commission) により，国際標準「IEC 61966-2-1」として発行されたものである．sRGB 準拠のモニタ間では忠実な色再現が可能だが，次の問題も指摘されている．すなわち，一部のプリンタの色域は sRGB よりも広く，仮に sRGB に準拠すると，デジタルカメラで入力できても印刷できない色が存在することになる．この問題を解決するために，sRGB より広い範囲の色を取り扱うための拡張色空間の議論が活発になっている[46]．これらの規格には追加や改訂が順次行われるものであり，最新の情報は IEC などの標準化団体から得られる．

（3） AdobeRGB

AdobeRGB は，1998 年に Adobe Systems Inc. が開発した色域で，CMYK の色再現可能領域もカバーしている．CIExy 色度座標上で AdobeRGB と sRGB とを比較すると，AdobeRGB は sRGB に比べて，とくに緑〜シアンの領域が広い．しかし，同じ比較を CIEu'v' 色度座標で行うと，両者の差は小さくなる．このように，表色系の差を考慮して比較することが重要である．

（4） CMYK

CMYK は，シアン (C，cyan)，マゼンタ (M，magenta)，黄 (Y，yellow)，黒 (K，key plate) を混ぜ合わせ，ある波長範囲の光を吸収することにより多くの色を表現する色域である．文字などで黒を多く用いる印刷では，CMYK がよく使われている．

原理的には，CMY の混色により黒を表現できる．現実には，濃い色を表現するために CMY のインクを混ぜても，濁った色にしかならない．すなわち，インクや紙の特性上，CMY の 3 種類のインクで綺麗な黒色を作るのは困難である．そこで，黒の発色をよくするために，別途，黒インクを用いる．黒の「K」は "key plate"，すなわ

ち，画像の輪郭など細部を示すために用いられた印刷板を意味する．これは，"key plate" には黒インクだけが用いられたことに由来する．黒インクを使用する理由はこの他にもある．たとえば，CMY のインクを混ぜると，紙が湿って取り扱いが面倒なこと，文字印刷時に文字の細かな特徴を表現するためのインクの重ね合せが困難なこと，インクを節約できること，などが挙げられる．

CMYK の 4 種類のインクを用いる 4 色印刷が一般的だが，これにオレンジと緑を加えた 6 種類のインクを用いる 6 色印刷もある．CMYK の色域について，sRGB と比較して図 6.11 に示す．

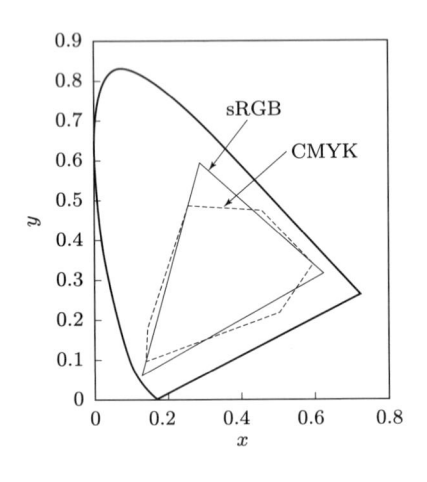

図 6.11 CMYK と sRGB

6.4 色管理

■ 6.4.1 ■ カラーマネジメントシステム

コンピュータが情報を処理するためには，第一に情報を入力する必要がある．そのためにキーボードやマウスや各種のセンサ技術が存在する．情報を処理した結果は，ディスプレイやプリンタなどの出力機器により出力されて，人の目に見える形になる．このとき，入力した色と同じ色を出力するという色再現が問題になる．あるいは，データを複数の異なるディスプレイに表示するときに同じ色を出力できるかという色再現の問題もある．動作原理や材料の特性の異なる多くの入出力機器が存在するにもかかわらず，色再現性を保つのが色管理の目的である．

各種の入出力デバイスでは，色を定量化する技術が多岐に渡る．CCD の分光感度，

ディスプレイの光源やフィルタ，プリンタのインクなどの特性に依存して，表現できる色域が各デバイスによって異なる．たとえば，二つの異なる出力デバイスとして，2組の3種類のLEDが表現できる領域の例をふたたび挙げると，図6.12に示すように，色域が重なり合わない部分が発生する．カラーマッチングとは，たがいにはみ出した部分を変換して色を置き換えるという作業である．**カラーマネジメントシステム** (color management system, CMS) は，このような置き換え (gamut mapping とよぶ) をさまざまな方法により実現する．

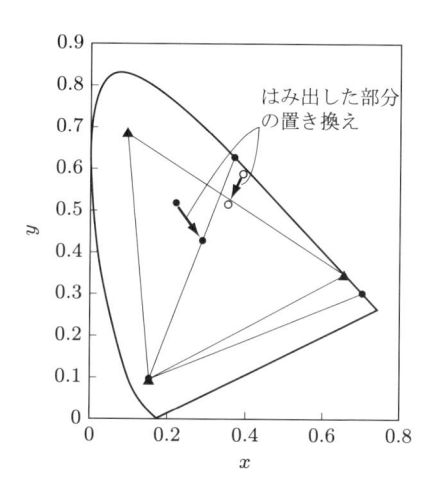

図 6.12　2組のLEDセットが表現できる色再現範囲のずれ

　このような機能の一部は，パソコンのOS (operating system) に組み込まれる．Microsoft Windows においては，入力デバイスのすべてのドライバーが，そのデバイスの色域をsRGBへ変換する機能をもっている．出力デバイスでは，そのドライバーがsRGBからそのデバイス固有の色域への変換を受けもつ．このようにしてカラーマネジメントシステムが実現されると，ユーザーは色域の変換についてとくに意識する必要はない．しかし，色再現の性能は，各種のデバイスドライバーの機能である色変換の品質に依存していることに注意すべきである．次に述べるICC互換のカラーマネジメントシステムは，よりオープンで独立した環境である．

■ 6.4.2 ■ ICC互換のカラーマネジメントシステム

　ICC (International Color Consortium) は，カラーマネジメントの標準規格を制定するための業界団体である．その目的は，オープンで，中立で，異なるプラットフォーム間でも有効な，カラーマネジメントの規格の使用を推進することである．ICCが制

定した規格は，国際標準 (International Standard，ISO 15076) としても認められている．

ICC 互換のカラーマネジメントシステムの概要を図 6.13 に示す．カラーマネジメントシステムは，ICC プロファイル (ICC profiles) により，各種のデバイスの色域を，共通の絶対的色表現 (L*a*b*値) に変換する．ICC プロファイルとは，各デバイスと共通の色空間の間の変換テーブルであり，各デバイスの特性と共通の色空間の間の補正を行う．図ではこの補正を「そろばん」でたとえていて，当然ながら，それぞれのデバイス用に固有のものが存在する．

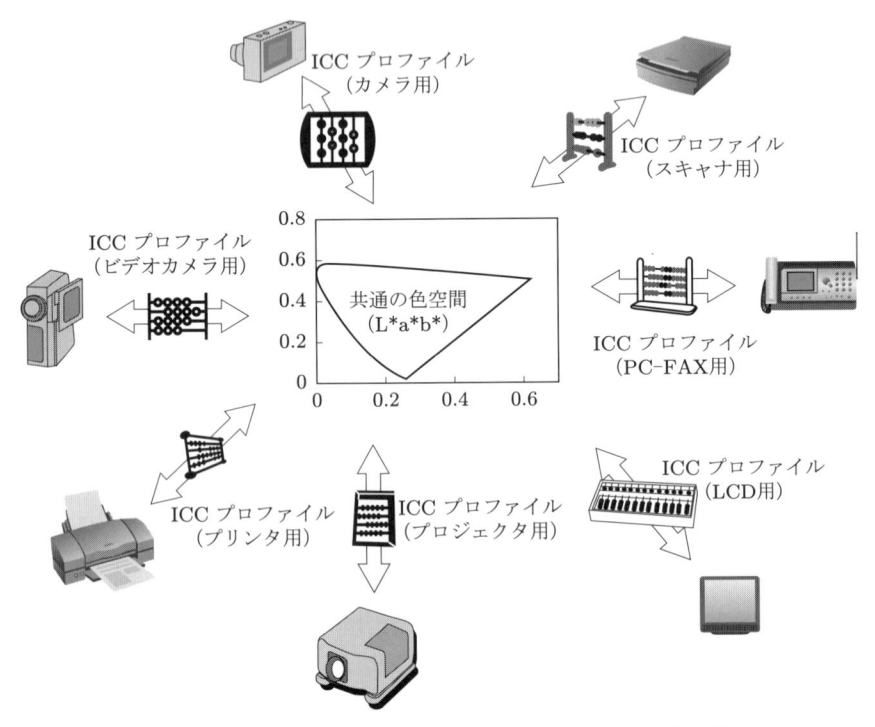

図 6.13 デバイスに固有の ICC プロファイルを用いる色管理の手法

このように，カラーマネジメントシステムで ICC プロファイルを正しく利用することにより，正確な色再現が可能になる．ICC プロファイルは，画像ファイルの一部として埋め込むことができる．画像ファイルを開けば，自分のモニタやプリンタで，画像の色の正確なマッピング情報を取得できる．したがって，一般のユーザーは，カラーマネジメントシステムの存在を意識することはない．ICC 互換のカラーマネジメントシステムは，Windows では ICM，Mac では ColorSync という名称で OS に内蔵されている．

6.5 カラー画像処理

前述のとおり，カラーマネジメントシステムは，色域の異なるデバイスを用いて，できるだけ同じになるように色を表現することを目的としている．その一方で，もともとは色の情報を含まない画像に色をつける，あるいは，色の差が少ない元画像の色差を強調したいことがある．これらにより，画像に含まれている，なんらかの情報を抽出するわけである．前者は擬似カラー，後者は色強調，とよばれる．

6.5.1 擬似カラー

擬似カラー (pseudocolor) は，最も単純には，モノクロ画像の階調に色を対応させることで実現される．たとえば，画素値 (pixel value) の小さい画素には赤色，中くらいの画素値の画素は黄色，大きな画素値の画素は白色，などのように決定する．

このように，画素値に応じて色を決めるために用いる一定の約束のことを LUT (look up table) とよぶ．これは，入力 (画素値) を元にして出力 (色) を決めるために表を参照するという動作を表した言葉である．LUT の例を図 6.14 にいくつか示す．バーの下側の数値が画素値である．図中の fire, ice, rainbow は LUT の名称で，LUT の特徴を表す語句を用いるのが一般的である．

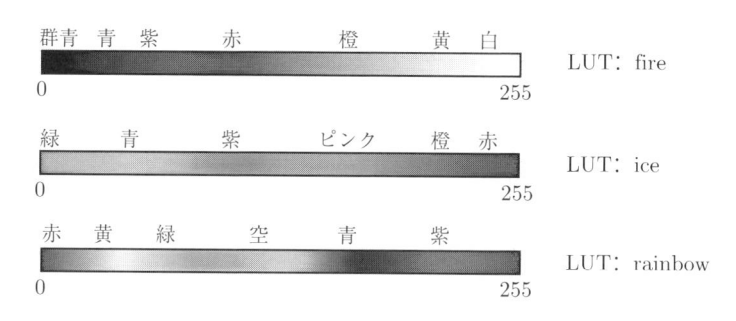

図 6.14 LUT の例 ➡ 口絵20

このように，元の画素値に応じて，なんらかの順序に沿ってはいるものの，いわば勝手に色を決めている．たとえば，ImageJ のような汎用の画像処理用ソフトウェアでは，このような LUT を選択することで，擬似カラーを利用できる．

擬似カラーの主な目的は，特徴抽出を容易にすることである．たとえば，X 線 CT や MRI のような医用画像，あるいは偵察衛星の写真において，特定の特徴をもつ部位や領域 (ROI, region of interest) に色をつけたり，他の手法で得られた画像と重ね合わせたりすることで，特徴抽出を容易にするという応用がある．しかし，擬似カラー

は，逆に特徴抽出を困難にする場合もあり，注意を要する．一方，擬似カラーには，モノクロで収録された昔の映画や画像をカラー化して，目を楽しませるという応用もある．とくにモノクロ映画のカラー化では，自動で処理することが重要になる．

■ 6.5.2 ■ 色補正

カラー画像を印刷するときなどに，色相，飽和度，明度を調整することにより，鮮やかな画像に変換できる．カラー画像の三つのチャネルのそれぞれを独立に調整することも可能である．退色した写真を補正するのは，このような応用の例である．

演習問題

6-1 CCD と MOS 型イメージセンサの構成の違いは何か，簡単に説明せよ．

6-2 X 線画像診断装置において，物体を透過する X 線のパターンを可視光に変換するためにどのような材料が用いられるか．また，X 線を直接に電荷に変換するために用いられる材料について調べよ．

6-3 次の中で間違っている文章の組み合わせを (ア)〜(タ) の中から選べ．
  a. フィールド・シークエンシャル方式のカラー液晶ディスプレイは，併置加法混色を利用している．
  b. フィールド・シークエンシャル方式のカラー液晶ディスプレイには，カラーフィルタが不要である．
  c. TN 型液晶セルに電圧を印加しない場合には，TFT 基板と対向基板の付近の液晶分子の方向はたがいに直交している．
  d. TN 型液晶セルでは，偏光板が不要である．
  e. 反射型液晶ディスプレイには，バックライトは不要である．

  (ア) a   (イ) b   (ウ) c   (エ) d   (オ) e   (カ) a, b   (キ) a, c
  (ク) a, d (ケ) a, e (コ) b, c (サ) b, d (シ) b, e (ス) c, d   (セ) c, e
  (ソ) d, e (タ) すべて間違っていない

6-4 次の文章の空欄に適切な語句を入れよ．
  a. 数学者の (ア) は，色表示や混色の理論は，ベクトル空間理論の一応用であることを示した．
  b. カラーセンサの分光感度が CIE 等色関数またはその 1 次結合で表されるとき，(イ) 条件が満たされているという．
  c. (ウ) 値はモニタ RGB ともよばれ，パソコン画面の色管理に使われる．
  d. 各種のデバイスの間の色管理に用いられる共通の色空間は (エ) であり，個々のデバイスの特性をこの色空間に変換するための情報は，(オ) プロファイルとよばれる．

付表 1　CIE1931rgb 表色系 2°視野の等色関数

λ [nm]	$\bar{r}(\lambda)$	$\bar{g}(\lambda)$	$\bar{b}(\lambda)$	λ [nm]	$\bar{r}(\lambda)$	$\bar{g}(\lambda)$	$\bar{b}(\lambda)$
380	0.0000	0.0000	0.0012	580	0.2453	0.1361	−0.0011
385	0.0001	0.0000	0.0019	585	0.2799	0.1169	−0.0009
390	0.0001	0.0000	0.0036	590	0.3093	0.0975	−0.0008
395	0.0002	−0.0001	0.0065	595	0.3318	0.0791	−0.0006
400	0.0003	−0.0001	0.0121	600	0.3443	0.0625	−0.0005
405	0.0005	−0.0002	0.0197	605	0.3476	0.0478	−0.0004
410	0.0008	−0.0004	0.0371	610	0.3397	0.0356	−0.0003
415	0.0014	−0.0007	0.0664	615	0.3227	0.0258	−0.0002
420	0.0021	−0.0011	0.1154	620	0.2971	0.0183	−0.0002
425	0.0027	−0.0014	0.1858	625	0.2635	0.0125	−0.0001
430	0.0022	−0.0012	0.2477	630	0.2268	0.0083	−0.0001
435	0.0004	−0.0002	0.2901	635	0.1923	0.0054	−0.0001
440	−0.0026	0.0015	0.3123	640	0.1597	0.0033	0.0000
445	−0.0067	0.0038	0.3186	645	0.1291	0.0020	0.0000
450	−0.0121	0.0068	0.3167	650	0.1017	0.0012	0.0000
455	−0.0187	0.0105	0.3117	655	0.0786	0.0007	0.0000
460	−0.0261	0.0149	0.2982	660	0.0593	0.0004	0.0000
465	−0.0332	0.0198	0.2730	665	0.0437	0.0002	0.0000
470	−0.0393	0.0254	0.2299	670	0.0315	0.0001	0.0000
475	−0.0447	0.0318	0.1859	675	0.0229	0.0001	0.0000
480	−0.0494	0.0391	0.1449	680	0.0169	0.0000	0.0000
485	−0.0536	0.0471	0.1097	685	0.0119	0.0000	0.0000
490	−0.0581	0.0569	0.0826	690	0.0082	0.0000	0.0000
495	−0.0641	0.0695	0.0625	695	0.0057	0.0000	0.0000
500	−0.0717	0.0854	0.0478	700	0.0041	0.0000	0.0000
505	−0.0812	0.1059	0.0369	705	0.0029	0.0000	0.0000
510	−0.0890	0.1286	0.0270	710	0.0021	0.0000	0.0000
515	−0.0936	0.1526	0.0184	715	0.0015	0.0000	0.0000
520	−0.0926	0.1747	0.0122	720	0.0011	0.0000	0.0000
525	−0.0847	0.1911	0.0083	725	0.0007	0.0000	0.0000
530	−0.0710	0.2032	0.0055	730	0.0005	0.0000	0.0000
535	−0.0532	0.2108	0.0032	735	0.0004	0.0000	0.0000
540	−0.0315	0.2147	0.0015	740	0.0003	0.0000	0.0000
545	−0.0061	0.2149	0.0002	745	0.0002	0.0000	0.0000
550	0.0228	0.2118	−0.0006	750	0.0001	0.0000	0.0000
555	0.0551	0.2059	−0.0011	755	0.0001	0.0000	0.0000
560	0.0906	0.1970	−0.0013	760	0.0001	0.0000	0.0000
565	0.1284	0.1852	−0.0014	765	0.0000	0.0000	0.0000
570	0.1677	0.1709	−0.0014	770	0.0000	0.0000	0.0000
575	0.2072	0.1543	−0.0012	775	0.0000	0.0000	0.0000
				780	0.0000	0.0000	0.0000

付表 2　CIE1931XYZ 表色系 2°視野の等色関数

λ [nm]	$\bar{x}(\lambda)$	$\bar{y}(\lambda)$	$\bar{z}(\lambda)$	λ [nm]	$\bar{x}(\lambda)$	$\bar{y}(\lambda)$	$\bar{z}(\lambda)$
380	0.0014	0.0000	0.0065	580	0.9163	0.8700	0.0017
385	0.0022	0.0001	0.0105	585	0.9786	0.8163	0.0014
390	0.0042	0.0001	0.0201	590	1.0263	0.7570	0.0011
395	0.0077	0.0002	0.0362	595	1.0567	0.6949	0.0010
400	0.0143	0.0004	0.0679	600	1.0622	0.6310	0.0008
405	0.0232	0.0006	0.1102	605	1.0456	0.5668	0.0006
410	0.0435	0.0012	0.2074	610	1.0026	0.5030	0.0003
415	0.0776	0.0022	0.3713	615	0.9384	0.4412	0.0002
420	0.1344	0.0040	0.6456	620	0.8544	0.3810	0.0002
425	0.2148	0.0073	1.0391	625	0.7514	0.3210	0.0001
430	0.2839	0.0116	1.3856	630	0.6424	0.2650	0.0000
435	0.3285	0.0168	1.6230	635	0.5419	0.2170	0.0000
440	0.3483	0.0230	1.7471	640	0.4479	0.1750	0.0000
445	0.3481	0.0298	1.7826	645	0.3608	0.1382	0.0000
450	0.3362	0.0380	1.7721	650	0.2835	0.1070	0.0000
455	0.3187	0.0480	1.7441	655	0.2187	0.0816	0.0000
460	0.2908	0.0600	1.6692	660	0.1649	0.0610	0.0000
465	0.2511	0.0739	1.5281	665	0.1212	0.0446	0.0000
470	0.1954	0.0910	1.2876	670	0.0874	0.0320	0.0000
475	0.1421	0.1126	1.0419	675	0.0636	0.0232	0.0000
480	0.0956	0.1390	0.8130	680	0.0468	0.0170	0.0000
485	0.0580	0.1693	0.6162	685	0.0329	0.0119	0.0000
490	0.0320	0.2080	0.4652	690	0.0227	0.0082	0.0000
495	0.0147	0.2586	0.3533	695	0.0158	0.0057	0.0000
500	0.0049	0.3230	0.2720	700	0.0114	0.0041	0.0000
505	0.0024	0.4073	0.2123	705	0.0081	0.0029	0.0000
510	0.0093	0.5030	0.1582	710	0.0058	0.0021	0.0000
515	0.0291	0.6082	0.1117	715	0.0041	0.0015	0.0000
520	0.0633	0.7100	0.0782	720	0.0029	0.0010	0.0000
525	0.1096	0.7932	0.0573	725	0.0020	0.0007	0.0000
530	0.1655	0.8620	0.0422	730	0.0014	0.0005	0.0000
535	0.2257	0.9149	0.0298	735	0.0010	0.0004	0.0000
540	0.2904	0.9540	0.0203	740	0.0007	0.0002	0.0000
545	0.3597	0.9803	0.0134	745	0.0005	0.0002	0.0000
550	0.4334	0.9950	0.0087	750	0.0003	0.0001	0.0000
555	0.5121	1.0000	0.0057	755	0.0002	0.0001	0.0000
560	0.5945	0.9950	0.0039	760	0.0002	0.0001	0.0000
565	0.6784	0.9786	0.0027	765	0.0001	0.0000	0.0000
570	0.7621	0.9520	0.0021	770	0.0001	0.0000	0.0000
575	0.8425	0.9154	0.0018	775	0.0001	0.0000	0.0000
				780	0.0000	0.0000	0.0000

付表 3　CIE1964$X_{10}Y_{10}Z_{10}$ 表色系 10°視野の等色関数

λ [nm]	$\bar{x}_{10}(\lambda)$	$\bar{y}_{10}(\lambda)$	$\bar{z}_{10}(\lambda)$	λ [nm]	$\bar{x}_{10}(\lambda)$	$\bar{y}_{10}(\lambda)$	$\bar{z}_{10}(\lambda)$
380	0.0002	0.0000	0.0007	580	1.0142	0.8689	0.0000
385	0.0007	0.0001	0.0029	585	1.0743	0.8256	0.0000
390	0.0024	0.0003	0.0105	590	1.1185	0.7774	0.0000
395	0.0072	0.0008	0.0323	595	1.1343	0.7204	0.0000
400	0.0191	0.0020	0.0860	600	1.1240	0.6583	0.0000
405	0.0434	0.0045	0.1971	605	1.0891	0.5939	0.0000
410	0.0847	0.0088	0.3894	610	1.0305	0.5280	0.0000
415	0.1406	0.0145	0.6568	615	0.9507	0.4618	0.0000
420	0.2045	0.0214	0.9725	620	0.8563	0.3981	0.0000
425	0.2647	0.0295	1.2825	625	0.7549	0.3396	0.0000
430	0.3147	0.0387	1.5535	630	0.6475	0.2835	0.0000
435	0.3577	0.0496	1.7985	635	0.5351	0.2283	0.0000
440	0.3837	0.0621	1.9673	640	0.4316	0.1798	0.0000
445	0.3867	0.0747	2.0273	645	0.3437	0.1402	0.0000
450	0.3707	0.0895	1.9948	650	0.2683	0.1076	0.0000
455	0.3430	0.1063	1.9007	655	0.2043	0.0812	0.0000
460	0.3023	0.1282	1.7454	660	0.1526	0.0603	0.0000
465	0.2541	0.1528	1.5549	665	0.1122	0.0441	0.0000
470	0.1956	0.1852	1.3176	670	0.0813	0.0318	0.0000
475	0.1323	0.2199	1.0302	675	0.0579	0.0226	0.0000
480	0.0805	0.2536	0.7721	680	0.0409	0.0159	0.0000
485	0.0411	0.2977	0.5701	685	0.0286	0.0111	0.0000
490	0.0162	0.3391	0.4153	690	0.0199	0.0077	0.0000
495	0.0051	0.3954	0.3024	695	0.0138	0.0054	0.0000
500	0.0038	0.4608	0.2185	700	0.0096	0.0037	0.0000
505	0.0154	0.5314	0.1592	705	0.0066	0.0026	0.0000
510	0.0375	0.6067	0.1120	710	0.0046	0.0018	0.0000
515	0.0714	0.6857	0.0822	715	0.0031	0.0012	0.0000
520	0.1177	0.7618	0.0607	720	0.0022	0.0008	0.0000
525	0.1730	0.8233	0.0431	725	0.0015	0.0006	0.0000
530	0.2365	0.8752	0.0305	730	0.0010	0.0004	0.0000
535	0.3042	0.9238	0.0206	735	0.0007	0.0003	0.0000
540	0.3768	0.9620	0.0137	740	0.0005	0.0002	0.0000
545	0.4516	0.9822	0.0079	745	0.0004	0.0001	0.0000
550	0.5298	0.9918	0.0040	750	0.0003	0.0001	0.0000
555	0.6161	0.9991	0.0011	755	0.0002	0.0001	0.0000
560	0.7052	0.9973	0.0000	760	0.0001	0.0000	0.0000
565	0.7938	0.9824	0.0000	765	0.0001	0.0000	0.0000
570	0.8787	0.9556	0.0000	770	0.0001	0.0000	0.0000
575	0.9512	0.9152	0.0000	775	0.0000	0.0000	0.0000
				780	0.0000	0.0000	0.0000

付表 4 CIE 標準照明光の相対分光強度分布

λ[nm]	A	D_{65}	C	λ[nm]	A	D_{65}	C
300	0.9305	0.0341		575	110.8030	96.0611	100.1500
305	1.1282	1.6643		580	114.4360	95.7880	97.8000
310	1.3577	3.2945		585	118.0800	92.2368	95.4300
315	1.6222	11.7652		590	121.7310	88.6856	93.2000
320	1.9251	20.2360	0.0100	595	125.3860	89.3459	91.2200
325	2.2698	28.6447	0.2000	600	129.0430	90.0062	89.7000
330	2.6598	37.0535	0.4000	605	132.6970	89.8026	88.8300
335	3.0986	38.5011	1.5500	610	136.3460	89.5991	88.4000
340	3.5897	39.9488	2.7000	615	139.9880	88.6489	88.1900
345	4.1365	42.4302	4.8500	620	143.6180	87.6987	88.1000
350	4.7424	44.9117	7.0000	625	147.2350	85.4936	88.0600
355	5.4107	45.7750	9.9500	630	150.8360	83.2886	88.0000
360	6.1446	46.6383	12.9000	635	154.4180	83.4939	87.8600
365	6.9472	49.3637	17.2000	640	157.9790	83.6992	87.8000
370	7.8214	52.0891	21.4000	645	161.5160	81.8630	87.9900
375	8.7698	51.0323	27.5000	650	165.0280	80.0268	88.2000
380	9.7951	49.9755	33.0000	655	168.5100	80.1207	88.2000
385	10.8996	52.3118	39.9200	660	171.9630	80.2146	87.9000
390	12.0853	54.6482	47.4000	665	175.3830	81.2462	87.2200
395	13.3543	68.7015	55.1700	670	178.7690	82.2778	86.3000
400	14.7080	82.7549	63.3000	675	182.1180	80.2810	85.3000
405	16.1480	87.1204	71.8100	680	185.4290	78.2842	84.0000
410	17.6753	91.4860	80.6000	685	188.7010	74.0027	82.2100
415	19.2907	92.4589	89.5300	690	191.9310	69.7213	80.2000
420	20.9950	93.4318	98.1000	695	195.1180	70.6652	78.2400
425	22.7883	90.0570	105.8000	700	198.2610	71.6091	76.3000
430	24.6709	86.6823	112.4000	705	201.3590	72.9790	74.3600
435	26.6425	95.7736	117.7500	710	204.4090	74.3490	72.4000
440	28.7027	104.8650	121.5000	715	207.4110	67.9765	70.4000
445	30.8508	110.9360	123.4500	720	210.3650	61.6040	68.3000
450	33.0859	117.0080	124.0000	725	213.2680	65.7448	66.3000
455	35.4068	117.4100	123.6000	730	216.1200	69.8856	64.4000
460	37.8121	117.8120	123.1000	735	218.9200	72.4863	62.8000
465	40.3002	116.3360	123.3000	740	221.6670	75.0870	61.5000
470	42.8693	114.8610	123.8000	745	224.3610	69.3398	60.2000
475	45.5174	115.3920	124.0900	750	227.0000	63.5927	59.2000
480	48.2423	115.9230	123.9000	755	229.5850	55.0054	58.5000
485	51.0418	112.3670	122.9200	760	232.1150	46.4182	58.1000
490	53.9132	108.8110	120.7000	765	234.5890	56.6118	58.0000
495	56.8539	109.0820	116.9000	770	237.0080	66.8054	58.2000
500	59.8611	109.3540	112.1000	775	239.3700	65.0941	
505	62.9320	108.5780	106.9800	780	241.6750	63.3828	
510	66.0635	107.8020	102.3000	785	243.9240	63.8434	
515	69.2525	106.2960	98.8100	790	246.1160	64.3040	
520	72.4959	104.7900	96.9000	795	248.2510	61.8779	
525	75.7903	106.2390	96.7800	800	250.3290	59.4519	
530	79.1326	107.6890	98.0000	805	252.3500	55.7054	
535	82.5193	106.0470	99.9400	810	254.3140	51.9590	
540	85.9470	104.4050	102.1000	815	256.2210	54.6998	
545	89.4124	104.2250	103.9500	820	258.0710	57.4406	
550	92.9120	104.0460	105.2000	825	259.8650	58.8765	
555	96.4423	102.0230	105.6700	830	261.6020	60.3125	
560	100.0000	100.0000	105.3000				
565	103.5820	98.1671	104.1100				
570	107.1840	96.3342	102.3000				

付表 5-1 光源の演色性評価 (JIS Z 8726) で用いる資料色の分光反射率 (資料色 1〜5)

λ [nm]	1 7.5R6/4	2 5Y6/4	3 5GY6/8	4 2.5G6/6	5 10BG6/4	λ [nm]	1 7.5R6/4	2 5Y6/4	3 5GY6/8	4 2.5G6/6	5 10BG6/4
380	0.219	0.070	0.065	0.074	0.295	580	0.341	0.335	0.315	0.247	0.260
385	0.239	0.079	0.068	0.083	0.306	585	0.367	0.339	0.299	0.229	0.247
390	0.252	0.089	0.070	0.093	0.310	590	0.390	0.341	0.285	0.214	0.232
395	0.256	0.101	0.072	0.105	0.312	595	0.409	0.341	0.272	0.198	0.220
400	0.256	0.111	0.073	0.116	0.313	600	0.424	0.342	0.264	0.185	0.210
405	0.254	0.116	0.073	0.121	0.315	605	0.435	0.342	0.257	0.175	0.200
410	0.252	0.118	0.074	0.124	0.319	610	0.442	0.342	0.252	0.169	0.194
415	0.248	0.120	0.074	0.126	0.322	615	0.448	0.341	0.247	0.164	0.189
420	0.244	0.121	0.074	0.128	0.326	620	0.450	0.341	0.241	0.160	0.185
425	0.240	0.122	0.073	0.131	0.330	625	0.451	0.339	0.235	0.156	0.183
430	0.237	0.122	0.073	0.135	0.334	630	0.451	0.339	0.229	0.154	0.180
435	0.232	0.122	0.073	0.139	0.339	635	0.451	0.338	0.224	0.152	0.177
440	0.230	0.123	0.073	0.144	0.346	640	0.451	0.338	0.220	0.151	0.176
445	0.226	0.124	0.073	0.151	0.352	645	0.451	0.337	0.217	0.149	0.175
450	0.225	0.127	0.074	0.161	0.360	650	0.450	0.336	0.216	0.148	0.175
455	0.222	0.128	0.075	0.172	0.369	655	0.450	0.335	0.216	0.148	0.175
460	0.220	0.131	0.077	0.186	0.381	660	0.451	0.334	0.219	0.148	0.175
465	0.218	0.134	0.080	0.205	0.394	665	0.451	0.332	0.224	0.149	0.177
470	0.216	0.138	0.085	0.229	0.403	670	0.453	0.332	0.230	0.151	0.180
475	0.214	0.143	0.094	0.254	0.410	675	0.454	0.331	0.238	0.154	0.183
480	0.214	0.150	0.109	0.281	0.415	680	0.455	0.331	0.251	0.158	0.186
485	0.214	0.159	0.126	0.308	0.418	685	0.457	0.330	0.269	0.162	0.189
490	0.216	0.174	0.148	0.332	0.419	690	0.458	0.329	0.288	0.165	0.192
495	0.218	0.190	0.172	0.352	0.417	695	0.460	0.328	0.312	0.168	0.195
500	0.223	0.207	0.198	0.370	0.413	700	0.462	0.328	0.340	0.170	0.199
505	0.225	0.225	0.221	0.383	0.409	705	0.463	0.327	0.366	0.171	0.200
510	0.226	0.242	0.241	0.390	0.403	710	0.464	0.326	0.390	0.170	0.199
515	0.226	0.253	0.260	0.394	0.396	715	0.465	0.325	0.412	0.168	0.198
520	0.225	0.260	0.278	0.395	0.389	720	0.466	0.324	0.431	0.166	0.196
525	0.225	0.264	0.302	0.392	0.381	725	0.466	0.324	0.447	0.164	0.195
530	0.227	0.267	0.339	0.385	0.372	730	0.466	0.324	0.460	0.164	0.195
535	0.230	0.269	0.370	0.377	0.363	735	0.466	0.323	0.472	0.165	0.196
540	0.236	0.272	0.392	0.367	0.353	740	0.467	0.322	0.481	0.168	0.197
545	0.245	0.276	0.399	0.354	0.342	745	0.467	0.321	0.488	0.172	0.200
550	0.253	0.282	0.400	0.341	0.331	750	0.467	0.320	0.493	0.177	0.203
555	0.262	0.289	0.393	0.327	0.320	755	0.467	0.318	0.497	0.181	0.205
560	0.272	0.299	0.380	0.312	0.308	760	0.467	0.316	0.500	0.185	0.208
565	0.283	0.309	0.365	0.296	0.296	765	0.467	0.315	0.502	0.189	0.212
570	0.298	0.322	0.349	0.280	0.284	770	0.467	0.315	0.505	0.192	0.215
575	0.318	0.329	0.332	0.263	0.271	775	0.467	0.314	0.510	0.194	0.217
						780	0.467	0.314	0.516	0.197	0.219

付 表

付表 5-2 光源の演色性評価 (JIS Z 8726) で用いる資料色の分光反射率 (資料色 6〜10)

λ [nm]	6 5PB6/8	7 2.5P6/8	8 10P6/8	9 4.5R4/13	10 5Y8/10	λ [nm]	6 5PB6/8	7 2.5P6/8	8 10P6/8	9 4.5R4/13	10 5Y8/10
380	0.151	0.378	0.104	0.066	0.050	580	0.225	0.254	0.278	0.060	0.701
385	0.203	0.459	0.129	0.062	0.054	585	0.222	0.259	0.284	0.076	0.704
390	0.265	0.524	0.170	0.058	0.059	590	0.221	0.270	0.295	0.102	0.705
395	0.339	0.546	0.240	0.055	0.063	595	0.220	0.284	0.316	0.136	0.705
400	0.410	0.551	0.319	0.052	0.066	600	0.220	0.302	0.348	0.190	0.706
405	0.464	0.555	0.416	0.052	0.067	605	0.220	0.324	0.384	0.256	0.707
410	0.492	0.559	0.462	0.051	0.068	610	0.220	0.344	0.434	0.336	0.707
415	0.508	0.560	0.482	0.050	0.069	615	0.220	0.362	0.482	0.418	0.707
420	0.517	0.561	0.490	0.050	0.069	620	0.223	0.377	0.528	0.505	0.708
425	0.524	0.558	0.488	0.049	0.070	625	0.227	0.389	0.568	0.581	0.708
430	0.531	0.556	0.482	0.048	0.072	630	0.233	0.400	0.604	0.641	0.710
435	0.538	0.551	0.473	0.047	0.073	635	0.239	0.410	0.629	0.682	0.711
440	0.544	0.544	0.462	0.046	0.076	640	0.244	0.420	0.648	0.717	0.712
445	0.551	0.535	0.450	0.044	0.078	645	0.251	0.429	0.663	0.740	0.714
450	0.556	0.522	0.439	0.042	0.083	650	0.258	0.438	0.676	0.758	0.716
455	0.556	0.506	0.426	0.041	0.088	655	0.263	0.445	0.685	0.770	0.718
460	0.554	0.488	0.413	0.038	0.095	660	0.268	0.452	0.693	0.781	0.720
465	0.549	0.469	0.397	0.035	0.103	665	0.273	0.457	0.700	0.790	0.722
470	0.541	0.448	0.382	0.033	0.113	670	0.278	0.462	0.705	0.797	0.725
475	0.531	0.429	0.366	0.031	0.125	675	0.281	0.466	0.709	0.803	0.729
480	0.519	0.408	0.352	0.030	0.142	680	0.283	0.468	0.712	0.809	0.731
485	0.504	0.385	0.337	0.029	0.162	685	0.286	0.470	0.715	0.814	0.735
490	0.488	0.363	0.325	0.028	0.189	690	0.291	0.473	0.717	0.819	0.739
495	0.469	0.341	0.310	0.028	0.219	695	0.296	0.477	0.719	0.824	0.742
500	0.450	0.324	0.299	0.028	0.262	700	0.302	0.483	0.721	0.828	0.746
505	0.431	0.311	0.289	0.029	0.305	705	0.313	0.489	0.720	0.830	0.748
510	0.414	0.301	0.283	0.030	0.365	710	0.325	0.496	0.719	0.831	0.749
515	0.395	0.291	0.276	0.030	0.416	715	0.338	0.503	0.722	0.833	0.751
520	0.377	0.283	0.270	0.031	0.465	720	0.351	0.511	0.725	0.835	0.753
525	0.358	0.273	0.262	0.031	0.509	725	0.364	0.518	0.727	0.836	0.754
530	0.341	0.265	0.256	0.032	0.546	730	0.376	0.525	0.729	0.836	0.755
535	0.325	0.260	0.251	0.032	0.581	735	0.389	0.532	0.730	0.837	0.755
540	0.309	0.257	0.250	0.033	0.610	740	0.401	0.539	0.730	0.838	0.755
545	0.293	0.257	0.251	0.034	0.634	745	0.413	0.546	0.730	0.839	0.755
550	0.279	0.259	0.254	0.035	0.653	750	0.425	0.553	0.730	0.839	0.756
555	0.265	0.260	0.258	0.037	0.666	755	0.436	0.559	0.730	0.839	0.757
560	0.253	0.260	0.264	0.041	0.678	760	0.447	0.565	0.730	0.839	0.758
565	0.241	0.258	0.269	0.044	0.687	765	0.458	0.570	0.730	0.839	0.759
570	0.234	0.256	0.272	0.048	0.693	770	0.469	0.575	0.730	0.839	0.759
575	0.227	0.254	0.274	0.052	0.698	775	0.477	0.578	0.730	0.839	0.759
						780	0.485	0.581	0.730	0.839	0.759

付表 5-3 光源の演色性評価 (JIS Z 8726) で用いる資料色の分光反射率 (資料色 11〜15)

λ [nm]	11 4.5G5/8	12 3PB3/11	13 5YR8/4	14 5GY4/4	15 1YR6/4	λ [nm]	11 4.5G5/8	12 3PB3/11	13 5YR8/4	14 5GY4/4	15 1YR6/4
380	0.111	0.120	0.104	0.036	0.131	580	0.125	0.017	0.680	0.118	0.285
385	0.121	0.103	0.127	0.036	0.139	585	0.114	0.017	0.701	0.112	0.314
390	0.127	0.090	0.161	0.037	0.147	590	0.106	0.016	0.717	0.106	0.354
395	0.129	0.082	0.211	0.038	0.153	595	0.100	0.016	0.729	0.101	0.398
400	0.127	0.076	0.264	0.039	0.158	600	0.096	0.016	0.736	0.098	0.440
405	0.121	0.068	0.313	0.039	0.162	605	0.092	0.016	0.742	0.095	0.470
410	0.116	0.064	0.341	0.040	0.164	610	0.090	0.016	0.745	0.093	0.494
415	0.112	0.065	0.352	0.041	0.167	615	0.087	0.016	0.747	0.090	0.511
420	0.108	0.075	0.359	0.042	0.170	620	0.085	0.016	0.748	0.089	0.524
425	0.105	0.093	0.361	0.042	0.175	625	0.082	0.016	0.748	0.087	0.535
430	0.104	0.123	0.364	0.043	0.182	630	0.080	0.018	0.748	0.086	0.544
435	0.104	0.160	0.365	0.044	0.192	635	0.079	0.018	0.748	0.085	0.552
440	0.105	0.207	0.367	0.044	0.203	640	0.078	0.018	0.748	0.084	0.559
445	0.106	0.256	0.369	0.045	0.212	645	0.078	0.018	0.748	0.084	0.565
450	0.110	0.300	0.372	0.045	0.221	650	0.078	0.019	0.748	0.084	0.571
455	0.115	0.331	0.374	0.046	0.229	655	0.078	0.020	0.748	0.084	0.576
460	0.123	0.346	0.376	0.047	0.236	660	0.081	0.023	0.747	0.085	0.581
465	0.134	0.347	0.379	0.048	0.243	665	0.083	0.024	0.747	0.087	0.586
470	0.148	0.341	0.384	0.050	0.249	670	0.088	0.026	0.747	0.092	0.590
475	0.167	0.328	0.389	0.052	0.254	675	0.093	0.030	0.747	0.096	0.594
480	0.192	0.307	0.397	0.055	0.259	680	0.102	0.035	0.747	0.102	0.599
485	0.219	0.282	0.405	0.057	0.264	685	0.112	0.043	0.747	0.110	0.603
490	0.252	0.257	0.416	0.062	0.269	690	0.125	0.056	0.747	0.123	0.606
495	0.291	0.230	0.429	0.067	0.276	695	0.141	0.074	0.746	0.137	0.610
500	0.325	0.204	0.443	0.075	0.284	700	0.161	0.097	0.746	0.152	0.612
505	0.347	0.178	0.454	0.083	0.291	705	0.182	0.128	0.746	0.169	0.614
510	0.356	0.154	0.461	0.092	0.296	710	0.203	0.166	0.745	0.188	0.616
515	0.353	0.129	0.466	0.100	0.298	715	0.223	0.210	0.744	0.207	0.616
520	0.346	0.109	0.469	0.108	0.296	720	0.242	0.257	0.743	0.226	0.616
525	0.333	0.090	0.471	0.121	0.289	725	0.257	0.305	0.744	0.243	0.616
530	0.314	0.075	0.474	0.133	0.282	730	0.270	0.354	0.745	0.260	0.615
535	0.294	0.062	0.476	0.142	0.276	735	0.282	0.401	0.748	0.277	0.613
540	0.271	0.051	0.483	0.150	0.274	740	0.292	0.446	0.750	0.294	0.612
545	0.248	0.041	0.490	0.154	0.276	745	0.302	0.485	0.750	0.310	0.610
550	0.227	0.035	0.506	0.155	0.281	750	0.310	0.520	0.749	0.325	0.609
555	0.206	0.029	0.526	0.152	0.286	755	0.314	0.551	0.748	0.339	0.608
560	0.188	0.025	0.553	0.147	0.291	760	0.317	0.577	0.748	0.353	0.607
565	0.170	0.022	0.582	0.140	0.289	765	0.323	0.599	0.747	0.366	0.607
570	0.153	0.019	0.618	0.133	0.286	770	0.330	0.618	0.747	0.379	0.609
575	0.138	0.017	0.651	0.125	0.280	775	0.334	0.633	0.747	0.390	0.610
						780	0.338	0.645	0.747	0.399	0.611

演習問題解答

第1章

1-1 すべて正しくない．1.1 節参照．

1-2 1.2.1 項参照．

1-3 1.3.1 項参照．

1-4 1.3.2 項のカテゴリカルカラーネーミング法参照．

1-5 1.3.2 項の JIS 色名参照．

1-6 1.3.2 項のカテゴリカルカラーネーミング法，JIS 色名参照．

第2章

2-1 2.1 節参照．

2-2 2.2.1 項参照．

2-3 2.2.3 項のスネルの法則参照．

2-4 2.2.7 項の正反射・拡散反射参照．

2-5 (ア) 屈折，(イ) 散乱，(ウ) 分散 (波長分散)，(エ) 干渉，(オ) 反射防止，(カ) 分光器 (モノクロメータ)，(キ) 回折，(ク) 鏡面 (正)，(ケ) 拡散，(コ) 拡散，(サ) 鏡面 (正)，(シ) 鏡面 (正)，(ス) マット (つや消し)

2-6 角膜，前眼房水，虹彩，瞳孔，水晶体，硝子体，網膜

2-7 角膜で主に屈折され，水晶体で調節される．

2-8 (ア) 桿体，(イ) 暗所，(ウ) 錐体，(エ)(オ)(カ) L 錐体，M 錐体，S 錐体，(キ) 薄明

2-9 錐体が働かず，桿体のみ働くため．さらに桿体は 1 種類しかなく，1 次元つまり明暗のみの判定となる

2-10 分光感度：波長ごとの感度，標準分光視感効率：CIE によって実用的に定義された，明所視と暗所視の分光感度で，放射量を測光量に変換するために用いる．

2-11 放射量：光の物理的な強度を表す単位系，測光量：光の心理物理学的な強度を表す単位系で人間の分光感度が考慮されている．

2-12 (ア) 放射束，(イ) W(または J/s)，(ウ) 光束，(エ) lm(ルーメン)，(オ) 放射強度，(カ)

W/sr，(キ) 光度，(ク) cd(カンデラ) または lm/sr，(ケ) 放射輝度，(コ) W/sr·m²，(サ) 輝度，(シ) cd/m²，(ス) 放射照度，(セ) W/m²，(ソ) 照度，(タ) lx(ルクス)

2-13 三色説．

2-14 反対色説または四色説．

2-15 混同色対 (混同色ペア)．

2-16 純粋に現象学的に，つまり見え方で分類される色の属性．

2-17 少し黄みがかって見える．

2-18 緑みがかって見える．

2-19 色，明るさのコントラストが下がり，色パターンを構成する色どうしが近づいて (より似たような色として) 知覚される．

2-20 照明が変わっても物体色の色の見えに変化がなく，保たれること．色順応が関与していると考えられている．

2-21 2.3.9 項の不完全色恒常を参照．

第3章

3-1 3.2.1 項参照．

3-2 明度とブライトネス，内容については 3.2.1 項参照．

3-3 3.2 節参照．

3-4 両者ともヒューは 5PB で同じ，最も青紫らしい色相．バリューは前者が 8 と高く，後者の 4 より明るい．クロマは前者の 8 に対して後者は 10 と高く，より鮮やか．

3-5 3.3.1 項参照．

3-6 NCS (表色系)．

3-7 3.5.1 項参照．

3-8 3.5.6 項参照．

3-9 等色実験において，反対側の視野に色を加法混色すること．3.5.5 項参照．

3-10 3.5.8 項参照．

3-11 3.5.4 項参照．

3-12 3.5.9 項参照．

3-13 3.5.12 項参照．

3-14 3.5.13 項，3.5.16 項参照．

3-15 3.5.15 項の補色，主波長，純度参照．

3-16 単色光，スペクトル軌跡上の色，3.5.15 項の補色，主波長，純度参照．

3-17 等しく見える．CRT 内の等色であるから完全等色でなければ等色しないので．

3-18 必ずしも等しい色に見えない．物体と CRT の間の等色は多くの場合，条件等色．色彩計が同一の計測値を示しても，観察者の分光感度あるいは等色関数が標準観測者のそれと完全に一致しないため，等しい色に見えない．

3-19 均等色度図．

3-20 照明光の相関色温度を求める際に CIE1960uv 色度図を利用する．CIE1964W*U*V*均等色空間は演色評価数を計算する際に利用する．

3-21 たとえば等エネルギー白色は，定義より $(x, y) = (1/3, 1/3)$，$(r, g) = (1/3, 1/3)$，3.6.3 項の例題で計算したように $(u', v') = (0.211, 0.474)$．基準白色の色度は LUV と LAB の定義より $(u^*, v^*) = (0, 0)$，$(a^*, b^*) = (0, 0)$

3-22 色差を扱うため．

3-23 照明光の強さを変えても xy 色度は変わらない．$u'v'$ 色度も同様である．一方，u*v*色度や a*b*色度の場合，有彩色では照明光が強くなるほど，外側に移動する．つまり，C^*_{uv} や C^*_{ab} が増大する．

3-24 ルミナンスファクター Y を反射率 (%) と考えてよいので，20 %．3.5.14 項の (2) 三刺激値 Y をルミナンスファクターにとる場合参照．

3-25 $L^* \cong 10V$ より $V = 6$．3.6.4 項参照．

3-26 (ア) 緑色，(イ) 黄色，(ウ) 赤色，(エ) 青色，(オ) 白色 (灰色や黒色でもよいが語群にないので)

3-27 (a) オ，(b) イ，(c) エ，(d) ア，(e) ウ

3-28 3.5.10 項参照．

3-29 LUV 表色系，LAB 表色系など，色差計算のできる均等色空間．

第 4 章

4-1 光量調整の比は瞳孔の面積比に等しいので，4 倍．

4-2 人の目が感知しうる光の強度は，光子数にして 5〜14 個に相当する．高感度写真に用いられるハロゲン化銀が反応するには 4 個以上の光子が必要である．したがって，人の目の感度は高感度銀塩フィルムと同等である．デジタルカメラの光電変換素子の量子効率は 1 に近いが，さまざまな要因により発生するノイズのため，検出可能な光子数の下限は人の目と同等になる．

4-3 このイメージセンサの一辺の長さは $2.54 \times \frac{1}{3} \times \frac{1}{\sqrt{2}} = 0.5986 \cdots$ [mm]，面積は $0.3584 \cdots$ [mm^2] となる．したがって，1 mm^2 あたりの光電変換素子の数は，$10^6/0.3584 = 2.79 \times 10^6$ [個] である．

4-4 $1\ \mu$W の放射束は $\dfrac{10^{-6}}{1.6 \times 10^{-19}}$ eV/s に相当するので，波長 550 nm の単一波長の光では，$\dfrac{10^{-6}}{1.6 \times 10^{-19}} \Big/ \dfrac{1240}{550}$ 個/s の光子がフォトダイオードに入射していることになる．このとき，量子効率 0.7 のフォトダイオードが生成する光電流は，$\dfrac{10^{-6}}{1.6 \times 10^{-19}} \Big/ \dfrac{1240}{550} \times 0.7 \times 1.6 \times 10^{-19} = 0.3104\cdots \times 10^{-6}$ C/sec $\therefore 0.31\ \mu$A

4-5 光のエネルギーを E，波長を λ とし，放射束を F とすると，光子数は $N = F/E \propto \lambda F$ となる．したがって，量子効率 η のフォトダイオードで得られる光電流 I は，$I \propto \eta \cdot N \propto \eta \cdot \lambda \cdot F$ となる．題意より二つの条件で積 $\eta \cdot \lambda \cdot F$ が等しくなるので，$0.9 \times 550 \times F_{550} = 0.6 \times 620 \times F_{620}$ ∴ $F_{550}/F_{620} = 0.75\cdots$．したがって，波長 620 nm の光の放射束のほうが大きい．

4-6 (ア) 2.0 (イ) 3.2×10^{-10} (ウ) 0.25 (エ) 4.8×10^{-10}

4-7 (ア) 200 (イ) 10 (ウ) 200 (エ) 50

4-8 4.1.3 項参照

第 5 章

5-1 (ア) 昼光軌跡 (イ) プランク (ウ) 黒体 (エ) 黒体軌跡 (オ) 色温度

5-2 (ア) 標準の光 (イ) 白熱電球 (ウ) 昼光 (エ) 標準光源 (オ) 常用光源

5-3 (略解) $y = -3.000x^2 + 2.870x - 0.275$ (式 (5.1)) を xy 色度図上にプロットすると，下図のとおりである．

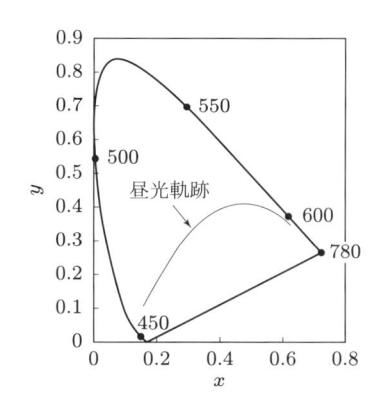

5-4 等色関数と LED の発光スペクトルが，それぞれファイル「cmf.txt」，「LED.txt」に格納されているものとする．これらのファイルからデータを読み込み，色度座標 (x, y) を計算して出力する．FORTRAN77 プログラムの例を以下に示す．

```
PROGRAM main
REAL WL(100),cmfx(100),cmfy(100),cmfz(100)
REAL ps(100)
```

```fortran
      REAL k,X,Y,Z,ccx,ccy
      INTEGER N
!
! データ入力,データ数のカウント
!
      OPEN(10,FILE='cmf.txt',STATUS='OLD')
!
      N=1
   10 READ(10,*,END=20) WL(N),cmfx(N),cmfy(N),cmfz(N)
      N=N+1
      GO TO 10
   20 CONTINUE
      N=N-1
      CLOSE(10)
!
      OPEN(11,FILE='LED.txt',STATUS='OLD')
!
      N=1
   30 READ(11,*,END=40) WL(N),ps(N)
      N=N+1
      GO TO 30
   40 CONTINUE
      N=N-1
      CLOSE (11)
!
! 三刺激値 X,Y,Z の計算
!
      CALL CC(N,ps,cmfx,cmfy,cmfz,X,Y,Z)
      k=100/Y
      X=k*X
      Y=k*Y
      Z=k*Z
      ccx=X/(X+Y+Z)
      ccy=Y/(X+Y+Z)
      WRITE(*,900)'chromaticity coordinate x=',ccx
      WRITE(*,900)'chromaticity coordinate y=',ccy
  900 FORMAT(A30,F9.3)
!
      STOP
      END
!
! **********************************************
!
      SUBROUTINE CC(N,ps,x,y,z,XX,YY,ZZ)
!
! 引数 N データ数
! 引数 ps 分光データ
! 引数 x,y,x 等色関数(XYZ 表色系)
! 引数 XX,YY,ZZ 三刺激値
!
      REAL ps(100),x(100),y(100),z(100)
      REAL XX,YY,ZZ
      INTEGER I,N
      XX=0
```

```
       YY=0
       ZZ=0
       DO 10 I=1,N
           XX=XX+ps(I)*x(I)
           YY=YY+ps(I)*y(I)
           ZZ=ZZ+ps(I)*z(I)
    10 CONTINUE
       RETURN
       END
```

5-5 (略解：プログラミングの方針) 色再現が可能な領域は，三つの LED の色度座標を頂点とする三角形である．そこで，まず，問題 5.3 をサブルーチンとして分離し，これを3回よび出すことにより，三角形の頂点の座標を求める．次に，この三角形の面積を，長方形の面積から三つの直角三角形の面積を差し引くなどの方法により求めればよい．

第6章

6-1 MOS 型イメージセンサでは，金属材料で配線を形成して電荷の転送路とする．CCD では，電荷の転送路は，半導体材料自体で形成される．

6-2 X 線を可視光に変換するための材料として，CsI，BGO，NaI，などの蛍光体材料がある．直接に電荷に変換する材料として，CdTe，GaAs，a-Se などの半導体材料がある．

6-3 (ク) (略解) a は「継時加法混色」であれば正しい．

6-4 (ア) グラスマン　(イ) ルーター　(ウ) sRGB　(エ) L*a*b* 表色系　(オ) ICC

参考文献

[1] 羽田節子『擬態　自然も嘘をつく』平凡社，p.42 および色図 2，1993 年．
[2] 鈴木光太郎『動物は世界をどう見るか』新曜社，p.90，1998 年．
[3] Wright, W.D. and Pitt, F. H. G., "Hue discrimination in normal color-vision," *Proc. Phys. Soc.*, vol.46 (London, 1934), pp.459-473.
[4] Berlin, B. and Kay, P., *Basic Color Terms* (Berkeley: University of California Press, 1969).
[5] Shinoda, H., Uchikawa, K. and Ikeda, M., "Categorized color space on CRT in the aperture and the surface color mode," *Color Research and Application*, vol.18, 1993, pp.326-333.
[6] Oyster, C.W., *The human eye: Structure and Function*, (Massachusetts: Sinauer Associates, Inc., 1999).
[7] Dartnall, H.J.A., Bowmaker, J.K., and Mollon, J. D. "Human visual pigments: microspectrophotometric results from the eyes of seven persons." *Proceedings of the Royal Society of London*, B 220, 1983, pp.115-130.
[8] Smith, V.C. and Pokorny, J., "Spectral sensitivity of the foveal cone photopigments between 400 and 500 nm." *Vision Research*, vol.15, 1975, pp.161-171.
[9] 池田光男『視覚の心理物理学』森北出版，1998 年．
[10] Hecht, S., Haig, C., and Chase, A. M., "The influence of light adaptation on the subsequent dark adaptation of the eye," *Journal of General Physiology*, vol. 20, 1937, pp. 831-850.
[11] Wald, G., "Human vision and the spectrum," *Science*, vol.101, 1945, pp.653-658.
[12] Tomita, T., Kaneko, A., Murakami, M., and Pautler, E. L., "Spectral response curves of single cones in the carp," *Vision Research*, vol.7, 1967, pp.519-531.
[13] Mitarai, G. Asano, T., and Miyake, Y., "Identification of five types of S-potential and their corresponding generating sites in horizontal cells of the carp retina," *Japanese Journal of Opthalmology*, vol.18, 1974, pp.161-176.
[14] Judd, D. B. "Color perceptions of deuteranopic and protanopic observers," *J. Res. Natl. Bur. Stand.*, vol.41, 1948, pp.247-271.
[15] Ruddock, K. H., "Psychophysics of inherited colour vision deficiencies: in Inherited and Acquired Colour Vision Deficiencies," Foster, D. H., ed. *Fundamental Aspects and Clinical Studies*, vol.7 of Vision and Visual Dysfunction (Macmillan, London, 1991), pp.4-37.
[16] Alpern, M., Kitahara, K., and Krantz, D. H., "Perception of colour in unilateral tritanopia," *Journal of Physiology*, vol.335, 1995, pp.683-697.
[17] Brettle, H., Vienot, F., and Mollon, J. D. "Computerized simulation of color appearance for dichromats," *Journal of the Optical Society of Amrica, A*, vol.14, 1997, pp.2647-2655.
[18] http://www.udcolor.com/
[19] Shinoda H., and Ikeda, M., "Color assimilation on grating affected by its apparent stripe width," *Color Research and Application*, vol.29, 2004, pp.187-195.
[20] Daw, N.W., "Goldfish retina: organization for simultaneous color contrast," *Science*, vol.158, 1967, pp.942-944.
[21] Livingstone, M.S., and Hubel, D.H., "Anatomy and physiology of a color system in the primate visual cortex," *The Journal of Neuroscience*, vol.4, 1984, pp.309-356.
[22] Michael, C.R., "Laminar segregation of color cells in the monkey's striate cortex," *Vision Research*, vol.25, 1985, pp.415-423.
[23] CIE, "The CIE 1997 Interim Colour Appearance Model (Simple Version)" *CIECAM97s*, CIE 131-1998, 1998.

[24] CIE, "A Colour Appearance Model for Colour Management Systems" *CIECAM02*, CIE 159-2004, 2004.
[25] Cunthasaksiri, P., Shinoda, H., and Ikeda, M., "Recognized visual space of illumination: No simultaneous color contrast effect on light source colors," *Color Research and Application*, vol.31, 2006, pp.184-190.
[26] サリン・ポンバンリー，篠田博之，池田光男「携帯電話ディスプレイにおける色の見えのモードと色恒常性」（日本色彩学会第34回全国大会『日本色彩学会誌』Vol.27 Supplement，2003年），pp.12-13.
[27] Phongbangly, S., Shinoda, H., and Ikeda, M., "The color constancy of light source color mode on a mobile phone display," *Proc. AIC Midterm Meeting2003* (Bangkok, Thailand, 2003), pp.204-208.
[28] Berns, R.S., *Principles of color technology (3rd edition)*, (New York, John Wiley & Sons, 2000).
[29] Wyszecki G., and Wright, W. S., *Color Science: concepts and methods, quantitative data and formulae (2nd edition)*, (New York ,John Wiley & Sons, 1982).
[30] 池田光男『色彩工学の基礎』朝倉書店，1988年．
[31] Hard, A., and Sivik, L., "NCS-Natural color system: A Swedish standard for color notation," *Color Research and Application*, vol.6, 1981, pp.129-138.
[32] 日本色彩学会編『色彩用語辞典』東京大学出版会，p.88，2003年．
[33] MacAdam, D.L., "Visual sensitivities to color differences in daylight," *Journal of the Optical Society of America*, vol.32, 1942, pp.247-274.
[34] Fossum, E.R., "Active pixel sensors: are CCD's dinosaurs," *Proc. SPIE*, vol. 1900, 1993, pp.2-14.
[35] Merrill, R. B., "Vertical color filter detector group and array," U. S. Patent 6,632,701, Oct. 2003.
[36] Steibig, H., R.A. Street, D. Knippa, M. Krauseb, and J. Ho, "Vertically integrated thin-film color sensor arrays for advanced sensing applications," *Applied Physics Letters*, vol.8, 2006, 013509.
[37] 大田登『色彩工学 第2版』東京電機大学出版局，2001年．
[38] 村田聡隆・小網康明・藤枝一郎「LEDによる標準の光」（『2006年電子情報通信学会総合大会講演論文集』，2006年）p.245.
[39] "Solid-State Lighting Research and Development Portfolio, Multi-Year Program Plan FY'07-FY'12," Prepared for Lighting Research and Development Building Technologies Program, Office of Energy Efficiency and Renewable Energy, U.S. Department of Energy. Prepared by Navigant Consulting, Inc. March 2006.
[40] 一ノ瀬昇・田中裕・島村清史『高輝度LED材料のはなし』日刊工業新聞社，2005年．
[41] Schubert, E. F., *Light-Emitting Diodes, Second Edition* (New York: Cambridge University Press, 2006.)
[42] 藤枝一郎『画像入出力デバイスの基礎』森北出版，2005年．
[43] Bayer, B. E., "Color imaging array," U. S. patent No.3, 971, 065 (20 July 1976).
[44] Sakamoto, T., C. Nakanishi and T. Hase, "Software pixel interpolation for digital still cameras suitable for a 32-bit MCU," *IEEE Trans. Consumer Electronics*, vol.44, no.4, 1998.
[45] 小林光夫「色再現・色管理・色の見え」（『日本色彩学会誌』第26巻，第1号，2002年），pp.18-29.
[46] 杉浦博明「脱3原色で色再現性を追求する6原色LEDバックライトの液晶モニター」（O plus E，第28巻，第11号，2006年），pp.1124-1132.
[47] http://rsb.info.nih.gov/ij/

索引

英文先頭

AdobeRGB　187
CCD(charge coupled device)　175
CIE　47
CIE1976L*a*b* 均等色空間　122
CIE1976L*u*v* 均等色空間　120
CIELAB 均等色空間　122
CIELUV 均等色空間　120
CIE 標準光源 (CIE standard source)　154
CIE 標準の光 (CIE standard illuminant)　154
CMS　189
DIN(Deutsche Industre Norm) 表色系　83, 110
ICC(International Color Consortium)　189
LCD　178
LED　153
L 錐体　42
MOS(metal oxide semiconductor) 型イメージセンサ　175
M 錐体　42
NTSC(National Television System Committee)　185
OLED　153
SN 比　135
sRGB(standard RGB)　186
S 錐体　42
TN　178
uv 均等色度図 (CIE1960UCS diagram, uniform chromaticity scale diagram)　116
u'v' 均等色度図　118

あ 行

明るさ　75
アブニー効果　109
アマクリン細胞 (amacrin cell)　40
アリクネ (alycne)　98

暗順応 (dark adaptation)　45, 67
暗所視 (scotopic vision)　44
暗所視分光視感効率　47
暗電流　132, 133
イオン注入 (ion implantation)　129
威嚇色　4
石原式検査表 (Ishihara plate)　58
異常三色型色覚者 (anomalous trichromat)　54
移動度 (mobility)　130
色温度 (color temperature)　149
色温度曲線 (color temperature loci)　111, 117
色管理　174
色恒常性 (color constancy)　66
色コード　8
色残像 (color afterimage)　51, 65, 108
色失認 (color agnosia)　53
色収差 (chromatic aberration)　27
色順応 (color adaptation)　67
色同化 (color assimilation)　62
色の等価性法則 (equivalence law)　89
色の見えのモデル (color appearance model)　68
色の見えのモード (mode of color appearance)　60
色弁別 (color discrimination)　15, 114
色弁別閾値 (color discrimination threshold)　15, 114
色み　80
隠蔽色　4
液晶ディスプレイ　178
エスケープ・コーン (light escape cone)　167
エレメンタリーカラーネーミング法　79
演色性 (color rendering capability)　155
演色評価数 (color rendering index, CRI)　118, 155
黄斑色素 (macular pigment)　43, 101
オプティマルカラー (optimal colors)　78, 83

か 行

回折 (diffraction)　33
外節 (outer segment)　39
回折格子 (diffraction grating)　33, 139
解像力 (spatial resolution)　41
外側膝状核 (lateral geniculate nucleus)　37
外部量子効率 (external quantum efficiency)　163
可干渉性 (coherence)　29
拡散透過 (diffuse transmission)　34
拡散反射 (diffuse reflection)　34
角膜 (cornea)　38
可視光　24
画素電極　177
活性化　129
カテゴリカルカラーネーミング法　17
加法混色 (additive color mixture)　52, 84, 85
カメラ型の目 (camera-type eye)　40
カラーバリアフリー　11, 52
カラーフィルタ　177, 178
カラフルネス (colorfulness)　77
カラーマネジメントシステム (color management system, CMS)　189
干渉 (interference)　29, 31
干渉フィルタ (interference filter)　33
完全拡散反射面 (perfect reflecting diffuser)　36, 106
完全色 (full colors)　82
完全等色 (isomeric color match)　90
観測者メタメリズム (observer metamerism)　145
桿体 (rod)　39, 42
カンデラ　49
感度 (sensitivity)　44, 132
慣用色名　18
幾何学的メタメリズム (geometric metamerism)　145
幾何光学的散乱　29
擬似カラー (pseudocolor)　9, 191
基礎刺激 (basic stimulus)　88
輝度 (luminance)　49, 75
基本色彩語　16
基本色名　16
逆数色温度 (reciprocal color temperature)　117
吸収 (absorption)　34

強膜 (sclera)　38
毛様膜　38
鏡面反射 (mirror reflection)　34
虚色 (imaginary colors)　97
均等拡散反射面 (uniform reflecting surface または Lambart's surface)　35
均等色空間 (uniform color space)　116
屈折 (refraction)　25
屈折率 (refraction index)　25
空乏層 (depletion layer)　130
グラスマンの第一法則　90
グラスマンの第二法則　90
グラスマンの第三法則　90
グラスマンの第四法則　90
クロマ (chroma)　76, 77
黒み　80
蛍光灯 (fluorescent lamp)　152
警告色　4
継時加法混色　85, 179
継時色対比 (successive color contrast)　65
系統色名　18
ゲート線　178
原刺激 (primary stimulus)　87
原色 (primary color)　84, 87
顕色系表色系　73
減法混色 (subtractive color mixture)　84, 86
虹彩 (iris)　38
光束　49
光束発散度　49
光度　49
国際照明委員会　47
黒体軌跡 (Planckian locus)　111, 117, 148
コヒーレンス (coherence)　29
混色　51, 85
混色系表色系　73
混同色線 (color confusion line)　55
混同色対 (color confusion pair)　55
混同色中心 (co-punctual point または center of confusion)　56
コンプトン散乱 (Compton scattering)　29

さ 行

最大視感効率　48
彩度 (saturation)　75, 77
最明色 (optimal colors)　78, 83

索引

雑音等価パワー (noise equivalent power, NEP) 135
三刺激値 (tristimulus values) 88
三刺激値直読 141
三色説 (trichromatic theory) 51
散乱 (scattering) 28
視角 (visual angle) 87
視覚野 (visual cortex) 37
視感度フィルタ 140
色域 (gamut) 109, 174, 180
閾値 (threshold) 44
色覚の三色性 51, 84
色差 (color difference) 76
色弱 (incomplete color blind) 54
色相 (hue) 75
色相環 (hue circle) 75
色度 (chromaticity) 92
色度座標 (chromaticity coordinates) 92
色度図 (chromaticity diagram) 92
色盲 (color blind) 54
軸索 (axon) 40
刺激 (stimulus) 87
刺激純度 109
視交叉 (optic chiasm) 37
視細胞 (photo receptor) 7, 37, 39
視神経 (optic nerve) 41
自然光 147
シナプス結合 (synapse) 40
視物質 (visual pigment または photo pigment) 8, 39
視野メタメリズム (field-size metamerism) 145
樹状突起 (dendrite) 40
主波長 (dominant wavelength) 108
順応 (adaptation) 45
純色 (full color) 82
純度 (purity) 77, 109
条件等色 (metameric color match) 90, 144
条件等色指数 (metamerism index) 157
条件等色対 (metameric pair) 157
硝子体 (vitreous humor) 38
小視野トリタノピア 42, 58
照度 (illuminance) 44, 49
照明光メタメリズム (illuminant metamerism) 145
常用光源 (daylight simulator) 154
視力 (visual acuity) 40

白み 80
神経細胞 (neuron) 40
神経節細胞 (ganglion cell) 39
神経伝達物質 (neurotransmitter) 40
信号-雑音比 (signal-to-noise ratio, S/N 比) 135
心理計測明度 (psychometric lightness) 119
心理物理学実験 (psychophysical experiment) 87
水晶体 (crystalline lens) 38
錐体 (cone) 39, 42
水平細胞 (horizontal cell) 40
スチーブンスの法則 (Stevens law) 119
スネルの法則 (Snell's law) 25
スペクトル軌跡 (spectral loci) 96
スペクトル光 15
正常三色型色覚者 (normal trichromat) 54
正透過 (direct transmission または specular transmission) 34
正反射 (specular reflection) 34
赤緑色弱 54
赤緑色盲 54
絶対屈折率 25
前眼房水 (aqueous humor) 38
全反射 (total internal reflection) 164
相関色温度 (correlated color temperature) 116, 149
双極細胞 (bipolar cell) 39
測色学 (colorimetry) 84, 94
測光量 (photometric quantities) 47, 48

た 行

第一色覚 (者) 54
第二色覚 (者) 54
第三色覚 (者) 54
ダイクロイックミラー (dichroic mirror) 33
ダイナミック・レンジ (dynamic range) 135
単位面 (unit plane) 93
段階説 (stage theory of color vision) 51
単眼 (simple eye) 40
単純眼 (simple eye) 40
単色光 (monochromatic light) 15, 96
弾性散乱 (elastic scattering) 28
蓄積モード 134
蓄積時間 134, 136
チップ型 170
昼光 147

索引　211

昼光軌跡 (daylight locus)　148
中心小窩 (foveola)　42
中心色 (focul color)　16
中心窩 (fovea)　40
低圧ナトリウムランプ (low pressure sodium lamp, LPS)　151
データ線　178
転写技術　169
電流拡散層 (current spreading layer)　164
電流ブロック層 (current blocking layer)　166
等エネルギー白色 (equal energy white)　88
透過 (transmission)　34
瞳孔 (pupil)　38
同時色対比 (simultaneous color contrast)　63
等色関数 (color matching functions)　94, 95
等色実験 (color matching experiment)　51, 84, 87
等色における加法則 (additivity law)　89
等色における置換則 (transitivity law)　90
等色における比例則 (proportinality law)　89
特殊演色評価数　156

な 行

内部量子効率 (internal quantum efficiency)　162
ナチュラルカラーシステム (Natural Color System, NCS)　79
二色型色覚者 (dichromat)　54
二分視野 (bipartite)　88
ニューロン (neuron)　40
ねじれネマティック液晶 (twisted nematic liquid crystal)　178

は 行

配向　178
配光特性　35
配向膜　178
白色光 (white light)　149
白熱電球 (incandescent lamp)　150
薄明視 (mesopic vision)　44
波長分散 (dispersion)　26
波長弁別閾値 (wavelength discrimination threshold)　15
バックライト　177
発光効率 (luminous efficacy)　153
発光効率 (luminous efficiency)　153
発光ダイオード (light-emitting diode, LED)　153
バリュー (value)　76, 77
ハロゲンランプ (halogen lamp, または tungsten-halogen lamp)　150
パワー効率 (power efficiency)　162
反射 (reflection)　34
反射の法則　34
反射防止膜 (anti-reflection coatings)　32
反対色　108
反対色説 (opponent-color theory)　51
半透過　179
光起電力効果　127
光電子放出　128
光導電型　132
光導電効果　127
光取り出し効率 (light extraction efficiency)　164
被験者 (subject)　87
非弾性散乱 (inelastic scattering)　28
ヒュー (hue)　76, 77
標準観測者 (standard observer)　95
標準比視感度 (standard relative luminous efficiency function)　47
標準分光視感効率　3, 47
表色系 (color systems)　21, 110
フィールド・シークエンシャル方式　179
フォトダイオード　127, 128, 130, 134
フォトプシン (photopsin)　42
複眼 (compound eye)　40
不純物元素　129
ブライトネス (brightness)　75, 77
ブラックマトリクス　177
フリップ実装　169
プルキンエ移行 (Purkinje shift)　46
プルキンエ効果 (Purkinje effect)　46
分光エネルギー分布 (spectral energy distribution)　23
分光感度　43
分光器 (monochrometer)　33
分光吸光度 (spectral absorbance)　42
分光強度分布 (spectral power distribution)　23
分光測色　141
分光透過率 (spectral transmittance)　34
分光反射率 (spectral reflectance)　22, 34

平均演色評価数 (general color rendering index) 156
併置加法混色　85, 177
ベイヤーフィルタ (Bayer filter)　175
変角光度分布　35
放射輝度　48
放射強度　48
放射照度　48
放射束　48
放射発散度　49
放射量 (radiometric quantities)　47
砲弾型　169
飽和電荷量　135
飽和度 (saturation)　77
保護色　4
補色 (complementary color)　108
補色主波長 (complementary dominant wavelength)　108
ホワイト効果　64

ま 行

マンセル表色系 (Munsell color order system) 74
ミー散乱 (Mie scattering)　29
無輝面 (non-luminous plane)　98
無彩色 (achromatic color)　75
無彩色成分　80
ムンカー錯視　64
明順応 (light adaptation)　45, 67
明所視 (photopic vision)　44
明所視分光視感効率　47
明度 (lightness)　75, 77

明度係数 (luminous units)　89
明度恒常性 (lightness constancy)　66, 76
盲点 (blind spot)　41
網膜 (retina)　38
モノクロメータ (monochrometer)　33

や 行

有機 EL 素子 (organic light-emitting diode, OLED)　153
有彩色 (chromatic color)　75
有彩色成分　80
ユール・ニールセン (Yule-Nielsen)効果　143
ヨドプシン (iodopsin)　42
四色説　51

ら 行

ラドルクス　49
ラマン散乱 (Raman scattering)　28
ランバート則　36
立体角　48
量子効率 (quantum efficiency)　130
量子効率　130, 136
臨界角　166
ルクス　49
ルーター条件 (Luther condition)　142
ルーター・ニベルグ (Luther-Nyberg) の色立体 83
ルミナンスファクター　105, 106
ルーメン　49
レーリー散乱 (Rayleigh scattering)　29
ロドプシン (rhodopsin)　42

著者略歴

篠田　博之（しのだ・ひろゆき）

- 1966 年　神奈川県に生まれる
- 1989 年　東京工業大学理学部物理学科卒業
- 1991 年　東京工業大学大学院総合理工学研究科物理情報工学専攻博士課程
前期課程修了
- 1995 年　京都大学大学院工学研究科建築学専攻博士課程後期課程修了
立命館大学理工学部電気電子工学科専任講師
- 1998 年　立命館大学理工学部光工学科助教授
（1998〜1999 年　University of Rochester, New York, 客員研究員）
- 2003 年　立命館大学理工学部電子光情報工学科教授
- 2004 年　立命館大学情報理工学部知能情報学科教授
現在に至る
博士（工学）（京都大学）

藤枝　一郎（ふじえだ・いちろう）

- 1958 年　岡山県に生まれる
- 1981 年　早稲田大学理工学部物理学科卒業
株式会社島津製作所勤務
- 1990 年　University of California, Berkeley 博士課程修了
Xerox Palo Alto Research Center 勤務
- 1992 年　日本電気株式会社勤務
- 2003 年　立命館大学理工学部電子光情報工学科教授
- 2012 年　立命館大学理工学部電気電子工学科教授
現在に至る
Ph.D. (University of California, Berkeley)

色彩工学入門　　　　　　　　　　　　　　© 篠田博之・藤枝一郎　2007

2007 年 5 月 1 日　第 1 版第 1 刷発行　　【本書の無断転載を禁ず】
2021 年 7 月 16 日　第 1 版第 6 刷発行

著　　者　篠田博之・藤枝一郎
発 行 者　森北博巳
発 行 所　森北出版株式会社

東京都千代田区富士見 1-4-11（〒 102-0071）
電話 03-3265-8341 ／ FAX 03-3264-8709
https://www.morikita.co.jp/
日本書籍出版協会・自然科学書協会　会員
JCOPY ＜（一社）出版者著作権管理機構 委託出版物＞

落丁・乱丁本はお取替えいたします　　　印刷／エーヴィスシステムズ・製本／協栄製本

Printed in Japan ／ ISBN978-4-627-84681-4

MEMO

MEMO